U0382205

项目资助

郑州大学政治与公共管理学院“公共管理一流学科建设”专项资金

河南省高校人文社会科学研究一般项目“河南省基本公共服务均等化的实现程度与提升路径研究”（编号：2023-ZZJH-026）

河南省博士后科研项目“农村生活垃圾分类治理效益评估与路径优化”

基于多元主体参与的农村生活垃圾治理研究

姜利娜 / 著

中国社会科学出版社

图书在版编目（CIP）数据

基于多元主体参与的农村生活垃圾治理研究／姜利娜著．—北京：中国社会科学出版社，2024.4

ISBN 978－7－5227－3192－6

Ⅰ．①基…　Ⅱ．①姜…　Ⅲ．①农村—生活废物—垃圾处理—研究—中国
Ⅳ．①X799.305

中国国家版本馆 CIP 数据核字（2024）第 049141 号

出 版 人　赵剑英
责任编辑　赵　丽
责任校对　杨　林
责任印制　王　超

出　　版　中国社会科学出版社
社　　址　北京鼓楼西大街甲 158 号
邮　　编　100720
网　　址　http://www.csspw.cn
发 行 部　010－84083685
门 市 部　010－84029450
经　　销　新华书店及其他书店

印　　刷　北京明恒达印务有限公司
装　　订　廊坊市广阳区广增装订厂
版　　次　2024 年 4 月第 1 版
印　　次　2024 年 4 月第 1 次印刷

开　　本　710×1000　1/16
印　　张　18.5
字　　数　276 千字
定　　价　96.00 元

前　言

农村生活垃圾治理是全面建成小康社会的突出短板，是农村社会发展的一个重要议题。随着农村人口的快速增长，村民生活水平的大幅提高和生产生活方式的改变，农村生活垃圾产生量急剧增长，保守估计有1.34亿吨/年，但是终端处理缺口却高达6929万吨/年，大量的农村生活垃圾被随意丢弃或简单填埋，造成了严重的环境问题和农村公共卫生问题。补齐农村生活垃圾治理短板，事关近6亿农村居民的根本福祉和94%国土面积的环境改善，也是改善农村公共卫生条件，阻断疾病传播的重要措施之一。在新冠疫情等传染性疾病多发的背景下，农村生活垃圾治理显得尤为重要。农村生活垃圾治理包含投放、收集、运输、处理四个基本环节，涉及政府、村“两委”、村民等相关利益主体，根据多中心治理理论，“多中心的任务，唯有靠相互调整的体系才能被社会所管理”，农村生活垃圾应该由政府、村“两委”、村民等“多中心”来治理，政府部门也提出了多中心治理的原则，那么如何激发各相关主体治理生活垃圾的积极性呢？如何才能实现多中心协同治理的目标呢？基于实际问题和经典理论，本书从多元主体视角出发，首先，以政府、村“两委”和村民为研究对象，采用理论推导和实证分析的方法探究影响政府、村“两委”、村民参与生活垃圾治理的因素；其次，根据协同治理理论构建了农村生活垃圾多主体动态协同治理模型，提出了农村生活垃圾协同治理的路径；最后，在此基础上，提出了促进各主体协同治理生活垃圾的策略，以期为农村生活垃圾治理提供参考。

本书使用2007—2016年《中国城乡建设统计年鉴》中国30个省市

的公开数据[①]和“推进农村人居环境整治研究”课题组于2019年4—7月在京津冀三省市，对66个行政村、1485个村民的实地调研数据，以及中国知网、Web of Science、EPS全球统计数据等公开数据库资料，重点对以下六个问题展开研究：第一，从中国农村生活垃圾基本情况、中国农村生活垃圾治理政策演变、治理基本情况三个维度对中国农村生活垃圾治理状况进行了描述性分析，并从经济社会发展因素、政府层面的因素、村庄层面的因素、村民层面的因素等维度剖析了农村生活垃圾治理问题的成因，以期简单刻画中国农村生活垃圾治理的基本情况。第二，在内生经济增长模型、政治支持模型的基础上，纳入财政分权、金融分权、晋升激励和城市偏向，构建政府供给农村生活垃圾治理服务的理论分析模型，并使用静态面板模型、DIF-GMM和SYS-GMM模型对政府的农村生活垃圾治理服务供给绝对水平和相对水平的影响因素进行分析，以期深入剖析政府供给农村生活垃圾治理服务的影响因素。第三，在共同代理模型和双向委托关系的基础上构建村“两委”供给生活垃圾治理服务的理论分析模型，在此基础上，使用OLS、GLS估计对村“两委”的生活垃圾治理服务供给水平的影响因素进行分析，并使用Shapley值分解法对变量的贡献进行分解，使用Mvprobit模型和PSM模型对村“两委”的生活垃圾治理服务供给效果的影响因素进行分析，以期深入剖析村“两委”供给农村生活垃圾治理服务的影响因素。第四，综合多中心治理理论、新制度主义学派理论、理性选择理论、社会认同理论构建了制度环境影响村民生活垃圾分类参与意愿的理论分析框架，利用逐步法、非参数百分位Bootstrap法、KHB法对“制度环境—村民生活垃圾分类参与意愿”的传导路径进行了实证分析。以期探究激发村民自愿参与生活垃圾治理的内外在因素。第五，使用案例研究的方法对国外（德国、瑞典、日本）、国内（浙江金东区、河南兰考县、四川丹棱县）农村生活垃圾治理的基本情况和主要做法进行剖析，以期借鉴先进经验，探究农村生活垃圾协同治理机制。第六，构建了农村生活垃圾多主体动态协同

① 根据公开数据整理情况，最新数据更新到2016年。

治理模型，提出农村生活垃圾多主体协同治理的路径。主要结论如下：

第一，中国农村生活垃圾产量巨大，并呈逐年增加态势，生活垃圾的组成成分也越来越趋近于城市，农村生活垃圾治理得到了政府的高度重视，垃圾分类是农村生活垃圾治理的探索方向，中国农村生活垃圾治理存在巨大的后端处理缺口和区域差异，整体而言，华东、华南地区农村生活垃圾治理水平相对较高，而西北、东北、西南地区农村生活垃圾治理水平相对较低。目前，农村生活垃圾治理涌现出来的基本模式有村民自主供给、政府供给、市场供给和多元共治四种。造成农村生活垃圾治理问题的原因可以概括为经济社会发展导致农村生活垃圾产生量不断增加；缺乏各主体参与的协同治理，政府部门治理思路简单、管理机制不健全、面临财政约束、基础设施供给不足、公共教育缺乏；村“两委”在农村生活垃圾治理中缺乏动力；村民对生活垃圾治理的认知水平不高、参与意愿和支付意愿也有待提升；农村生活垃圾治理市场发育程度低、缺乏适用技术和人才等原因导致的农村生活垃圾治理水平低，治理效果差。

第二，政府的生活垃圾治理服务供给，受政府的支付能力和支付结构的影响。财政分权、金融分权在农村生活垃圾治理服务供给中存在显著的倒 U 型关系，城市偏向对农村生活垃圾治理服务供给具有显著的负向影响。提高政府的财政收入分权水平、财政自主度和金融分权水平对于提升政府农村生活垃圾治理服务供给的政策空间较大。

第三，村“两委”在农村生活垃圾治理服务供给中与政府、村民存在共同代理关系，同时与村民存在双向委托关系。村“两委”动员村民参与生活垃圾治理的激励成本是村“两委”供给农村生活垃圾治理服务的重要影响因素。村庄街道清扫服务、垃圾收集服务、垃圾清运服务供给效率的影响因素存在差异。参与治理过程和服务体验对街道清扫服务、垃圾清运服务供给效率的影响更大；较之于参与体验，满足村民垃圾收集服务需求对收集服务供给效率的影响更大。

第四，制度环境是激发村民参与生活垃圾分类的重要支撑力。“收益驱动”和“认同驱动”是居民自愿参与生活垃圾分类的重要驱动力。并且环境收益感知和社区认同，在制度环境与村民生活垃圾分类参与意愿之间具有中介效应。垃圾分类成本越低、村庄总人口越少、年龄越小、垃圾治理认知度越高、垃圾分类宣传效果越好、村民的受教育程度越高、家中有党员的村民越愿意参与生活垃圾分类。

第五，通过深入的案例剖析，发现农村生活垃圾治理是一项系统工程，应由政府、村“两委”、村民等相关主体协同治理。政府要改进治理思路，优化融资渠道和资金分配方案，构建闭环垃圾治理系统，提升制度保障，完善法律法规，加大宣传力度；村“两委”要发挥好村民自治制度的优越性，同时借助村庄熟人社会的特点，发挥村规民约的作用，激励村民参与垃圾治理的积极性；村民应该按规定投放生活垃圾，并为产生的垃圾支付一定的处理费用。

第六，构建农村生活垃圾多主体动态协同治理模型，提出农村生活垃圾多主体协同治理，一要加强顶层设计，明确各主体的职责和分工；二要搭建合作机制，激励主体参与；三要建立竞争机制，提升治理效率；四要构建制衡机制，保障有序治理。

基于以上研究结论，本书提出农村生活垃圾治理相应的对策建议：一要改进治理思路，注重从源头减少生活垃圾产生量，推进农村生活垃圾协同治理；二要通过立法、行政、经济等措施落实各主体责任和分工；三要提升制度保障，激发政府、村“两委”干部、村民等相关主体积极参与到生活垃圾治理中来，建立完善机制设计；四要优化融资渠道，采取“财政兜底、社会参与、村民筹措”等方式多渠道融资，建立完善的硬件设施。

目　　录

第一章　导论

第一节　选题背景与研究意义

一　选题背景

生活垃圾治理不仅是全球经济和社会发展的一个重要议题，也是中国农村经济社会发展的重要议题。世界银行于2018年发布的调查报告显示，伴随着城市化进程的推进，垃圾增速将超过人口增速，2050年将增至34亿吨，而2016年该数字大约是20亿吨，并且全球三分之一的垃圾没有经过处理，直接倾倒[①]。另外，不仅垃圾的重量在增加，垃圾的成分也变得越来越复杂。垃圾的有效处理已经成为一个重要的、具有挑战性的世界议题，尤其是对于发展中国家快速发展的城市和乡镇来说，问题更加严峻。农村地区占中国国土面积的90%以上，目前正面临着生活垃圾增长带来的环境问题。过去中国农村的生活垃圾成分简单，多被用来堆肥还田，或者饲喂牲畜，带来的环境污染不严重，然而随着农村人口的快速增长，村民生活水平的大幅度提高和生产生活方式的改变，生活垃圾的产生量急剧增加。以重庆市为例，2016年农村生活垃圾清运量97万吨，到2019年增加到145万吨，年均增长率将近15%。农村生活垃圾治理成为农村社会发展的一个重要议题。

中国农村生活垃圾产生量巨大，但是治理水平较低，治理效果较差。

① 陈立希：《世界银行报告：全球垃圾到2050年将暴增70%》，新华网，2018年9月22日，http：//www. xinhuanet. com/world/2018 -09/22/c_ 129958791. html。

在2000年以前，关于垃圾处理的讨论主要停留在技术层面上，垃圾问题被认为是一个需要用技术手段解决的环境问题[①]。作为一个复杂系统，垃圾问题最佳的解决方式是将其与相关的经济、社会问题结合起来共同解决[②]，建立一个环境有效的、社会可接受的、经济可负担的治理系统[③]。然而，与垃圾处理的技术问题相比，社会经济问题没有引起政策制定者和研究者们足够的关注。至少在2010年之前，农村生活垃圾都缺乏系统治理[④]。不同于城市，农村地域广阔，农户居住分散，并且农户倾倒垃圾的随意性大，加上有价生活垃圾会被非正规企业或者个人收购，垃圾成分以厨余垃圾为主，热值低，农村生活垃圾的利用价值较低，这就导致农村生活垃圾的治理成本高，而治理收益低，市场参与生活垃圾治理的积极性不高。目前中国农村生活垃圾治理的主要做法是“村收集、镇运转、县处理”，但由于大部分县（区）在垃圾治理项目规划之初较少考虑农村生活垃圾处理问题，使得垃圾处理场（厂）建设规模有限，再加上农村生活垃圾量急剧增长，致使农村生活垃圾“县处理”任务艰巨。按照人均生活垃圾产生量0.8千克/天来算[⑤]，2018年中国农村生活垃圾产生量1.65亿吨，其中近1/4的村没有生活垃圾收集和处理服务[⑥]，还有很多农村地区采取的是混合填埋的方式，“垃圾围村”现象凸

---

① Xiao, L., Zhang, G., Zhu, Y., Lin, T., "Promoting Public Participation in Household Waste Management: A Survey Based Method and Case Study in Xiamen City, China", *Journal of Cleaner Production*, Vol. 144, No. 15, 2017, pp. 313 - 322.

② 段赟婷、凌曦：《历时5年〈全球环境展望6〉发布：地球已受到严重破坏》，《世界环境》2020年第2期。

③ Ma, J., Hipel, K. W., "Exploring Social Dimensions of Municipal Solid Waste Management Around the Globe-A Systematic Literature Review", *Waste Management*, Vol. 56, 2016, pp. 3 - 12.

④ Wang, A. Q., Shi, Y. J., Gao, Q. F., Liu, C. F., Zhang, L. X., Johnson, N., Rozelle, S., "Trends and Determinants of Rural Residential Solid Waste Collection Services in China", *China Agricultural Economic Review*, Vol. 8, No. 4, 2016, pp. 698 - 710.

⑤ 唐林、罗小锋、张俊飚：《社会监督、群体认同与农户生活垃圾集中处理行为——基于面子观念的中介和调节作用》，《中国农村观察》2019年第2期。

⑥ 农业农村部：《近1/4农村生活垃圾未获收集和处理》，人民网，2018年10月1日，http://env.people.com.cn/n1/2018/1001/c1010-30324188.html。

显[①]，严重污染农村环境，影响人体健康。农村生活垃圾已经成为中国首要的农村环境污染源[②]。补齐农村生活垃圾治理短板是改善农村公共卫生条件，阻断疾病传播的重要措施之一，是全面建成小康社会的必然要求，也是党的十九届五中全会实施乡村建设行动的重要内容之一，事关近6亿农村居民的根本福祉和94%国土面积的环境改善，在新冠疫情等传染病多发的背景下[③]，农村生活垃圾治理显得尤为重要。

近年来，政府部门开始重视农村生活垃圾的系统化治理，提出了"政府主导、依靠群众"的农村垃圾多中心治理的基本原则。2015年，由住房城乡建设部等十部门出台的《全面推进农村垃圾治理的指导意见》明确了政府各部门要"切实承担农村垃圾治理的职责，做好规划编制、资金投入、设施建设和运行管理等方面工作"，村委会要"组织动员村民，修订完善村规民约，做好村庄保洁"，村民要"主动清洁房前屋后、维护公共环境；参与农村垃圾治理；有条件的地方要为垃圾治理付费"，明确了农村生活垃圾治理多主体参与的原则：作为一项公共服务，农村生活垃圾治理应该主要由政府部门负责；村"两委"做好组织动员和监督工作；村民按规定参与生活垃圾治理（见图1－1）。但在现实农村生活垃圾治理中，政府资金投入少、设施设备配备不足、运营管理缺乏长效机制，村"两委"在农村生活垃圾治理中也缺乏积极性，部分村民也没有按照规定参与到生活垃圾治理中来，很难达成农村生活垃圾的协同治理，导致了农村生活垃圾治理服务供给水平低，供给效率差。那么如何才能激励政府部门承担起农村生活垃圾治理的职责，积极供给农村生活垃圾治理服务呢？如何才能激励村"两委"积极参与到农村生活垃圾治理中来呢？村民作为生活垃圾的产生者和受害者，是什么因素影响了其参与生活垃圾治理的意愿？应该如何搭建"政府主导，依靠群

① 闵师、王晓兵、侯玲玲等：《农户参与人居环境整治的影响因素——基于西南山区的调查数据》，《中国农村观察》2019年第4期。

② 姜利娜、赵霞：《农村生活垃圾分类治理：模式比较与政策启示——以北京市4个生态涵养区的治理案例为例》，《中国农村观察》2020年第2期。

③ 黄磊、李中杰、王福生等：《新中国成立70年来在传染病防治领域取得的成就与展望》，《中华全科医学》2019年第10期。

众”的多元主体参与的农村生活垃圾治理路径？对这些问题的回答对于深入理解我国农村生活垃圾治理困境产生的原因，进一步提高农村生活垃圾治理服务供给水平，补齐全面小康“三农”领域突出短板，提升农民群众获得感、幸福感、安全感，至关重要。同时农村生活垃圾治理也是对地方治理能力的重大考验，提升农村生活垃圾治理服务供给水平不仅事关生活垃圾治理本身，也事关政府治理能力的提升，是一个重要的研究问题。

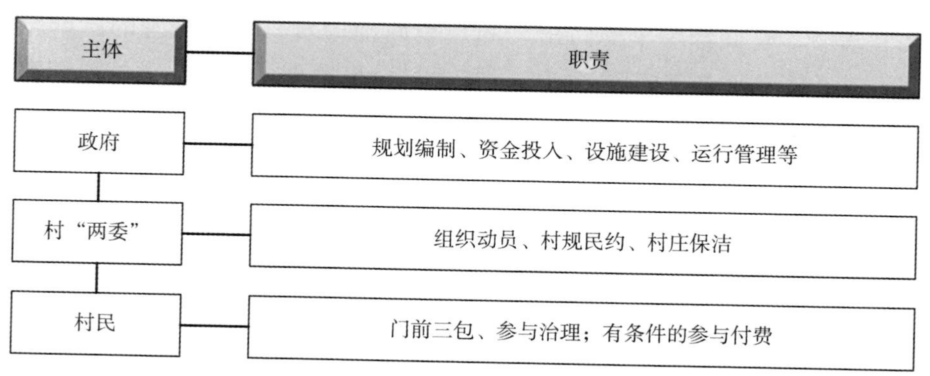

图1－1 政府部门农村生活垃圾治理指导意见

注：根据住房城乡建设部等部门《关于全面推进农村垃圾治理的指导意见》整理所得。

二 研究意义

（一）理论意义

目前，从多元主体视角对农村生活垃圾治理进行系统剖析的研究较少，已有研究大多停留在农户的参与意愿、参与行为等方面，对于政府供给农村生活垃圾治理服务的激励机制、村“两委”供给农村生活垃圾治理服务的激励机制的研究较少。此外，行为发生在制度环境中，制度环境会改变个人偏好及行为，但当前关于村民参与生活垃圾治理的研究中对制度环境的重视不够，并且缺乏从理论和实践层面深入剖析农村生活垃圾协同治理路径的研究。基于此，本书从四个方面对现有研究进行理论补充。

第一，根据前人的研究，财政分权、晋升激励和城市偏向是农村公共品供给不足的重要影响因素，但从这三个视角对农村生活垃圾治理服务供给不足的研究较少，并且作为财政分权的重要补充，学者对金融分权对农村公共服务供给的影响的研究也较少。在内生经济增长模型的基础上，纳入财政分权、金融分权，构建了两层政府的财政分权和金融分权与环境公共服务供给的理论模型；借鉴前人的研究构建了政治支持模型，通过理论推导，分析了财政分权、金融分权、晋升激励和城市偏向对农村生活垃圾治理服务供给的影响，并用省级面板数据对理论推导进行了实证检验。从理论推导和实证检验两个层面对政府农村生活垃圾治理服务供给绝对水平和相对水平的影响因素进行了分析。

第二，村“两委”作为农村公共服务的重要供给主体，在调动村民参与生活垃圾治理，制定村规民约监督村庄生活垃圾投放、收集中发挥了较大的作用。但前人对村“两委”参与生活垃圾治理的激励机制的研究较少。在共同代理模型和双向委托关系分析的基础上，通过理论推导分析了村“两委”的行为逻辑，并用京津冀三省市村级层面和农户层面的调研数据进行了实证检验。从理论推导和实证检验两个层面对村庄生活垃圾治理服务供给水平和供给效率进行了分析。

第三，农村生活垃圾治理必然要走垃圾分类的道路，村民自觉参与生活垃圾分类对农村生活垃圾治理至关重要。行为发生在制度环境中，制度环境会改变个人偏好及行为，但当前关于村民参与生活垃圾分类的研究对制度环境的重视不够。或将制度环境作为控制变量，或仅从个别角度探究制度环境的影响。而村庄生活垃圾治理涉及政府、企业、村“两委”、村民等相关利益主体的环境整治制度环境，涉及村庄民主决策、民主管理、民主监督的村民自治制度环境，基于多中心治理理论、理性选择理论、社会认同理论、新制度经济学等相关理论，构建“制度环境—村民生活垃圾分类参与意愿”的理论分析框架，并用京津冀三省市村级层面和农户层面的调研数据对其进行了实证检验。从理论分析和实证检验两个层面对“制度环境—村民生活垃圾分类参与意愿”的传导路径进行了深入分析。

第四，农村生活垃圾治理适宜于采取多元协同治理的模式。但就如何开展系统的协同治理，前人的研究缺乏从实践和理论层面的深入剖析。实践层面上，本书使用案例研究的方法，对国内外垃圾治理典型案例协同治理实践进行了系统研究；理论层面上，基于协同治理理论，构建农村生活垃圾多主体动态协同治理模型，对农村生活垃圾治理案例进行了深入的实地调研和剖析，就农村生活垃圾治理协同机制进行了研究。

（二）现实意义

农村生活垃圾治理是一个涉及政府、村“两委”、村民等多元主体的系统工程，涉及生活垃圾的投放、收集、运输和处理，任何一个环节出问题都不能达到有效治理的目的。现阶段，中国农村生活垃圾治理水平较低，治理效果较差，政府虽然提出了多元治理的思路，但是如何激发政府、村“两委”、村民参与生活垃圾治理的积极性，多元主体具体应该如何协同治理，还有待深入研究。从政府、村“两委”、村民出发，剖析影响各主体参与生活垃圾治理的因素，对于制定针对性的农村生活垃圾治理对策具有重要指导意义；从协同治理的视角对农村生活垃圾治理的案例进行深入剖析，探究农村生活垃圾协同治理路径，对于农村生活垃圾治理工作的开展具有借鉴意义。

通过深入分析农村生活垃圾治理的各个主体行为，构建农村生活垃圾协同治理理论模型，提出系统性、针对性的对策建议，对于提升我国农村生活垃圾治理服务供给水平和供给效率，补齐农村生活垃圾治理短板，全面建成小康社会具有重要现实意义。

第二节　文献综述

农村生活垃圾治理是一个系统工程，涉及政府、村“两委”、村民等相关主体，需要采取系统化的治理路径，以下将从政府、村“两委”和村民参与生活垃圾治理的影响因素、农村生活垃圾治理路径四个层面，对农村生活垃圾治理相关研究进行梳理。

一　政府农村生活垃圾治理服务供给的文献综述

目前，从政府层面开展农村生活垃圾治理服务供给的研究还比较少，但从政府层面开展公共服务（公共品）供给的研究比较多。鉴于农村生活垃圾治理服务属于公共服务的一种，为此，从政府公共服务供给的视角展开文献综述，以期为从政府层面开展农村生活垃圾治理服务供给研究提供理论借鉴。通过文献梳理发现，目前关于政府公共服务供给的研究大致可以分为三类，第一类是对政府公共服务（公共品）供给水平的影响因素研究，第二类是对政府公共服务供给效率的影响因素研究，第三类是对基本公共服务均等化的研究。总结政府公共服务供给的影响因素主要包括财政分权、晋升激励、城市偏向、转移支付、人口流动等。

（一）财政分权对政府公共服务供给影响的研究

关于财政分权与政府公共服务供给，前人展开了大量研究，很多研究都发现中国式财政分权不受“用手投票”和“用脚投票”的机制制约，激励了政府为晋升而开展标尺竞争，扭曲了政府的财政支出结构，强化了政府对易于考核的政策目标的执行力度①，导致政府在生产性公共品上（道路、水利、电力等）过度供给，但在非生产性公共品（教育、医疗、社会保障、环境治理）上供给不足②。但也有研究认为，财政分权可以增加政府的可支配财力，进而促进地方基本公共服务供给③，但这一正向影响要显著小于中国式财政分权制度引发的政府间竞争带来的地方基本公共服务供给水平的降低④。财政分权度会增强政府的城市

① 左翔、殷醒民、潘孝挺：《财政收入集权增加了基层政府公共服务支出吗？以河南省减免农业税为例》，《经济学》（季刊）2011 年第 4 期。

② 傅勇、张晏：《中国式分权与财政支出结构偏向：为增长而竞争的代价》，《管理世界》2007 年第 3 期。

③ 邓松：《财政分权对地方财政基本公共服务支出的影响研究》，硕士学位论文，中国财政科学研究院，2019 年。

④ 卢洪友、卢盛峰、陈思霞：《“中国式财政分权”促进了基本公共服务发展吗?》，《财贸研究》2012 年第 6 期。

偏向，不利于实现城乡公共服务均等化①。缪小林等②则发现，财政分权与城乡公共服务差距变化存在非线性关系。刘亮亮等③、贺俊等④同样发现，财政分权对当地公共基础设施建设会产生倒 U 型影响，并且对公共服务不同供给水平的影响不同。就地方环境公共服务供给而言，张玉等⑤研究发现财政分权对地方环境治理效率有显著的负向影响，吴勋等⑥、辛冲冲等⑦的研究均发现无论是财政支出分权、财政收入分权，或者是财政自由度，中国式财政分权会带来政府公共环境治理的激励扭曲和约束不足，进而带来地方公共环境支出不足，环境治理效率低下。李强⑧研究发现，财政分权加剧了中国的环境污染水平，不利于中国生态环境优化。但也有学者研究发现，财政分权有利于促进政府加大节能环保支出，改善整体环境治理，只是支出效率较低⑨，财政分权并不是环境治理投资低的主要原因，以 GDP 为考核指标的晋升激励导致财政分权对环境治理投资的负面效应被显著放大了。

（二）晋升激励与政府公共服务供给影响的研究

在财政分权制度下，政绩考核方式是影响政府官员公共品投入偏好的重要原因。大部分研究认为，在以 GDP 等经济指标为主要考核标准的晋升激励下，政府热衷于将公共财政用于基础设施建设等生产性公共品

① 刘成奎、龚萍：《财政分权、地方政府城市偏向与城乡基本公共服务均等化》，《广东财经大学学报》2014 年第 4 期。

② 缪小林、王婷、高跃光：《转移支付对城乡公共服务差距的影响——不同经济赶超省份的分组比较》，《经济研究》2017 年第 2 期。

③ 刘亮亮、贺俊、毕功兵：《财政分权对地方公共福利的影响——基于非线性和异质性的考量》，《系统工程理论与实践》2018 年第 9 期。

④ 贺俊、张钺、毕功兵：《财政分权、金融分权与公共基础设施》，《系统工程理论与实践》2020 年第 4 期。

⑤ 张玉、李齐云：《财政分权、公众认知与地方环境治理效率》，《经济问题》2014 年第 3 期。

⑥ 吴勋、王杰：《财政分权、环境保护支出与雾霾污染》，《资源科学》2018 年第 4 期。

⑦ 辛冲冲、周全林：《财政分权促进还是抑制了公共环境支出——基于中国省级面板数据的经验分析》，《当代财经》2018 年第 1 期。

⑧ 李强：《财政分权、环境分权与环境污染》，《现代经济探讨》2019 年第 2 期。

⑨ 和立道、王英杰、张鑫娜：《财政分权、节能环保支出与绿色发展》，《经济与管理评论》2018 年第 6 期。

支出，而压缩短期不能产生经济效益的非生产性公共品支出①。存在典型的多任务委托代理下的激励扭曲问题。但也有学者认为晋升激励对政府非生产性公共品供给，比如教育、就业、社会保障和医疗等具有正向促进作用，只是这种作用具有明显的时滞效应②。吴敏等③则从公共品的可视性视角分析了同样是非生产性公共服务，但是由于园林绿化和环境卫生的可视性强，所以政府的关注度更高，而对于可视性较弱的地下管线等的关注度就较低。就地方环境公共服务供给的研究来看，孔繁成④研究发现，在"GDP 晋升锦标赛"体制下，为了在政治晋升中获胜，地方官员很可能以牺牲环境为代价推动经济增长。

（三）城市偏向与政府公共服务供给影响的研究

工业优先发展的战略，以及城乡居民的谈判地位和政治影响力的严重不对称，导致了地方基本公共品供给严重的城市偏向⑤，这在发展中国家得到了普遍印证。世界银行在农村贫困报告中指出广大发展中国家，在教育、卫生等公共服务领域存在城市偏向。在最不发达国家中，尽管大部分人都居住在农村地区，但政府仍然将公共资源向城市倾斜⑥。即使假定城乡居民有共同的政治地位，但由于城市阶层获取、利用信息的能力更强，其政治影响力还是要大于农村阶层，导致公共资源偏向城市，并且这种状况在最不发达国家还在持续恶化，城乡居

① 吴敏、周黎安：《晋升激励与城市建设：公共品可视性的视角》，《经济研究》2018 年第 12 期；林江、孙辉、黄亮雄：《财政分权、晋升激励和地方政府义务教育供给》，《财贸经济》2011 年第 1 期；王询、孟望生、张为杰：《财政分权、晋升激励与民生公共品偏向——基于全国省级面板数据的实证研究》，《云南财经大学学报》2013 年第 4 期。

② 杨刚强、李梦琴、孟霞等：《官员晋升激励、标尺竞争与公共品供给——基于 286 个城市的空间杜宾模型实证》，《宏观经济研究》2017 年第 8 期。

③ 吴敏、周黎安：《晋升激励与城市建设：公共品可视性的视角》，《经济研究》2018 年第 12 期。

④ 孔繁成：《晋升激励、任职预期与环境质量》，《南方经济》2017 年第 10 期。

⑤ Breese, G., "Why Poor People Stay Poor: Urban Bias in World Development. Michael Lipton", *American Journal of Sociology*, Vol. 84, No. 3, 1978, pp. 521 – 524；肖育才：《中国式分权、基本公共品供给偏向与城乡居民收入差距》，《四川大学学报》（哲学社会科学版）2017 年第 4 期。

⑥ Majumdar, S., Mani, A., Mukand, S. W., "Politics, Information and the Urban Bias", *Journal of Development Economics*, Vol. 75, No. 1, 2004, pp. 137 – 165.

民间的福利差距在不断加大[①]。就中国而言，高彦彦等[②]研究指出，不同于其他发展中国家，中国民主制度不够健全，城乡阶层对政府政策均缺乏影响力，城市偏向理论的分析框架不完全适用于中国，中国政治集权和经济分权的政府治理结构，在一定程度上可以解释改革开放之后中国的城市偏向政策。陆铭等[③]、肖育才[④]也认为改革开放之后，中国政府是通过实施城市偏向的财政、金融、户籍等制度安排，建立的城市偏向的公共服务供给体制，导致农村公共服务供给水平远落后于城市。刘成奎等[⑤]研究发现政府的城市偏向不利于城乡公共服务均等化的实现。

（四）转移支付与政府公共服务供给影响的研究

转移支付主要是为了减少财政的纵向和横向不平衡，推动区域间协调发展[⑥]，进而推动区域、城乡之间的基本公共服务均等化[⑦]，财政转移支付还具有政治激励和协调地区间政府行为的功能[⑧]。但在中国式分权的制度安排下，各地都以经济发展为第一要务，理性的政府会将公共资本更多地投入到更具短期经济效应的项目上，而忽视经济效应较差的公共服务。由于转移支付存在“粘蝇纸效应”，导致中央为缩小地区和城

---

① Bezemer, D., Headey, D., “Agriculture, Development, and Urban Bias”, *World Development*, Vol. 36, No. 8, 2008, pp. 1342 – 1364.

② 高彦彦、郑江淮、孙军：《从城市偏向到城乡协调发展的政治经济逻辑》，《当代经济科学》2010年第5期。

③ 陆铭、陈钊：《城市化、城市倾向的经济政策与城乡收入差距》，《经济研究》2004年第6期。

④ 肖育才：《中国式分权、基本公共品供给偏向与城乡居民收入差距》，《四川大学学报》（哲学社会科学版）2017年第4期。

⑤ 刘成奎、龚萍：《财政分权、地方政府城市偏向与城乡基本公共服务均等化》，《广东财经大学学报》2014年第4期。

⑥ 靳涛、梅伶俐：《中央转移支付与地方政府公共支出谁更有效率？——基于教育和卫生服务视角的实证研究》，《经济管理》2015年第2期。

⑦ 缪小林、王婷、高跃光：《转移支付对城乡公共服务差距的影响——不同经济赶超省份的分组比较》，《经济研究》2017年第2期；Oates, W. E., “An Essay on Fiscal Federalism”, *Journal of Economic Literature*, Vol. 37, No. 3, 1999, pp. 1120 – 1149.

⑧ 袁飞、陶然、徐志刚等：《财政集权过程中的转移支付和财政供养人口规模膨胀》，《经济研究》2008年第5期。

乡之间公共服务差距的政策初衷可能失效，尤其是对于经济发展水平落后地区而言，更容易陷入城乡公共服务差距收敛的“二元”困境中①。为此，中央转移支付能否缩小地区间、城乡间公共服务的差距就难以预料了。就转移支付与公共服务供给的效率而言，部分研究认为转移支付虽然无法改变政府“重经济建设，轻公共服务的”支出偏好，但可以有效扩大地方基本公共服务的支出规模，可以弥补公共服务供给的不足②，促进地方非经济性公共品的供给③，也有研究认为由于转移支付运行模式过于“行政化”，资金结果分配不合理等原因，中央政府规模庞大的财政转移支付没有达到预期效果④。对于教育、医疗、社会保障这三项基本公共服务供给，一般性转移支付的影响非常微弱，应该更多地依靠专项转移支付⑤；对于地方环境治理，中央一般转移支付具有显著的正向影响，专项转移支付有显著的负向影响⑥。就转移支付与公共服务的公平供给而言，多数研究表明，转移支付在促进基本公共服务均等化方面的作用不明显⑦。

（五）其他因素对政府公共服务供给影响的研究

研究还发现经济发展水平、政府资金约束、政府治理、人口密度等因素也会影响政府的公共服务供给。经济发展水平方面：大部分研究发现，经济增长率对公共服务供给具有显著的正向影响⑧。经济发展

① 缪小林、王婷、高跃光：《转移支付对城乡公共服务差距的影响——不同经济赶超省份的分组比较》，《经济研究》2017 年第 2 期。

② 郑垚、孙玉栋：《转移支付、地方财政自给能力与基本公共服务供给——基于省级面板数据的门槛效应分析》，《经济问题探索》2018 年第 8 期。

③ 傅勇：《财政分权、政府治理与非经济性公共物品供给》，《经济研究》2010 年第 8 期。

④ 郑浩生、查建平：《我国财政转移支付制度失效及改革探析——基于公共服务均等化的视角》，《西南交通大学学报》（社会科学版）2012 年第 5 期。

⑤ 宋小宁、陈斌、梁若冰：《一般性转移支付：能否促进基本公共服务供给?》，《数量经济技术经济研究》2012 年第 7 期。

⑥ 孙开、王冰：《环境保护支出责任划分、转移支付与环境治理》，《税务与经济》2019 年第 4 期。

⑦ 靳涛、梅伶俐：《中央转移支付与地方政府公共支出谁更有效率？——基于教育和卫生服务视角的实证研究》，《经济管理》2015 年第 2 期。

⑧ 刘亮亮、贺俊、毕功兵：《财政分权对地方公共福利的影响——基于非线性和异质性的考量》，《系统工程理论与实践》2018 年第 9 期。

水平越高，城乡公共服务供给差距越小。人均 GDP 越高，非经济性公共品的供给水平也越高[①]。经济发展水平低的地区，容易陷入转移支付引导下的城乡公共服务“二元”困境，不利于城乡公共服务均等化的实现[②]。政府资金约束方面：刘亮亮等[③]研究发现政府支出规模（用各省市财政支出占 GDP 的比重来表示）对医疗、教育、交通公共服务供给具有显著的正向影响，经济建设支出（用各省市经济建设支出占财政总支出的比重来表示）对公共服务供给具有显著的负向影响。但邓松[④]研究发现，政府倾向于将财政资金投入到经济建设中，财政支出规模对地方科教文卫支出比重有显著的负向影响。在公共支出方面，政府会权衡供给公共品还是扩大财政供养人口以扩张政治支持网络，财政自主度低的地区，往往会倾向于后者[⑤]。财政自给率的提高会显著改善非经济性公共品的供给[⑥]，预算外资金的增加能够显著降低文盲率。说明政府在非经济性公共品供给上存在一定的资金约束。政府治理方面：由于中国行政编制缺乏弹性，政府规模很难随经济发展而调整，行政管理费的膨胀会增加地方财政压力，进而降低地方公共品供给。傅勇[⑦]研究发现财政负担（每万元财政收入的公职人员人数）确实会降低地方非经济性公共品的供给。人口密度方面：人口密度越大，公共品供给的效率越高，过帅[⑧]研究发现人口密度对非经济性公共品（教育、

① 过帅：《地方政府竞争对非经济性公共产品供给的影响研究》，硕士学位论文，云南财经大学，2020 年。

② 缪小林、王婷、高跃光：《转移支付对城乡公共服务差距的影响——不同经济赶超省份的分组比较》，《经济研究》2017 年第 2 期。

③ 刘亮亮、贺俊、毕功兵：《财政分权对地方公共福利的影响——基于非线性和异质性的考量》，《系统工程理论与实践》2018 年第 9 期。

④ 邓松：《财政分权对地方财政基本公共服务支出的影响研究》，硕士学位论文，中国财政科学研究院，2019 年。

⑤ 袁飞、陶然、徐志刚等：《财政集权过程中的转移支付和财政供养人口规模膨胀》，《经济研究》2008 年第 5 期。

⑥ 过帅：《地方政府竞争对非经济性公共产品供给的影响研究》，硕士学位论文，云南财经大学，2020 年。

⑦ 傅勇：《财政分权、政府治理与非经济性公共物品供给》，《经济研究》2010 年第 8 期。

⑧ 过帅：《地方政府竞争对非经济性公共产品供给的影响研究》，硕士学位论文，云南财经大学，2020 年。

医疗卫生和社会保障）供给的效用不显著。

（六）文献述评

综合以上分析，关于政府供给公共服务的影响因素，前人展开了大量研究，发现中国式分权，包括经济分权（财政分权）、政治分权（晋升激励）是影响政府供给公共服务的两个重要因素。此外，作为协调中央、地方和区域间财政的重要制度安排，转移支付制度对政府的公共服务供给也会产生影响。但由于公共服务内容不同，指标衡量标准和数据选取也存在差异，前人的研究结论并未达成一致，也缺乏关于农村生活垃圾治理服务供给这一重要公共服务供给的研究。关于财政分权对政府公共服务供给的研究还没有达成一致，有学者认为财政分权提高了政府的可支配财力，能够促进地方公共服务供给，但有学者认为财政分权会降低非生产性公共服务供给。还有学者认为在多任务委托代理机制下，财政分权会刺激政府在易于考核的公共品（道路、水利、电力）等上过度供给，而对非生产性公共品（教育、医疗、社会保障、环境治理）等供给不足。也有学者认为财政分权对公共服务供给的影响是非线性的，学者们研究的差异可能与所选择的公共品类型和研究的时间段以及财政分权指标的选择有关。关于晋升激励对公共服务供给的影响学者们也存在分歧，大部分学者认为以 GDP 等经济指标为主要考核标准的晋升激励不利于非生产性公共品供给，或者不利于可视性较弱的公共品的供给。但也有学者认为晋升激励对政府非生产性公共品供给有正向促进作用，只不过存在时滞效应。关于城市偏向对公共服务供给的影响结论也不统一，学者普遍认为在工业优先发展的战略下，发展中国家普遍存在基本公共品供给的城市偏向，但中国的城市偏向不同于其他国家，中国的财政分权和晋升激励在一定程度上导致了中国公共品供给的城市偏向政策，换言之，在工业优先发展的战略下，财政分权、晋升激励强化了政府的城市偏向，导致农村公共服务供给水平远落后于城市。关于转移支付对公共服务供给的影响结论也不统一，转移支付可以协调地方财政能力，但是由于转移支付存在“粘蝇纸效应”，导致其对地方公共服务供给的影响难以预料。此外，经济发展水平、政府的资金约束、政府治理和人口密度也是学者在研究政府公共服务供给中考虑的重要因素。从前人的研究来看，财政分权、晋升激励和城市偏向是影响政府公共服务供给的重要因素，但囿于研究指标的选取和公共服务内容的差异，研究结论并未达成一致，并且也缺乏从财政分权、晋升激励和城市偏向的维度探究政府农村生活垃圾治理服务供给激励机制的研究。

二　村庄农村生活垃圾治理服务供给的文献综述

国外，尤其是大部分发达国家不存在明显的城乡二元结构，城市和农村的生活垃圾治理不存在明显差异。国内，在“垃圾围村”现象越来越严重的背景下，近几年学者才开始关注农村生活垃圾的治理问题，村庄社会经济和地理特征、政治因素和村域社会资本等是国内学者普遍关注的影响中国农村生活垃圾治理服务供给的主要因素。

（一）村庄社会经济和地理因素

在中国农村，公共服务供给很大程度上依赖于村庄的经济发展水平和村庄的位置①，农村的商品经济发达程度（自营工商业户数）越高、农民年人均收入越高、非农就业机会越多②、交通越便利、村庄距镇政府的距离越近、村庄人口越多、村小组数越多的村庄越可能提供生活垃圾收集和运输服务③。王艳等④对关中地区4个地级市，321个农户进行调查研究，发现垃圾桶的数量也会显著影响垃圾治理的效果。另外，是否有垃圾治理规定以及村领导是否接受过环保培训对治理效果有正向的

① Xiao, L., Zhang, G., Zhu, Y., Lin, T., “Promoting Public Participation in Household Waste Management: A Survey Based Method and Case Study in Xiamen City, China”, *Journal of Cleaner Production*, Vol. 144, No. 15, 2017, pp. 313－322.

② 王爱琴、高秋风、史耀疆等：《农村生活垃圾管理服务现状及相关因素研究——基于5省101个村的实证分析》，《农业经济问题》2016年第4期。

③ 王金霞：《中国农村生活污染与农业生产污染：现状与治理对策研究》，科学出版社2013年版。

④ 王艳、卢虹好：《关中地区农村生活垃圾治理影响因素研究》，《西安电子科技大学学报》（社会科学版）2017年第2期。

影响，村庄面积对治理效果有负向影响。Ye 等[①]基于 5 个省 100 个村的调研数据，运用 logistic 模型估计了中国农村生活垃圾治理服务供给水平的影响因素，发现生活垃圾引起的环境压力、村委会的财政实力、村庄选举和村领导的个人特征、灌溉比例、乡镇企业向村委会提交的单位资本利润等因素会显著影响村庄的生活垃圾治理服务供给水平。Song 等[②]基于 5 个省 101 个村的 3 年面板数据，运用固定效应的 logistic 模型，分析了农村生活垃圾分类服务供给的影响因素发现，年人均纯收入、村小组数量、是否是新任村领导会显著影响农村生活垃圾收集设施的供给；年人均纯收入、村小组数量、村庄总人口、村庄距乡镇的距离会显著影响农村生活垃圾收集工作人员的数量；年人均纯收入、村小组数量、村庄总人口、村庄距乡镇的距离、村领导是否是直接选举产生会显著影响农村生活垃圾收集的综合服务供给。叶春辉[③]基于 5 个省 100 个村的实地调研，运用 Logistic 模型分析了农村垃圾治理服务供给的影响因素，发现县乡以上政府工作的本村人数、居民受教育程度也会显著影响村庄的生活垃圾治理服务供给。Grazhdani[④] 研究发现，家庭异质性，包括受教育水平、住宅平均建筑年限、家庭平均收入、垃圾按重量收费政策、有价废弃物回收人口百分比、千人可利用的垃圾回收设施均会影响生活垃圾产生量，而人口的增长对垃圾产生量增长的影响不显著。李玉敏等[⑤]基于 6 个省 1118 个农户的调研数据，利用 OLS 法对农户生活垃圾排放量进行研究，发现是否接受有关固体垃圾的培训、燃料来源也会显著影响农户生活垃圾排放量，并且生活垃圾排放量与农户收入之间存在显著的倒 U 型关系。

---

① Ye, C. H., Qin, P., "Provision of Residential Solid Waste Management Service in Rural China", *China & World Economy*, Vol. 16, No. 5, 2008, pp. 118 – 128.

② Song, Q., Wang, Z., Li, J., "Residents' Attitudes and Willingness to Pay for Solid Waste Management in Macau", *Procedia Environmental Sciences*, Vol. 31, 2016, pp. 635 – 643.

③ 叶春辉：《农村垃圾处理服务供给的决定因素分析》，《农业技术经济》2007 年第 3 期。

④ Grazhdani, D., "Assessing the Variables Affecting on the Rate of Solid Waste Generation and Recycling: An Empirical Analysis in Prespa Park", *Waste Management*, Vol. 48, 2016, pp. 3 – 13.

⑤ 李玉敏、白军飞、王金霞等：《农村居民生活固体垃圾排放及影响因素》，《中国人口·资源与环境》2012 年第 10 期。

（二）政治因素

政府管理对农户行为起到引导和规范作用，会显著影响村庄生活垃圾治理①。Ye 等②发现，农村生活垃圾收集服务的供给还依赖于政治因素。新的村领导在服务供给上可能更加积极，村领导直接由村民选举产生的要比政府委派的，更可能迎合村民的需求，提供公共服务。Pan 等③基于对江西省 150 个村庄的调研数据，运用 Probit 和双变量 Probit 模型分析了影响农村生活垃圾回收服务供给的因素，发现农村生活垃圾服务供给除了受村庄经济水平、人口密度、距镇政府的距离的影响外，还受是否是新农村、是否是革命老区的影响，说明在农村生活垃圾服务供给中存在"面子现象"，人口密度大，距镇政府近，新农村、革命老区的农村提供服务更能实现村领导人的政治成就，生活垃圾收集的设施供给更多；大家族的比例、村领导来自村里的大家族、本村在高层政府工作的人的数量等因素会显著影响农村生活垃圾回收服务的供给，而村领导是否是选举产生的影响不显著，说明非正式治理比正式治理对农村生活垃圾服务供给的影响更大。

（三）村庄社会资本因素

作为公共物品，农村生活垃圾治理离不开政府，但仅靠政府的引导和推动，也难以实现农村生活垃圾的有效治理。在农村这一"熟人社会"中，社会网络等村域社会资本在生活垃圾治理上往往更具支配作用。杨金龙④基于对 90 个村 863 个农户的调查，运用结构方程模型研究了农村生活垃圾治理的影响因素，发现村域社会资本（包括村域互动、村域信任、村域互惠和村域规范）会显著影响农村生活垃圾治

① 杨金龙：《农村生活垃圾治理的影响因素分析——基于全国 90 村的调查数据》，《江西社会科学》2013 年第 6 期。

② Ye, C. H., Qin, P., "Provision of Residential Solid Waste Management Service in Rural China", *China & World Economy*, No. 5, 2008, pp. 118 – 128.

③ Pan, D., Ying, R., Huang, Z., "Determinants of Residential Solid Waste Management Services Provision: A Village – level Analysis in Rural China", *Sustainability*, Vol. 9, No. 2, 2017, p. 110.

④ 杨金龙：《农村生活垃圾治理的影响因素分析——基于全国 90 村的调查数据》，《江西社会科学》2013 年第 6 期。

理。通过对天津农村地区的调研，陈硕材等①研究发现农村社会资本在调动农民参与垃圾治理的热情方面具有重要作用，村委会作为农村垃圾治理的领导力量，在农村生活垃圾治理中有着重要作用。另外，村庄和谐程度、村民关系、社会信任、社会参与都会显著影响农村的生活垃圾治理。

另外，上级政府的财政和项目支持也会显著影响农村生活垃圾治理服务供给。通过对 7 个省的调研，黄开兴等②发现上级政府财政支持、农村生活垃圾治理相关项目对农村生活垃圾治理服务供给有显著的促进作用，在有相关财政支持的村庄中，64.8% 的村庄提供了垃圾治理服务，在没有相关财政支持的村庄中，仅有 15.4% 的村庄提供了垃圾治理服务。

（四）文献述评

由以上分析可知，中国农村地区具有特殊的社会经济和政治特征，在村民自治的体制下，农村的生活垃圾治理主要受村庄经济地理特征、政治因素和村域社会资本等因素的影响。村“两委”作为乡镇政府和村民的共同代理人，从委托代理的视角对村“两委”农村生活垃圾治理服务开展的研究较少。另外，国内外的大部分研究都是关于生活垃圾治理服务供给的影响因素研究，关于生活垃圾治理服务供给效率的研究较少。

三　村民参与农村生活垃圾治理服务的文献综述

关于村民参与农村生活垃圾治理服务的研究主要可以划分为以下几个部分：一是居民生活垃圾治理参与意愿研究；二是居民生活垃圾治理参与行为研究；三是居民生活垃圾治理支付意愿研究。具体文献综述如下：

① 陈硕材、王浩、牛亨通等：《天津市农村生活垃圾社区自组织治理框架分析》，《南方农业》2016 年第 18 期。

② 黄开兴、王金霞、白军飞等：《我国农村生活固体垃圾处理服务的现状及政策效果》，《农业环境与发展》2011 年第 6 期。

（一）农户（居民）生活垃圾治理的参与意愿研究

个人和家庭特征因素。戴晓霞等[①]对浙江省沿海农村的199个农户进行调研，发现村民缺乏垃圾分类收集意识，只有26.13%的农户知道垃圾分类收集。性别、年龄、受教育程度和收入等因素会显著影响农户的垃圾分类收集意愿。在社区中，女性是促进公众参与项目的重要角色。一方面，在环境污染中，相较于男性而言，女性更容易受到影响，所以最愿意参与改善生活环境条件的项目；另一方面，在社区中，由于工作等原因，女性之间的见面机会更多，沟通交流更多，她们在小型活动中扮演着重要角色，会促进居民参与生活垃圾治理项目[②]。Martin 等[③]研究发现，与较年轻的人和不富裕的人相比，老年人和较富裕的人更愿意参与垃圾回收项目。

认知、态度和便利性。认知是促进居民参与社区生活垃圾治理的重要因素[④]。对于生活垃圾治理问题产生的原因，影响的认知能够增加居民参与生活垃圾治理的意愿和行为[⑤]。Muller 等[⑥]在那格浦尔（印度）的一个垃圾治理案例研究中发现，居民真正了解了生活垃圾治理项目的相关知识，生活垃圾的收集或者清运工作才会更高效，而向居民宣传居民责任，保持卫生和健康的重要性的知识，会提高居民的认知。为此，地方领导应该向社区居民说明居民在垃圾清扫工作中的角色和

---

① 戴晓霞、季湘铭：《农村居民对生活垃圾分类收集的认知度分析》，《经济论坛》2009年第15期。

② Subash, A., "*Community Participation in Solid Waste Management*", Office of Environmental Justice, Washington D. C., 2002.

③ Martin, M., Williams, I. D., Clark, M., "Social, Cultural and Structural Influences on Household Waste Recycling: A Case Study", *Resources Conservation & Recycling*, Vol. 48, No. 4, 2006, pp. 357 – 395.

④ Joseph, K., "Stakeholder Participation for Sustainable Waste Management", *Habitat International*, Vol. 30. No. 4, 2006, pp. 863 – 871.

⑤ Minn, Z., Srisontisuk, S., Laohasiriwong, W., "Promoting People's Participation in Solid Waste Management in Myanmar", *Research Journal of Environmental Sciences*, Vol. 4, No. 3, 2010, pp. 209 – 222.

⑥ Muller, M. S., Iyer, A., Keita, M., Sacko, B., Traore, D., "Differing Interpretations of Community Participation in Waste Management in Bamako and Bangalore: Some Methodological Considerations", *Environment & Urbanization*, Vol. 14, No. 2, 2002, pp. 241 – 258.

责任，让社区居民了解到政府服务的局限性，社区居民才能够有效地帮助政府解决生活垃圾治理问题①。Saphores② 对加州居民的电子垃圾回收意愿进行了调研，发现便捷和环保意识是居民参与垃圾回收与否的关键影响因素。

信息因素。要想让农村居民参与生活垃圾治理，必须为他们提供充足的信息③。让村民相信他们参加生活垃圾治理项目是有意义的，并且他们有能力改善农村的生活环境，会提高他们参与项目的信心。在美国中部的内布拉斯加州，一个对公众有益的公共投资参与计划没有成功，可能是因为缺乏一个明确的问题界定，居民没有很好地理解这个问题，满足于现状，不愿意改变④。另外，如果生活垃圾治理需要的技术相对复杂，村民可能因为没有掌握相应技术知识而不能有效参与其中，这也需要为居民提供有效的信息知识。

激励与沟通。促进农村居民参与生活垃圾治理项目的一个重要因素是激励。已有研究表明，由于大多数情况下，人们不确定参与生活垃圾治理项目的收益，激励措施能够增加社区居民的参与动机，促进居民参与生活垃圾治理项目。激励也包括赋予村民参与决策的权利。赋予村民一定的决策权，能够增加村民的主人公意识，从而提高他们参与生活垃圾治理的意愿⑤。Minn 等⑥的研究同样发现，由于每个当事人都想在决策

① Zurbrügg, Christian, Ahmed, Rehan, "Enhancing Community Motivation and Participation in Solid Waste Management", *Sandec News*, Vol. 4, 1999, pp. 1 -6.

② Saphores, J. D. M., "Household Willingness to Recycle Electronic Waste: An Application to California", *Environment & Behavior*, Vol. 38, No. 2, 2006, pp. 183 -208.

③ Takahashi, K., Yamamoto, K., "A Study of Policies for Achieving Community Participation in Municipal Solid Waste Reduction: The Case of Ichinomiya City in Aichi prefecture", *Environmental Science*, Vol. 21, No. 4, 2008, pp. 273 -289.

④ Irvin, R. A., Stansbury, J., "Citizen Participation in Decision Making: Is It Worth the Effort?", *Public Administration Review*, Vol. 64, No. 1, 2004, pp. 55 -65.

⑤ Minn, Z., Srisontisuk, S., Laohasiriwong, W., "Promoting People's Participation in Solid Waste Management in Myanmar", *Research Journal of Environmental Sciences*, Vol. 4, No. 3, 2010, pp. 209 -222.

⑥ Minn, Z., Srisontisu, S., Laohasiriwong, W., "Promoting People's Participation in Solid Waste Management in Myanmar", *Research Journal of Environmental Sciences*, Vol. 4, No. 3, 2010, pp. 209 -222.

中发挥重要作用，赋予居民决策权能够促进公众参与，如果村民感觉在项目中不受重视，会降低他们的参与积极性。而沟通交流是维持社区居民参与的重要影响因素，通过深入的交流和了解，社区居民能够看到项目给他们带来的收益，增加参与项目的责任感，并能保持持续参加项目的激情[①]。另外，沟通交流能够充分了解居民的需求，了解项目的局限和不足，使项目执行者在解决问题时更加有效[②]。

其他因素。有效的地方领导也是促进农户参与生活垃圾治理的重要影响因素。村领导是由民主选举产生的会显著影响公众的生活垃圾治理参与行为。在生活垃圾治理项目中，社区领导人在促进垃圾收集，确保社区居民交付费用，促进垃圾分类，监督政府服务方面发挥着十分重要的作用[③]。

另外，崔亚飞等[④]基于安徽省 737 个农户的调研数据，运用计划行为理论和结构方程模型，研究了农户的亲环境意向（农户生活垃圾清洁、环保治理意向），发现农户的亲环境意向普遍较高，并且农户意向易受左邻右舍和家人对自己看法的影响，外部因素对农户知觉行为控制有较强的影响，但知觉行为控制对亲环境意向具有抑制作用。另外，农户往往会通过增强态度的方式来掩盖自己的实际行为与社会期望之间的差异。

（二）农户（居民）生活垃圾治理的参与行为研究

个人和家庭特征因素。垃圾回收利用项目的成功，离不开家庭参与

---

① Sylvaine, B., "Issues and Results of Community Participation in Urban Environment: Comparative Analysis of Nine Projects on Waste Management", *UWEP Working Document* 11, 1999, pp. 1 - 59.

② Haughton, G., "Environmental Justice and the Sustainable City", *Journal of Planning Education & Research*, Vol. 18, No. 3, 1999, pp. 233 - 243.

③ Subash, A., *Community Participation in Solid Waste Management*, Office of Environmental Justice, Washington D. C., 2002; Sylvaine, B., "Issues and Results of Community Participation in Urban Environment: Comparative Analysis of Nine Projects on Waste Management", *UWEP Working Document* 11, 1999, pp. 1 - 59.

④ 崔亚飞、B. Bluemling:《农户生活垃圾处理行为的影响因素及其效应研究——基于拓展的计划行为理论框架》,《干旱区资源与环境》2018 年第 4 期。

和垃圾分类[①]。人口因素，比如年龄、受教育程度、收入和家庭规模会影响垃圾回收利用站的使用。另外，环境危害经历[②]等因素也会显著影响个人参与生活垃圾治理的行为。

认知、态度和主观规范因素。认知是行为的重要影响因素，Omran等[③]对加沙市居民参与生活垃圾回收利用行为的影响因素进行研究，发现当地居民缺乏回收意识。67%的样本完全不知道生活垃圾回收，只有33%的样本听说过，85.5%的样本从来没有见过回收桶，14.5%的样本曾经见过。个人环境意识、健康意识、可回收利用垃圾数量等会促进个人进行垃圾回收。另外，态度因素[④]、个人环保意识[⑤]、环境收益的感知[⑥]也会显著影响个人的生活垃圾治理行为。Tonglet等[⑦]研究发现，态度是影响居民垃圾回收行为的主要因素，而态度会受到设施和知识、垃圾回收机会、时间和便利性等因素的影响。回收利用经验和对社区回收收

① Hage, O., Söderholm, P., "An Econometric Analysis of Regional Differences in Household Waste Collection: The Case of Plastic Packaging Waste in Sweden", *Waste Management*, Vol. 28, No. 10, 2008, pp. 1720 – 1731; Sidique, S. F., Joshi, S. V., Lupi, F., "Factors Influencing the Rate of Recycling: An Analysis of Minnesota Counties", *Resources, Conservation and Recycling*, Vol. 54, No. 4, 2010, pp. 242 – 249.

② 卢春天、朱晓文：《农村居民对环境问题的认知及行为适应——基于西北地区4省8县（区）的实证数据分析》，《南京工业大学学报》（社会科学版）2015年第4期。

③ Omran, A., Sarsour, A. K., Pakir, A. H. K., "An Investigation Into the Factors Influencing the Participation of Households in Recycling of Solid Waste in Palestine", *The International Journal of Health Economics*, No. 2, 2012, pp. 4 – 19.

④ Sidique, S. F., Joshi, S. V., Lupi, F., "Factors Influencing the Rate of Recycling: An Analysis of Minnesota Counties", *Resources, Conservation and Recycling*, Vol. 54, No. 4, 2010, pp. 242 – 249.

⑤ 卢春天、朱晓文：《农村居民对环境问题的认知及行为适应——基于西北地区4省8县（区）的实证数据分析》，《南京工业大学学报》（社会科学版）2015年第4期。

⑥ Hage, O., Söderholm, P., "An Econometric Analysis of Regional Differences in Household Waste Collection: The Case of Plastic Packaging Waste in Sweden", *Waste Management*, Vol. 28, No. 10, 2008, pp. 1720 – 1731.

⑦ Tonglet, M., Phillips, P. S., Read, A. D., "Using the Theory of Planned Behaviour to Investigate the Determinants of Recycling Behaviour: A Case Study from Brixworth, UK", *Resources, Conservation and Recycling*, Vol. 41, No. 3, 2004, pp. 191 – 214.

益的关注也会影响回收行为。Brekke 等①对家庭玻璃制品回收行为的研究发现，责任感会影响人们的回收行为，而责任感会受到他人行为的影响，如果人们得到的关于他人行为的信息是不确定的，人们会不愿意承担回收利用玻璃制品的责任。另外，农户的主观规范也会影响其生活垃圾治理的参与行为②。

社会经济因素。林丽梅等③利用层次回归模型分析了福建省南平地区 270 个农户的生活垃圾集中治理行为，发现，生活垃圾治理设施清理频率、住房到垃圾治理设施的距离等因素会显著影响其生活垃圾集中治理行为。刘莹等④基于 33 个村 660 个农户的调研数据，利用 Probit 模型研究发现，城镇化水平、社区和谐关系、村庄交通条件、村庄布局（村里最远两个小组之间的距离）、农户公共意识、农户耕地面积等因素均会显著影响农户的垃圾定点倾倒行为。

信息和基础设施。Ghani 等⑤运用计划行为理论研究了公众参与餐厨垃圾分类的影响因素，发现如果政府提供足够的关于生活垃圾分类的机会、设施和知识，公众会愿意参与生活垃圾分类。Hage 等⑥运用有序 Probit 模型对瑞典 2800 个家庭的垃圾回收行为进行了研究，发现经济和道德激励都会影响家庭的垃圾回收利用行为，而垃圾回收设施的改善，会显著提高生活垃圾的回收率。卢春天等⑦对西北 4 个省 1561 个农户进

---

① Brekke, K. A., Kipperberg, G., Nyborg, K., "Social Interaction in Responsibility Ascription: The Case of Household Recycling", *Land Economics*, Vol. 86, No. 4, 2010, pp. 766 – 784.

② 林丽梅、刘振滨、黄森慰等：《农村生活垃圾集中处理的农户认知与行为响应：以治理情境为调节变量》，《生态与农村环境学报》2017 年第 2 期。

③ 林丽梅、刘振滨、黄森慰等：《农村生活垃圾集中处理的农户认知与行为响应：以治理情境为调节变量》，《生态与农村环境学报》2017 年第 2 期。

④ 刘莹、王凤：《农户生活垃圾处置方式的实证分析》，《中国农村经济》2012 年第 3 期。

⑤ Ghani, W. A. K., Rusli, I. F., Biak, D. R. A., Idris, A., "An Application of the Theory of Planned Behaviour to Study the Influencing Factors of Participation in Source Separation of Food Waste", *Waste Management*, Vol. 33, No. 5, 2013, pp. 1276 – 1281.

⑥ Hage, O., Söderholm, P., Berglund, C., "Norms and Economic Motivation in Household Recycling: Empirical Evidence from Sweden", *Resources, Conservation and Recycling*, Vol. 53, No. 3, 2009, pp. 155 – 165.

⑦ 卢春天、朱晓文：《农村居民对环境问题的认知及行为适应——基于西北地区 4 省 8 县（区）的实证数据分析》，《南京工业大学学报》（社会科学版）2015 年第 4 期。

行调研，发现生活垃圾的不当处理被认为是西北农村最严重的环境问题，媒介的使用等因素会显著影响村民的环境友好型行为。缺乏垃圾回收设施，信息不足会抑制人们的回收行为[①]。

便利性。便利的生活垃圾回收可以降低人们参与生活垃圾回收的时间成本，正向促进人们的生活垃圾治理参与行为[②]。Ghani 等[③]运用计划行为理论研究了公众参与餐厨垃圾分类的影响因素，发现如果垃圾收集的设施和时间都比较方便，会促进公众参与生活垃圾分类[④]。Sidique 等[⑤]研究发现，对于意识到环境问题，愿意花费时间进行生活垃圾回收的个人，基于回收活动的机会成本的考虑，路边回收系统和垃圾回收站能够提高回收率。Folz [⑥]同样发现，当个人进行回收活动不需要花费很大成本的时候，也即垃圾回收对于个人来说更加便利，能够促进回收活动更好地开展。

道德约束和社会规范。环境心理学家和社会学家比较关注利他主义动机、道德约束和社会规范的影响。认为人们的行为不仅仅会被经济补偿所激励，也会受内在激励、声誉效应、同伴效应、规劝（Nudges）等

---

① Omran，A.，Sarsour，A. K.，Pakir，A. H. K.，"An Investigation Into the Factors Influencing the Participation of Households in Recycling of Solid Waste in Palestine"，*The International Journal of Health Economics*，No. 2，2012，pp. 4 – 19.

② Tonglet，M.，Phillips，P. S.，Read，A. D.，"Using the Theory of Planned Behaviour to Investigate the Determinants of Recycling Behaviour：A Case Study from Brixworth，UK"，*Resources，Conservation and Recycling*，Vol. 41，No. 3，2004，pp. 191 – 214.

③ Ghani，W. A. K.，Rusli，I. F.，Biak，D. R. A.，Idris，A.，"An Application of the Theory of Planned Behaviour to Study the Influencing Factors of Participation in Source Separation of Food Waste"，*Waste Management*，Vol. 33，No. 5，2013，pp. 1276 – 1281.

④ Hage，O.，Söderholm，P.，Berglund，C.，"Norms and Economic Motivation in Household Recycling：Empirical Evidence from Sweden"，*Resources*，*Conservation and Recycling*，Vol. 54，No. 4，2010，pp. 242 – 249. .

⑤ Sidique，S. F.，Joshi，S. V.，Lupi，F.，"Factors Influencing the Rate of Recycling：An Analysis of Minnesota Counties"，*Resources*，*Conservation and Recycling*，Vol. 54，No. 3，2010，pp. 163 – 170.

⑥ Folz，Profile D. H.，"Recycling Program Design，Management，and Participation：A National Survey of Municipal Experience"，*Public Administration Review*，Vol. 51，No. 3，2011，pp. 222 – 231.

社会因素的影响。内在激励方面，心理学家 Young① 研究认为内在激励（利他主义或者环保意识）和个人满足会影响人们的垃圾回收决策。Mccarty 等②对比分析了利己主义者和集体主义者的垃圾分类行为，发现集体主义者会考虑垃圾分类未来的社会收益，从而会参与垃圾分类回收，而个人主义者仅考虑短期收益，不认为垃圾回收很重要。Alessio 等③研究发现，环境保护的内在激励会正向影响垃圾回收和减量行为。Maldague 等④认为内在激励反映人们对社会的关注，而关注社会的人们更趋向于参与垃圾回收行为。

声誉效应方面。Tirole 等⑤研究发现，虽然一些人是利他主义的，亲环境行为的动机可能是为了塑造一个良好的自我形象，获得一定的社会尊重。另外，货币激励对声誉效应有一定的挤出，如果个人行为被认为是货币激励导致的，那么他所获得的声誉就会降低。Cecere 等⑥研究认为利他主义的个人可能会做出亲环境的选择，最大化他们的个人福利和社会福利。另外，声誉压力作为一种外部激励，会促进个人产生亲环境行为。

社会规范方面。许多学者研究了社会规范和垃圾回收行为之间的

---

① Young, R. D., "Encouraging Environmentally Appropriate Behavior: The Role of Intrinsic Motivation", *Journal of Environmental Systems*, Vol. 15, No. 4, 1985, pp. 281 - 292.

② Mccarty, J. A., Shrum, L. J., "The Influence of Individualism, Collectivism, and Locus of Control on Environmental Beliefs and Behavior", *Journal of Public Policy & Marketing*, Vol. 20, No. 1, 2001, pp. 93 - 104.

③ Alessio, D., Susanna, M., Mariangela, Z., "Two Shades of (Warm) Glow: Multidimensional Intrinsic Motivation, Waste Reduction and Recycling", *Seeds Working Papers*, 2014, pp. 1 - 19.

④ Ferrara, I., Missios, P., "A Cross-country Study of Household Waste Prevention and Recycling: Assessing the Effectiveness of Policy Instruments", *Land Economics*, Vol. 88, 2012, pp. 710 - 744.

⑤ Tirole, J., Bénabou, R., "Incentives and Prosocial Behavior", *American Economic Review, American Economic Association*, Vol. 96, No. 5, 2006, pp. 1652 - 1678.

⑥ Cecere, G., Mancinelli, S., Mazzanti, M., "Waste Prevention and Social Preferences: The Role of Intrinsic and Extrinsic Motivations", *Ecological Economics*, Vol. 107, 2014, pp. 163 - 176.

关系[①]。Schultz 等[②]研究发现如果邻居和朋友都参与了垃圾回收，会给个人带来一定的社会规范，促使他们也参与垃圾回收，以避免收到负面评价。社会规范也可能来自自我形象。Czajkowski 等[③]研究个人的生活垃圾回收行为发现，人们的回收行为主要是由个人的道德责任感决定的，害怕社会压力的影响是次要的。而 Knussen 等[④]研究发现社会压力不会影响回收行为，作者认为，在垃圾回收项目的早期，社会规范可能会发挥一定作用，但在垃圾回收项目建成之后，人们有了自己支持或者否定的态度，就不会受外部社会压力的影响。Viscusi 等[⑤]对此进行了验证，发现个人规范对垃圾回收行为有显著影响，而社会规范影响不显著。Hage 等[⑥]对瑞典的一项研究发现，除了新移民以外，个人的回收行为不会受朋友、家人或者其他重要的人的影响。新移民刚到一个地方，会因为法律法规、语言等障碍而不参与分类行为，而经过一段时间，新移民会适应社会规范，进行垃圾回收。

"规劝"的影响。个人的意愿并不总是会转化为实际行为，即使意识到不回收利用生活垃圾会增加生活垃圾的治理成本，但并不是所有人

① Nyborg, K., Howarth, R. B., Brekke, K. A., "Green Consumers and Public Policy: On Socially Contingent Moral Motivation", *Resource & Energy Economics*, Vol. 28, No. 4, 2006, pp. 351 – 366; Viscusi, W. K., Huber, J., Bell, J., "Promoting Recycling: Private Values, Social Norms, and Economic Incentives", *American Economic Review*, Vol. 101, No. 3, 2011, pp. 65 – 70.

② Schultz, P. W., Oskamp, S., Mainieri, T., "Who Recycles and When? A Review of Personal and Situational Factors", *Journal of Environmental Psychology*, Vol. 15, No. 2, 1995, pp. 105 – 121.

③ Czajkowski, M., Hanley, N., Nyborg, K., "Social Norms, Morals and Self-interest as Determinants of Pro-environment Behaviour", *International Journal of Engineering Science*, Vol. 21, No. 3, 2014, pp. 223 – 230.

④ Knussen, C., Yule, F., Mackenzie, J., Wells, M., "An Analysis of Intentions to Recycle Household Waste: The Roles of Past Behaviour, Perceived Habit, and Perceived Lack of Facilities", *Journal of Environmental Psychology*, Vol. 24, No. 2, 2004, pp. 237 – 246.

⑤ Viscusi, W. K., Huber, J., Bell, J., "Promoting Recycling: Private Values, Social Norms, and Economic Incentives", *American Economic Review*, Vol. 101, No. 3, 2011, pp. 65 – 70.

⑥ Hage, O., Söderholm, P., Berglund, C., "Norms and Economic Motivation in Household Recycling: Empirical Evidence from Sweden", *Resources, Conservation and Recycling*, Vol. 53, No. 3, 2009, pp. 155 – 165.

会采取回收行为。Thaler 等[①]研究发现"规劝"作为一个在尊重每个人自由决策的前提下，引导个人做出有利于集体的决定的策略，能够对个人行为产生一定影响。Schultz[②] 关于生活垃圾回收的一个实验研究发现，每天告知实验家庭，他的邻居们参与垃圾回收的家庭数量和回收的垃圾质量，能够增加 19% 的生活垃圾回收量，并且这种影响具有持续性。Schultz 等[③]研究发现，人们对于规劝的接受程度，依赖于个人的利他主义水平和对环境问题的重视程度。"规劝"很可能成为以后社会规制的一个重要元素。

（三）农户（居民）生活垃圾治理的支付意愿研究

个人和家庭特征因素。社会经济因素对于人们参与生活垃圾治理的支付意愿具有显著影响[④]。邹彦等[⑤]采用 logistic 模型，对河南省淅川县 141 个农户的生活垃圾集中治理支付意愿进行了研究，发现户主受教育程度、家庭在学人数、家庭纯收入对农户支付意愿有正向影响，家庭人口规模、户主健康状况对支付意愿有负向影响。Addai 等[⑥]运用双边界选择条件评估法和 logit 回归估计了加纳居民改善生活垃圾治理的支付意愿及居民对生活垃圾收集服务的满意度水平发现，94% 的受访者对当前的生活垃圾收集服务是满意的。受教育水平、性别、家庭规模和户主年龄

① Thaler, R. H., Sunstein, C. R., "Libertarian Paternalism", *American Economic Review*, Vol. 93, No. 2, 2003, pp. 175 – 179.

② Schultz, P. W., "Changing Behavior with Normative Feedback Interventions: A Field Experiment on Curbside Recycling", *Basic & Applied Social Psychology*, Vol. 21, No. 1, 1999, pp. 25 – 36.

③ Schultz, P. W., Zelezny, L. C., "Reframing Environmental Messages to be Congruent with American Values", *Human Ecology Review*, Vol. 10, No. 2, 2003, pp. 126 – 136.

④ Lake, I. R., Bateman, I. J., Parfitt, J. P., "Assessing a Kerbside Recycling Scheme: A Quantitative and Willingness to Pay Case Study", *Journal of Environmental Management*, Vol. 46, No. 3, 1996, pp. 239 – 254.

⑤ 邹彦、姜志德：《农户生活垃圾集中处理支付意愿的影响因素分析——以河南省淅川县为例》，《西北农林科技大学学报》（社会科学版）2010 年第 4 期。

⑥ Addai, K. N., Danso-Abbeam, G., "Determinants of Willingness to Pay for Improved Solid Waste Management in Dunkwa-on-Offin, Ghana", *Journal of Agriculture and Environmental Sciences*, No. 1, 2014, pp. 1 – 9.

显著影响生活垃圾治理服务的支付意愿[①]。另外，社会网络因素[②]、家中是否有村干部[③]、农户的外出务工经历、农户经营活动类型、生活垃圾治理方式[④]、居住地位置[⑤]等因素都会显著影响农户对生活垃圾治理服务的支付意愿。

态度和认知因素。Afroz 等[⑥]基于吉隆坡（马来西亚）的调研数据，利用 CVM 方法估计当政府强制执行生活垃圾分类回收项目时，家庭对改善生活垃圾回收治理的支付意愿的变化。研究发现，在垃圾分类设施齐全的情况下，强制执行较不强制执行垃圾分类回收项目，居民的生活垃圾治理支付意愿会降低。梁增芳等[⑦]采用多元线性回归模型对三峡库区 632 个农民的生活垃圾治理支付意愿进行研究，发现对环境的关心程度对支付意愿有显著的正向影响。吴建[⑧]基于山东省 312 个农户的调研数据，运用 logistic 模型对农户生活垃圾集中治理的支付意愿进行调研，发现环保的关注程度对农户的支付意愿有显著的正向影响[⑨]。许增巍等[⑩]对

---

① 梁增芳、肖新成、倪九派：《三峡库区农村生活垃圾处理支付意愿及影响因素分析》，《环境污染与防治》2014 年第 9 期。

② 许增巍、姚顺波、苗珊珊：《意愿与行为的悖离：农村生活垃圾集中处理农户支付意愿与支付行为影响因素研究》，《干旱区资源与环境》2016 年第 2 期。

③ 邓俊淼：《农户生活垃圾处理支付意愿及影响因素分析——基于对南水北调中线工程水源地的调查分析》，《生态经济》（学术版）2012 年第 1 期。

④ 吴建：《农户对生活垃圾集中处理费用的支付意愿分析——基于山东省胶南市、菏泽市的实地调查》，《青岛农业大学学报》（社会科学版）2012 年第 2 期。

⑤ Zeng, C., Niu, D., Li, H., Zhou, T., Zhao, Y., "Public Perceptions and Economic Values of Source-separated Collection of Rural Solid Waste: A Pilot Study in China", *Resources, Conservation and Recycling*, Vol. 107, 2016, pp. 166 – 173.

⑥ Afroz, R., Masud, M. M., "Using a Contingent Valuation Approach for Improved Solid Waste Management Facility: Evidence from Kuala Lumpur, Malaysia", *Waste Management*, Vol. 31, No. 4, 2011, pp. 800 – 808.

⑦ 梁增芳、肖新成、倪九派：《三峡库区农村生活垃圾处理支付意愿及影响因素分析》，《环境污染与防治》2014 年第 9 期。

⑧ 吴建：《农户对生活垃圾集中处理费用的支付意愿分析——基于山东省胶南市、菏泽市的实地调查》，《青岛农业大学学报》（社会科学版）2012 年第 2 期。

⑨ 张璋、汪青城：《农村生活垃圾治理调查研究——基于支付意愿的视角》，《中国市场》2017 年第 2 期。

⑩ 许增巍、姚顺波、苗珊珊：《意愿与行为的悖离：农村生活垃圾集中处理农户支付意愿与支付行为影响因素研究》，《干旱区资源与环境》2016 年第 2 期。

关中地区271个农户调查研究发现，筹资额度高低的认知、生活垃圾集中治理对环境改善效果的认知会导致农户生活垃圾集中治理的支付意愿和支付行为之间存在背离。

信息和基础设施因素。Zeng等①对中国12个省份518个农户对于垃圾分类治理的支付意愿进行调研发现，农户通过各种媒体宣传已经认识到了垃圾分类的重要性，超过一半农户愿意参与垃圾分类项目，缺乏垃圾分类意识、分类不便利和没有足够的分类设施是阻碍农户参与的主要因素。62.5%的农户对垃圾分类有正的支付意愿，平均为26.4元/年。

其他因素。除以上影响因素外，区位差异、支付规则、项目规模、项目实施情况、货币激励、沟通等因素也会影响农户参与生活垃圾治理的支付意愿。韩智勇等②对西南地区22个自然村221个农户调研发现，西南地区愿意支付生活垃圾治理费用的农户占比明显低于中东部地区，并且西南地区农户的支付意愿与收取费用的额度呈指数衰减关系，大部分人接受不超过5元/户/月；Lake等③应用二分选择支付意愿的调查方法对英国村庄已经实施的路边回收项目进行了研究，发现一旦人们接受了支付规则，他们的出价水平主要取决于回收项目的规模，以及在方案实施前已经进行的回收利用的程度上；Hardesty④对美国东南部城市居民的街边生活垃圾回收的支付意愿进行研究发现，货币激励和沟通会显著影响居民的回收决策，而回收的货币成本，事前激励等因素影响不显著；Blaine等⑤

---

① Zeng, C., Niu, D., Li, H., Zhou, T., Zhao, Y., "Public Perceptions and Economic Values of Source-separated Collection of Rural Solid Waste: A Pilot Study in China", *Resources, Conservation and Recycling*, Vol. 107, 2016, pp. 166-173.

② 韩智勇、梅自力、孔垂雪等：《西南地区农村生活垃圾特征与群众环保意识》，《生态与农村环境学报》2015年第3期。

③ Lake, I. R., Bateman, I. J., Parfitt, J. P., "Assessing a Kerbside Recycling Scheme: A Quantitative and Willingness to Pay Case Study", *Journal of Environmental Management*, Vol. 46, No. 3, 1996, pp. 239-254.

④ Hardesty, D. M., "Estimating Consumer Willingness to Supply and Willingness to Pay for Curbside Recycling", *Land Economics*, Vol. 88, No. 4, 2012, pp. 745-763.

⑤ Blaine, T. W., Lichtkoppler, F. R., Jones, K. R., Zondag, R. H., "An Assessment of Household Willingness to Pay for Curbside Recycling: A Comparison of Payment Card and Referendum Approaches", *Journal of Environmental Management*, Vol. 76, No. 1, 2005, pp. 15-22.

使用单边界表决和支付卡两种条件评估法对居民继续参与路边回收项目的支付意愿进行了研究，发现两种方法的研究结果基本一致，都反映出路边回收对价格很敏感。

（四）文献述评

综合以上分析来看，国外文献从参与意愿、参与行为和支付意愿的角度对村民参与生活垃圾治理问题进行了大量研究，发现居民的内在动机和外在环境是影响居民参与生活垃圾治理的重要因素，内在动机包括利他偏好①、居民对生活垃圾治理的认知②、环境治理感知③等，外在环境包括有效的地方领导④、便捷性⑤、经济激励⑥、生活垃圾分类设施供给和知识宣传⑦等。近几年，居民参与的生活垃圾治理也成为国内学者研究的热点问题，研究发现，性别、年龄、文化程度⑧、环境关心和制度信任⑨、追

① Cecere, G., Mancinelli, S., Mazzanti, M., "Waste Prevention and Social Preferences: The Role of Intrinsic and Extrinsic Motivations", *Ecological Economics*, Vol. 107, 2014, pp. 163 – 176.

② Zeng, C., Niu, D., Li, H., Zhou, T., Zhao, Y., "Public Perceptions and Economic Values of Source-separated Collection of Rural Solid Waste: A Pilot Study in China", *Resources, Conservation and Recycling*, Vol. 107, 2016, pp. 166 – 173; Minn, Z., Srisontisuk, S., Laohasiriwong, W., "Promoting People's Participation in Solid Waste Management in Myanmar", *Research Journal of Environmental Sciences*, Vol. 4, No. 3, 2010, pp. 209 – 222.

③ Wang, Y., Hao, F., "Public Perception Matters: Individual Waste Sorting in Chinese Communities", *Resources, Conservation and Recycling*, Vol. 159, No. 8, 2020, pp. 1 – 12.

④ Sylvaine, B., "Issues and Results of Community Participation in Urban Environment: Comparative Analysis of Nine Projects on Waste Management", *UWP Working Document* 11, 1999, pp. 1 – 59.

⑤ Saphores, J. D. M., "Household Willingness to Recycle Electronic Waste: An Application to California", *Environment & Behavior*, Vol. 38, No. 2, 2006, pp. 183 – 208.

⑥ Viscusi, W. K., Huber, J., Bell, J., "Promoting Recycling: Private Values, Social Norms, and Economic Incentives", *American Economic Review*, Vol. 101, No. 3, 2011, pp. 65 – 70.

⑦ Ghani, W. A. K., Rusli, I. F., Biak, D. R. A., Idris, A., "An Application of the Theory of Planned Behaviour to Study the Influencing Factors of Participation in Source Separation of Food Waste", *Waste Management*, Vol. 33, No. 5, 2013, pp. 1276 – 1281.

⑧ 郑淋议、杨芳、洪名勇：《农户生活垃圾治理的支付意愿及其影响因素研究——来自中国三省的实证》，《干旱区资源与环境》2019 年第 5 期。

⑨ 贾亚娟、赵敏娟：《环境关心和制度信任对农户参与农村生活垃圾治理意愿的影响》，《资源科学》2019 年第 8 期。

求公民权利和公众利益[①]等个人因素，环境设施和服务[②]、社会监督[③]、政府治理能力满意度[④]等外部因素会显著影响居民参与生活垃圾治理的积极性。综合国内外研究，内在动机和外在环境[⑤]会影响居民参与生活垃圾分类的意愿。但个人偏好发生在制度环境中，受制度环境的影响，制度环境对于激发村民自觉参与生活垃圾治理的作用不可忽视。

制度是用来调节个体行为，指导社会运行的规范和规则，个体行为是对其所处的内外部制度环境做出的反应。众多研究发现制度环境对村民的环保行为具有重要影响。邓正华等[⑥]在研究农村生活环境综合整治过程中农户的认知与行为响应时发现，农户已经认识到农村生活环境的重要性，但参与农村环境整治的主动性不足，制度环境是刺激农户行为响应的重要外部因素；何可等[⑦]在研究农民参与环境治理的意愿时发现，制度环境在农民农业废弃物资源化利用决策中发挥着显著的促进作用；林丽梅等[⑧]在研究农户环境意识对环保行为的影响时，发现制度环境在农户环境意识与环保行为之间具有调节作用；邱成梅[⑨]在研究农户生活垃圾分类参与度时发现，制度环境对农户生活垃圾治理习惯改变的驱动力不足，降低了农户的生活垃圾分类行为发生率。

---

① 吕彦昭、伍晓静、阎文静：《公众参与城市生活垃圾管理的影响因素研究》，《干旱区资源与环境》2017 年第 11 期。

② 崔亚飞、B. Bluemling：《农户生活垃圾处理行为的影响因素及其效应研究——基于拓展的计划行为理论框架》，《干旱区资源与环境》2018 年第 4 期。

③ 唐林、罗小锋、张俊飚：《社会监督、群体认同与农户生活垃圾集中处理行为——基于面子观念的中介和调节作用》，《中国农村观察》2019 年第 2 期。

④ 贾文龙：《城市生活垃圾分类治理的居民支付意愿与影响因素研究——基于江苏省的实证分析》，《干旱区资源与环境》2020 年第 4 期。

⑤ 孟小燕：《基于结构方程的居民生活垃圾分类行为研究》，《资源科学》2019 年第 6 期。

⑥ 邓正华、张俊飚、许志祥等：《农村生活环境整治中农户认知与行为响应研究——以洞庭湖湿地保护区水稻主产区为例》，《农业技术经济》2013 年第 2 期。

⑦ 何可、张俊飚、张露等：《人际信任、制度信任与农民环境治理参与意愿——以农业废弃物资源化为例》，《管理世界》2015 年第 5 期。

⑧ 林丽梅、刘振滨、黄森慰等：《农村生活垃圾集中处理的农户认知与行为响应：以治理情境为调节变量》，《生态与农村环境学报》2017 年第 2 期。

⑨ 邱成梅：《农户参与度视角下的农村垃圾治理绩效研究》，《干旱区资源与环境》2020 年第 5 期。

已有文献为本书提供了坚实的基础，具有很强的借鉴意义，但客观而言仍然存在一些值得改进的地方。（1）制度环境是影响农户环境行为的重要因素，但大部分研究都将制度环境作为控制变量，或者调节变量，较少关注制度环境对农村生活垃圾分类治理的影响，并剖析其传导路径。（2）农村生活垃圾分类治理涉及中央政府、地方政府、村“两委”等多个关键主体，需要各主体上下联动，共同发力①。当前关于环境整治制度环境与环境整治关系的研究中，对于环境整治制度环境的衡量多站在个别主体的维度，不够全面。（3）在农村生活垃圾分类治理中，村“两委”是联结政府、市场和村民的核心，村“两委”能否执行好村民自治制度，调动村民参与垃圾分类的热情十分重要，而当前关于村民自治制度环境对村民生活垃圾分类治理的实证研究还比较匮乏。

四　农村生活垃圾治理路径的文献综述

关于农村生活垃圾治理路径的研究，不同的学者从不同学科、不同研究视角展开了大量研究。杨曙辉等②从认知、资金、技术、法规、政策等多维度出发对中国农村垃圾污染问题进行了剖析，发现农村生活垃圾治理是一个系统工程，并提出了从多主体、多维度角度提升农村生活垃圾治理水平的政策建议。夏循祥③从人类学的视角对村庄垃圾治理演变过程进行了分析，认为政府治理、市场治理和网络治理在农村生活垃圾治理中都存在失灵，并基于案例剖析提出了以知识学习、创新为核心的知识治理的解决方案。许增巍等④从公共经济学的视角分析了乡村公共空间与农村生活垃圾集中处理中的农户集体行动，并通过实践案例进

① 胡溢轩、童志锋：《环境协同共治模式何以可能：制度、技术与参与——以农村垃圾治理的“安吉模式”为例》，《中央民族大学学报》（哲学社会科学版）2020 年第 3 期。

② 杨曙辉、宋天庆、陈怀军等：《中国农村垃圾污染问题试析》，《中国人口·资源与环境》2020 年第 S1 期。

③ 夏循祥：《农村垃圾处理的文化逻辑及其知识治理——以坑尾村为例》，《广西民族大学学报》（哲学社会科学版）2016 年第 5 期。

④ 许增巍、姚顺波：《社会转型期的乡村公共空间与集体行动——来自河南荥阳农村生活垃圾集中处理农户合作参与行为的考察》，《理论与改革》2016 年第 3 期。

行了验证，发现乡村公共空间可以通过为村民提供互动场所、提升村民的社区认同感和归属感来促进村民参与生活垃圾集中处理。祝睿[①]从环境共治的视角出发，认为环境共治模式是农村生活垃圾分类治理的重要创新，在环境共治模式下，要推进农村生活垃圾治理一方面要让各主体共享决策权，另一方面要让各主体共享收益权。张劼颖等[②]从社会学视角剖析了农村生活垃圾治理的三重困境，即垃圾治理硬件落后于实际需求，政府推崇的垃圾焚烧技术存在“邻避效应”，相关利益主体达成垃圾分类的共识比较困难，解决垃圾治理困境应该采取系统化的方法。曹海晶等[③]从环境正义的视角出发，发现农村垃圾治理存在资源分配失衡、决策程序缺失和责任不公平的问题，农村生活垃圾治理应该健全基础设施建设投入机制和长效监管机制，推进治理主体多元化和决策程序合理化，同时加强农村垃圾治理法制建设和农民环境权益保障。丁波[④]从嵌入性治理的视角出发，认为农村生活垃圾分类存在主体性困境、制度性困境以及公共性困境，应该从组织、制度、宣传、奖惩几个维度重构垃圾分类治理机制，从规范治理规则、提升治理能力、塑造治理权威三个方面提升治理有效性。杜欢政等[⑤]从垃圾分类的外部性、参与主体的有限理性和制度性因素等视角出发，分析了农村生活垃圾治理困境，并借鉴浙江省的经验，从制度、技术、模式、管理等维度提出了对策建议。

也有部分学者，通过理论分析和案例分析的方式剖析了中国农村生活垃圾治理的优化路径。曾云敏等[⑥]通过广东农村垃圾处理的案例研究

---

① 祝睿：《环境共治模式下生活垃圾分类治理的规范路向》，《中南大学学报》（社会科学版）2018 年第 4 期。

② 张劼颖、王晓毅：《废弃物治理的三重困境：一个社会学视角的环境问题分析》，《湖南社会科学》2018 年第 5 期。

③ 曹海晶、杜娟：《环境正义视角下的农村垃圾治理》，《华中农业大学学报》（社会科学版）2020 年第 1 期。

④ 丁波：《农村生活垃圾分类的嵌入性治理》，《人文杂志》2020 年第 8 期。

⑤ 杜欢政、宁自军：《新时期我国乡村垃圾分类治理困境与机制创新》，《同济大学学报》（社会科学版）2020 年第 2 期。

⑥ 曾云敏、赵细康、王丽娟：《跨尺度治理中的政府责任和公众参与：以广东农村垃圾处理为案例》，《学术研究》2019 年第 1 期。

发现，农村生活垃圾治理应该发挥多主体的作用，高层政府、基层政府和村社组织在农村生活垃圾治理各环节上的责任分工、权力配置和衔接状况决定了垃圾治理的绩效。贾亚娟等[①]通过对陕西省 4 个垃圾分类示范村的案例剖析，认为资金投入是农村生活垃圾治理的关键，农村生活垃圾应该整合政府、市场、农村社区等多主体的力量，建立法治、德治、自治相结合的治理体系。蒋培[②]通过对浙中地区农村生活垃圾分类的调查研究认为，农村生活垃圾治理既需要政府制度的支持，又需要结合村庄自然、社会、经济特点对村民的行为进行规训与惩罚，充分发挥村民的主体作用，通过各主体反复协商[③]，最终建立起符合当地特色的垃圾分类机制。楚德江等[④]通过对四川省丹棱县村庄垃圾治理的案例研究发现，农村生活垃圾可以通过内源性动力来解释，其中，村干部的管理能力是基础，村民的公共参与是核心，村民的身份认同是保障。胡溢轩等[⑤]以“安吉模式”为例，发现农村生活垃圾治理应该充分衔接政府、市场和社会等相关利益主体，整合制度、技术和参与要素。吕晓梦[⑥]通过对城乡环卫一体化的实地调研，发现迫于绩效压力的农村环境治理，容易弱化农民的参与权和责任感，要实现农村生活垃圾的长效管理，应该发挥村民的主体作用，弱化行政管理，搭建不同治理主体之间的沟通平台，采取多元治理的治理模式。

还有部分学者在对农村生活垃圾治理进行系统分析的基础上提出了

---

① 贾亚娟、赵敏娟、夏显力等：《农村生活垃圾分类处理模式与建议》，《资源科学》2019 年第 2 期。

② 蒋培：《规训与惩罚：浙中农村生活垃圾分类处理的社会逻辑分析》，《华中农业大学学报》（社会科学版）2019 年第 3 期。

③ 蒋培：《互动型治理：农村垃圾分类机制建设的逻辑阐释》，《华中农业大学学报》（社会科学版）2020 年第 5 期。

④ 楚德江、陈永强：《农村垃圾治理的内源性动力及进路探究——以四川省丹棱县 L 村垃圾治理为例》，《环境保护》2020 年第 20 期。

⑤ 胡溢轩、童志锋：《环境协同共治模式何以可能：制度、技术与参与——以农村垃圾治理的“安吉模式”为例》，《中央民族大学学报》（哲学社会科学版）2020 年第 3 期。

⑥ 吕晓梦：《农村生活垃圾治理的长效管理机制——以 A 市城乡环卫一体化机制的运行为例》，《重庆社会科学》2020 年第 3 期。

优化路径。张照新①认为农村垃圾等环境污染问题的治理是一个综合性的系统工程。需要政府各部门、各级政府之间建立合作、联动机制；需要制定科学而又兼顾实践的标准体系；需要产业各主体有效协作、投入与运营管理并重。赵细康等②基于对农村垃圾治理的观察发现，我国垃圾分类收运模式属于多层次治理体系，需要同时关注向下分权和公众参与。现阶段应该更多地推动县级向乡镇乃至村级赋权，而公众参与要明确参与事务。伊庆山③认为农村生活垃圾分类治理受政策、利益、技术等多重因素的综合影响，农村生活垃圾分类治理应该从资金、规则、技术等维度采取综合措施，提高生活垃圾分类治理效率。冯林玉等④通过对农村生活垃圾分类进行深入的考察分析，发现农村生活垃圾分类是一项系统行动，存在“四个断裂”，即法律义务的断裂、意愿行为的断裂、循环利用机制的断裂、法律政策设计与落实的断裂，要想弥合断裂，需要在技术、生产、生活、法律、行政管理等领域进行调整。丁建彪⑤发现农村生活垃圾治理中三级主体（县、镇和村）之间缺乏有效合作，导致农村生活垃圾治理陷入治理“怪圈”，需要引入合作治理的机制，推进政府、企业、村社之间的协同合作。

综合来看，前人从不同学科、不同研究视角、不同案例出发对农村生活垃圾治理的路径优化进行了大量研究，关于农村生活垃圾治理是一项系统工程，涉及不同政府层级和部门、市场、村庄社区、村干部和村民等利益主体，涉及资金、技术、制度等要素，适宜于采取多元协同治理的治理模式基本达成了共识。不同研究囿于研究视角的不同得出的优化路径不同，但整体来看，都强调农村生活垃圾的综合治理和不同主体

① 张照新：《污染综合治理与全社会有效协同机制构建》，《改革》2017 年第 8 期。

② 赵细康、曾云敏、吴大磊：《多层次治理中的向下分权与向外分权：基于农村垃圾治理的观察》，《中国地质大学学报》（社会科学版）2018 年第 5 期。

③ 伊庆山：《乡村振兴战略背景下农村生活垃圾分类治理问题研究——基于 s 省试点实践调查》，《云南社会科学》2019 年第 3 期。

④ 冯林玉、秦鹏：《生活垃圾分类的实践困境与义务进路》，《中国人口·资源与环境》2019 年第 5 期。

⑤ 丁建彪：《合作治理视角下中国农村垃圾处理模式研究》，《行政论坛》2020 年第 4 期。

之间协同治理。但是就如何开展系统的协同治理，前人的研究缺乏从理论和实践方面的深入剖析。

五 文献评述

综合来看，前人关于政府公共服务供给不足的影响因素、农村生活垃圾治理服务供给的影响因素、村民参与农村生活垃圾治理的影响因素、农村生活垃圾治理的优化路径进行了大量研究，为本书提供了重要的研究借鉴。前人研究发现：（1）中国式分权，包括财政分权、政治分权是政府供给农村公共服务的重要影响因素，但是关于财政分权、晋升激励、城市偏向对政府农村公共服务供给的影响，还没有达成一致。金融分权作为财政分权的重要补充，已有研究对金融分权与政府公共服务供给的研究较少。并且缺乏对政府关于农村生活垃圾治理服务的研究。（2）影响农村生活垃圾治理的主要因素包括村庄经济地理特征、政治因素和村庄社会资本等，但较少有研究从委托代理的视角对村“两委”农村生活垃圾治理服务供给进行研究；并且对村庄生活垃圾治理服务供给的研究中，对生活垃圾治理服务供给效率的研究较少。（3）内在动机包括利他偏好、认知、环境收益感知等，外在环境包括地方领导、便捷性、经济激励、赋予村民参与决策的权利、垃圾分类设施和垃圾分类宣传等是影响村民参与生活垃圾治理的重要因素。但是行为发生在制度环境当中，制度环境会影响个人偏好和情感认同进而影响行为，但已有研究关于制度环境对村民生活垃圾治理参与意愿的研究不够重视，并且对制度环境的刻画不够全面。（4）农村生活垃圾治理是一项系统工程，适宜于采取协同治理的优化路径。

为弥补前人研究的缺陷，本书打算从以下几个方面展开研究：（1）从中国式分权的角度，综合考虑财政分权、金融分权、晋升激励、城市偏向，构建系统的理论分析框架，对政府的农村生活垃圾治理服务供给进行研究。（2）根据中国国情，从委托代理的视角，综合考虑政府、村“两委”和村民之间的委托代理关系，构建系统的理论分析框架，对村“两委”农村生活垃圾治理服务供给水平、供给效果进行研究。（3）在前人研究的基础上，重点考虑制度环境与村民参与生活垃圾治理的关系，从环境整治制度环境这一大的制度环境和村民自治制度环境这一小的制度环境两个层面，对制度环境进行刻画，通过经典理论分析，构建系统的分析框架，对制度环境对村民参与生活垃圾治理进行研究。（4）使用案例研究的方法，对国内外生活垃圾治理典型案例的基本情况和主要做法进行剖析，探究农村生活垃圾协同治理的机制。（5）在前人研究的基础上，构建农村生活垃圾多主体动态协同治理模型，基于该模型提出农村生活垃圾治理的优化路径，并开展案例分析对模型结论进行佐证。

第三节　研究目标与研究内容

一　研究目标

本研究旨在了解农村生活垃圾治理状况及问题成因，依据政府治理原则和多中心治理理论，从多元主体的视角深入分析影响政府、村“两委”、村民参与生活垃圾治理的因素，通过构建农村生活垃圾多主体动态协同治理模型，提出农村生活垃圾治理优化路径。在以上分析的基础上为农村生活垃圾治理提供对策建议，为农村生活垃圾治理工作的全面推进提供参考依据。

本研究的具体目标包括以下几个方面：

（一）梳理中国农村生活垃圾治理的基本状况，以及农村生活垃圾治理问题的成因。了解农村生活垃圾治理的基本客观事实。

（二）探究政府供给农村生活垃圾治理服务的激励机制，并揭示政府供给农村生活垃圾治理服务的影响因素。

（三）探究村“两委”供给农村生活垃圾治理服务的激励机制，并揭示村“两委”供给农村生活垃圾治理服务的影响因素。

（四）探究影响村民参与生活垃圾治理的因素，尤其重视制度环境对村民生活垃圾治理参与意愿的影响，并剖析其传导路径。

（五）梳理国内外典型经验，揭示农村生活垃圾协同治理的实践机制。

（六）构建农村垃圾多主体动态协同治理模型，剖析农村垃圾协同治理优化路径。

二 研究内容

围绕研究目标，本研究从理论框架建立，治理状况与问题成因分析，政府供给农村生活垃圾治理服务的影响因素研究，村“两委”供给农村生活垃圾治理服务的影响因素研究，村民参与生活垃圾治理的影响因素研究，国内外生活垃圾治理典型案例剖析，农村生活垃圾协同治理路径研究七部分展开。具体如下：

（一）梳理农村生活垃圾治理服务供给的基本理论

农村生活垃圾治理是一项准公共服务，涉及政府、村“两委”、村民等相关主体，根据多中心治理理论，农村生活垃圾治理应该由政府、村“两委”、村民共同参与。为此，从政府、村“两委”和村民三个层面对农村生活垃圾治理的相关理论进行梳理，构建系统的分析框架。同时作为一项系统性的准公共服务，农村生活垃圾治理应该走协同治理的道路，为此又对协同治理理论进行了梳理。本章的主要研究方法是文献分析法，对应本书第二章内容。

（二）剖析农村生活垃圾治理状况与问题成因

从中国农村生活垃圾基本情况、中国农村生活垃圾治理政策演变、治理基本情况三个维度对中国农村生活垃圾治理状况进行了描述性分析，并从经济社会发展因素、政府层面的因素、村庄层面的因素、村民层面的因素等维度剖析了农村生活垃圾治理问题成因。主要研究方法是统计分析法、调查分析法和文献分析法。对应本书第三章内容。

（三）探究政府供给农村生活垃圾治理服务的激励机制

在内生经济增长模型、政治支持模型的基础上，纳入财政分权、金融分权、晋升激励和城市偏向，构建政府供给农村生活垃圾治理服务的激励机制分析模型，并利用2007—2016年30个省份的数据对政府供给农村生活垃圾治理服务的激励机制进行实证分析。主要分析方法包括静态面板模型、DIF-GMM（差分广义矩估计）和SYS-GMM（系统广义矩估计）。对应本书第四章内容。

（四）探究村“两委”供给农村生活垃圾治理服务的激励机制

在共同代理模型和双向委托关系的基础上，构建村“两委”供给生活垃圾治理服务激励机制的理论分析模型，在此基础上，利用京津冀3个省市66个村书记/支书和1485个村民的调研数据，对村“两委”生活垃圾治理服务供给的影响因素进行实证分析，并探究各影响因素的贡献度。主要分析方法是OLS、GLS、Shapley值分解法、Mvprobit模型和PSM模型。对应本书第五章内容。

（五）剖析村民参与生活垃圾治理的影响因素

综合多中心治理理论、新制度主义学派理论、理性选择理论、社会认同理论构建制度环境影响村民生活垃圾分类参与意愿的理论分析框架，基于京津冀3个省市66个村庄，1485个村民的实地调研数据，对“制度环境—村民生活垃圾分类参与意愿”的传导路径进行实证分析。主要分析方法是逐步法、非参数百分位Bootstrap法、KHB法。对应本书第六章内容。

（六）分析生活垃圾治理典型案例

使用案例研究的方法，以德国、瑞典、日本、中国金东区、兰考县、丹棱县为例，从政府、社区、居民、市场、社会组织等多元主体参与的角度对国内外农村生活垃圾治理的成功经验进行剖析。对应本书第七章内容。

（七）农村生活垃圾协同治理路径

依据协同治理理论，构建农村生活垃圾多主体动态协同治理模型，提出农村生活垃圾协同治理路径，并根据调研案例予以佐证。对应本书第八章内容。

三 技术路线图

本书的技术路线图如图1－2所示。

四 可能的创新之处

根据政府提出的治理原则和多中心治理理论，从多元主体的视角，就如何激发多元主体参与农村生活垃圾治理服务，如何推动多元主体协同治理农村生活垃圾进行了系统、全面的分析。可能的创新点如下：

（1）首先，通过系统的理论梳理，从理论上说明了为什么农村生活垃圾治理要采取多主体协同治理的模式，为什么要对政府、村“两委”、村民参与生活垃圾治理进行研究；其次，对农村生活垃圾治理状况进行刻画，并从多元主体的视角对其问题成因进行剖析，从客观上说明了农村生活垃圾治理“是什么”的问题；再次，对政府、村“两委”、村民参与生活垃圾治理的影响因素进行实证分析，探究了应该“怎么样”激发多元主体参与生活垃圾治理积极性的问题；最后，通过基于协同治理理论的路径优化分析，解答了中国在农村生活垃圾治理中应该“怎么办”的问题。通过以上深入分析，为全面、系统地推进农村生活垃圾治理工作提供参考借鉴。

（2）从政府这一主体出发，对政府供给农村生活垃圾治理服务的激励机制进行了研究。在内生经济增长模型、政治支持模型的基础上，纳入财政分权、金融分权、晋升激励和城市偏向，构建了政府供给农村生活垃圾治理服务的激励机制分析模型，并对政府农村生活垃圾治理服务供给的绝对水平和相对水平的激励机制进行了研究。在财政分权、金融分权对治理服务供给水平有倒 U 型影响的结论下，对制定政府激励机制的政策空间进行了进一步分析。

（3）从村“两委”这一主体出发，对村“两委”供给农村生活垃圾治理服务的激励机制进行了研究。在共同代理模型和双向委托关系的基础上构建了村“两委”供给生活垃圾治理服务的激励机制的理论分析模型，并且运用村级层面和农户层面的调研数据对村“两委”的农村生活垃圾治理服务供给水平和供给效率的激励机制进行了实证分析，并且进行了稳健性检验。

（4）从村民这一主体出发，从制度环境的视角对村民的生活垃圾分类治理参与意愿进行了研究。行为发生在制度环境中，制度环境会改变个人偏好及行为，但当前关于村民参与生活垃圾分类的研究对制度环境的重视不够。本书将制度环境作为影响村民生活垃圾治理参与意愿的核心变量，基于新制度经济学相关理论、理性选择理论和社会认同理论，利用京津冀实地调研数据，采用逐步法、非参数百分位 Bootstrap 法、KHB 模型，多种方法深入探讨了制度环境对村民生活垃圾分类参与意愿的影响及其传导路径。

（5）基于理论和实践构建了农村生活垃圾多主体动态协同治理模型，深入剖析了农村生活垃圾协同治理的路径，并通过案例分析予以佐证，为其他地区深入推进农村生活垃圾治理工作提供有价值的参考。

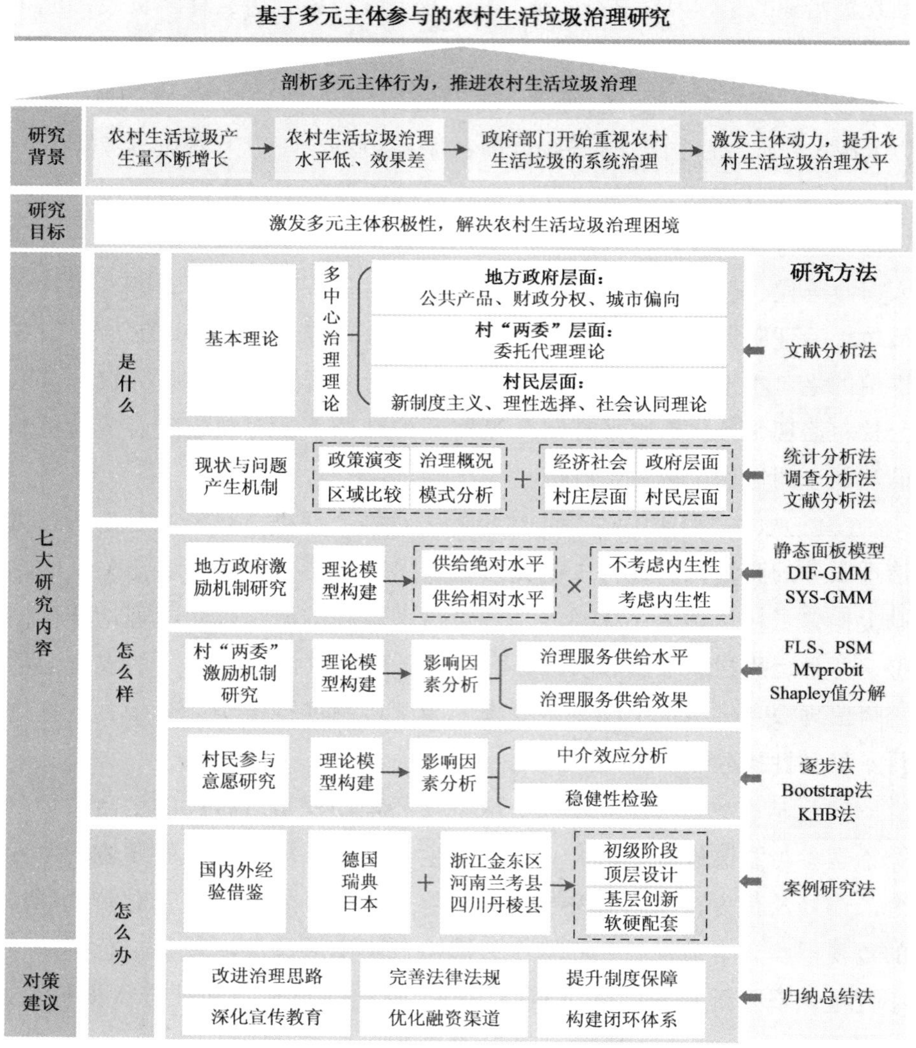

图1－2　技术路线

第二章　基本概念与理论基础

生活垃圾有广义和狭义之分，日常生活中提到的生活垃圾为生活垃圾的狭义概念。生活垃圾会污染农村环境、危害农民健康、阻碍农村发展，由于生活垃圾带来的环境负外部性，农村生活垃圾治理具有准公共品的性质。农村生活垃圾治理包含了生活垃圾的投放、收集、运输和处理，是一项涉及政府、村“两委”和村民等多元主体的“多中心”任务。根据多中心治理理论，多中心的任务应该由涉及的多元主体共同来完成，为此，政府主导，村“两委”和村民参与成为农村生活垃圾治理的基本模式。具体到公共服务供给中，公共产品理论说明了地区公共品应该由政府来供给，财政分权和城市偏向理论为解释政府行为提供了逻辑解释；委托代理理论为村“两委”行为提供了逻辑解释；新制度主义理论、理性选择理论、社会认同理论为村民行为提供了逻辑解释；协同治理理论则为多元主体协同推进农村生活垃圾治理提供了决策参考。本章内容就农村生活垃圾治理的相关概念进行了界定，并梳理了政府、村“两委”、村民等多元主体参与农村生活垃圾治理的理论逻辑，为后文实证研究奠定了基础。

第一节　相关概念界定

一　农村生活垃圾

根据《中华人民共和国固体废物污染环境防治法》的定义，生活垃圾是指“在日常生活中或者为日常生活提供服务的活动中产生的固体废物以及法律、行政法规规定视为生活垃圾的固体废物”。广义的生活垃圾包括居民生活垃圾、公共场所垃圾、街道清扫垃圾、集市贸易与商业垃圾及企事业单位垃圾等，狭义上来说，生活垃圾专指居民生活垃圾。具体来说，国务院办公厅《生活垃圾分类制度实施方案》（2017）将生活垃圾分为易腐垃圾、有害垃圾和可回收垃圾，各地因地制宜将生活垃圾分为不同的类别。其中《北京市生活垃圾管理条例》（2020）、《河北省城乡生活垃圾分类管理条例》（2020）、《天津市生活垃圾管理条例》（2020）将生活垃圾分为可回收物、有害垃圾、厨余垃圾和其他垃圾。

综合以上分析，本书对农村生活垃圾的界定为：农村居民在日常生活中产生的固体废弃物，属于狭义的生活垃圾界定，不包含建筑垃圾、废旧家具家电等大件垃圾。主要包括厨余垃圾、可回收垃圾、有毒有害垃圾和其他垃圾。

二 农村生活垃圾治理

治理理论的主要创始人之一，詹姆斯·N. 罗西瑙认为治理是“通行于规制之间的制度安排”。治理的本质在于不依靠政府的权威或许可，Kooiman 等[①]认为治理的概念是，由相互影响的行为主体互动产生结构或秩序，而不是外部强加的。格里·斯托克认为治理理论有五个要点[②]：（1）治理主体不限于政府；（2）在治理过程中存在界限和责任划分的模糊点；（3）参与治理的主体关系包含对权利的依赖；（4）行为主体的自主自治；（5）治理效率高低不在于政府是否运用其权力，政府可以发挥掌舵和指引作用。从治理的概念可以看出，治理理论强调政府与社会主体之间多元化、协同的治理体制。

农村生活垃圾治理虽是农村社会发展所必需的，有益于农村居民，

---

① Kooiman, Jan, “Social-Political Governance Social Political Governance Overview, Reflections and Design”, *Public Management Review*, Vol. 1, No. 1, 1999, pp. 67 – 92.

② 华夏风，格里·斯托克：《作为理论的治理：五个论点》，《国际社会科学杂志》（中文版）2019 年第 3 期。

但属于他们无力或者不想去提供的公共服务，是具有社会性的准公共服务①。农村生活垃圾治理包括“投放—收集—运输—处理”四个环节，按照服务发生在村庄内部还是外部，可以分为前端（投放端和收集端）和后端（运输端和处理端）。在生活垃圾投放环节，“搭便车”行为很难被发现，导致农村居民随便乱扔垃圾现象普遍。在生活垃圾收集环节，由于垃圾收集的收益具有正外部性或者收集点建设具有“邻避效应”，村集体提供该项服务的意愿不高，导致一些农村地区存在生活垃圾无统一收集的现象。在生活垃圾运输和处理环节，由于成本高昂，靠村集体的经济实力无力提供该项服务，政府供给责无旁贷②。根据马斯格雷夫的财政职能理论，公共品应由财政提供资金，但不一定非要政府提供生产服务，因此，农村生活垃圾治理的资金主要应由政府来提供，但是服务供给主体可以多元化。对农村生活垃圾治理环节的解构见图 2－1。

综合以上分析，本书将农村生活垃圾治理界定为：一项包括生活垃圾的投放、收集、运输、处理四个环节，涉及居民、村“两委”、企业、政府、第三方组织等多元利益主体的系统工程，需要通过多元主体共同治理的一项准公共服务。

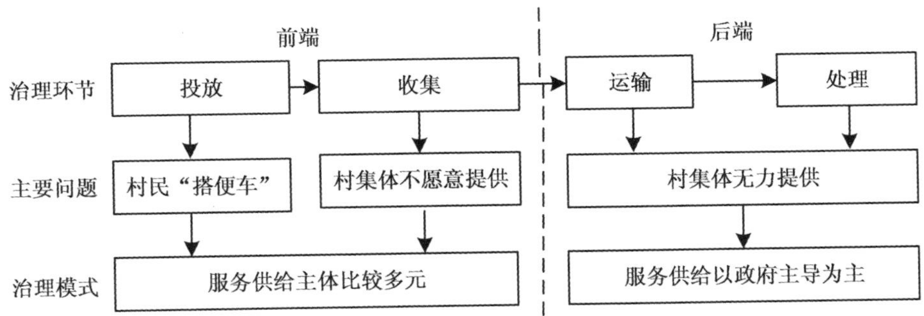

图 2－1　农村生活垃圾治理解构

① 朱明熙：《对西方主流学派的公共品定义的质疑》，《财证研究》2005 年第 12 期。

② 韩冬梅、次俊熙、金欣鹏：《市场主导型农村生活垃圾治理的美国经验及启示》，《经济研究参考》2018 年第 33 期。

三　激励机制

激励，指激发或诱导他人为某一目标而努力的动机，通俗地讲，就是如何调动人的积极性和创造性[①]。在汉语语境中，激励主要是激发鼓励的意思，在英语语境中，激励主要是通过内在动机或者外在诱因对个体行为产生影响的意思。在心理学中，激励和动机密切相关，人的行为都起于动机，动机激发并推动人的行为，为此，动机是一种激励。在经济学中，激励强调外在的经济型物质对个体行为的刺激，在管理学中，激励的含义更加广泛，既包括内在动机也包括外在物质动机。在管理心理学中，激励是不断激发个体动机的过程。哈佛心理学家威廉·詹姆士研究发现，激励可以使员工的工作能力提升3—4倍[②]。从管理学的角度对激励进行概念界定，激励是使组织成员提升工作动力，以实现组织目标的管理活动。

机制包括事物变化、发展的规律和使事物健康发展的制度安排。在管理学研究中，研究对象一般是复杂管理系统，机制指的是系统内子系统之间、要素之间相互联系、相互作用，又相互制约的形式、原理和工作方式。郑杭生[③]认为机制的基本含义包含结构、功能和原理。结构反映了事物各要素之间的相互联系，功能反映了事物如何在规律性活动中发挥作用，原理反映了事物发挥功能的过程、作用原理。综合结构、功能和原理三个方面，可以认为机制是“带规律性的模式”。

激励机制是组织系统中，主体对客体进行激励的制度安排、指导措施、实施效果、作用逻辑的总和。激励机制以体制和制度的建立为基础，激发个体动机，使个体与组织的行为结果和组织目标相一致[④]，在委托代理关系中，由于信息的非对称性，针对代理人隐蔽信息使委托人处于

① 周黎安：《转型中的地方政府：官员激励与治理》，格致出版社2008年版。

② 于斌：《组织理论与设计》，清华大学出版社2012年版。

③ 郑杭生主编：《社会学概论新修》（第3版），中国人民大学出版社2003年版。

④ 赵学兵：《官员晋升与税收分成：当代中国地方政府激励机制研究》，博士学位论文，吉林大学，2019年。

不利选择地位，代理人隐蔽行动而产生道德风险的问题，委托人可以通过设计激励机制使代理人“说真话”“不偷懒”。具体到农村生活垃圾治理服务中来，乡镇政府作为中央政府的代理人，基于自身职业发展的考虑，倾向于将努力投入到对自身职业发展收益大的事务中，中央政府通过以地方官员职位晋升为目的的政治激励机制设计和以财政分权为标的的财政激励机制设计，会激励政府积极治理农村生活垃圾，反之亦然；村“两委”作为乡镇政府和村民的代理人，基于自身利益最大化的考虑，倾向于将努力投入到使自身收益最大化的事务中来，政府通过差异化的资金、项目支持等激励机制设计，村民通过民主选举、名誉等正式制度和非正式制度的激励机制设计，可以激发村“两委”积极参与到农村生活垃圾治理中来。激励机制若能实现激励相容，则会促进组织目标的实现；反之，则会阻碍组织目标的实现。

第二节　理论基础分析

一　多中心治理理论

基于多元主体视角对农村生活垃圾治理服务进行研究，主要依据的是多中心治理理论。

多中心治理理论强调由多元社会主体，而非仅仅依靠政府部门来治理公共事务。1951 年，迈克尔·博兰尼在《自由的逻辑》一书中提出了“多中心”（Polycentricity）的概念，并指出“多中心的任务，唯有靠相互调整的体系才能被社会所管理”。基于公共事务治理中存在“市场失灵”和“政府失灵”的情况，20 世纪 70 年代，奥斯特罗姆夫妇在公共事务治理中，引入“多中心”的概念，提出多中心治理理论，该理论强调公共事务应该由政府、市场、社会，“多中心”来治理，尤其是要发挥自组织的重要作用。

多中心治理允许多层次中心、多权威中心、多服务中心并存，每个层级都有一些自主决策、自主治理的权利，不同层级之间的协调就显得非常重要①。那么应该如何协调多中心治理主体之间的关系呢？学界对此展开了深入的研究，其中合作治理（collaborative governance）理论、协同治理理论得到了较为广泛的关注。合作治理理论认为，多元主体应该基于平等、自愿的原则，共同参与公共事务治理，主体之间是合作、协调的关系。协同治理理论则认为多主体之间除了合作和协调的关系外，还存在竞争、冲突和博弈，最终形成有序的秩序。有学者综合多中心治理和协同治理理论，构建了多中心协同治理理论，认为公共服务应该由多主体共同供给，而鉴于不同治理主体发挥的作用不同，能力也存在差异，治理过程中不能过于强调某些治理主体，忽视其他治理主体。各主体之间应该各自发挥比较优势，互相协调、竞争、博弈，发挥协同效应。

就农村生活垃圾治理服务来说，由于治理环节较多，涉及政府、企业、村级组织和村民等相关利益主体，单一由任何一个主体供给都不能实现农村生活垃圾的有效治理。从村庄组织来看，农村基层组织包括村"两委"和其他组织，其中，其他组织发展滞后，在农村环境类公共事务治理中普遍缺位②，村"两委"成为绝大部分村庄环境治理的组织执行者。应该充分发挥政府的规划引导、监督执行和资金支持的作用，发挥企业的信息和技术优势，发挥村"两委"组织村民，办理村庄公共事务的作用，发挥村民的决策、监督和执行的作用，多中心协同治理农村生活垃圾。

二　政府农村生活垃圾治理服务供给的理论基础

（一）公共产品理论

公共产品理论研究始于对政府职能、国家财政等有关的"公共性"问题的讨论。最早可追溯到霍布斯在《利维坦》一书中关于国家供给公共品的阐述，他认为国家应该以有利于大家和平、共同防卫的方式，担

---

① 熊光清、熊健坤：《多中心协同治理模式：一种具备可操作性的方案》，《领导科学》2018 年第 19 期。

② 杜姣：《吸附型城乡关系下的村级治理行政化——以上海地区村级治理实践为例》，《探索》2018 年第 6 期。

负起个人需要但无法提供的公共产品供给。1740 年，大卫·休谟在《人性论》一书中提出“搭便车”问题，随后，亚当·斯密在《国富论》中对政府职能进行了界定，对公共产品初步做了一个分类。此外，穆勒、李嘉图、帕累托、庇古等也在研究中涉及了“公共产品”问题，但都没有达成基本共识。萨缪尔森于 1954 年在《公共支出的纯理论》中，根据产品在消费中的竞争性，将产品分为私人产品和公共产品，在此基础上，马斯格雷夫在《公共财政理论》中将公共产品定义为消费上具有非竞争性和非排他的产品。此后众多学者对公共产品的内涵展开了讨论，很长一段时间，以“非竞争性”和“非排他性”界定公共产品成为理论界的共识[①]。为了证明私人供给公共产品的无效性，经济学家建立了“公地悲剧”“囚徒困境”“集体行动逻辑”等经典理论模型，认为公共品供给存在“市场失灵”，必须要由政府供给，这为政府干预微观经济提供了依据。

随着公共产品供给中“政府失灵”问题越来越突出，人们开始重新考虑公共品的私人供给问题。区别于传统的从消费角度判别物品属性的方式，詹姆斯·布坎南从供给端出发，认为公共产品与产品本身的消费特征没有关系，是由供给过程决定的，若产品被公共组织部门供给，就是公共产品，并提出了“俱乐部物品”的概念，以弥补产品“二分法”中间状态的缺失。继布坎南之后，越来越多的学者将研究锚定在纯私人产品和纯公共产品之间的“准公共产品”领域，开始构建市场化供给公共产品的新公共管理模式。奥尔森在《集体行动的逻辑》一书中提出了集体行动逻辑理论，指出为了制约公共产品供给中的“搭便车”现象，可以设计一套赏罚分明的、有选择性的激励约束制度，以促进小集团采取集体行动。科斯《经济学中的灯塔》一文中指出捆绑销售公共产品和私人产品，可以在一定程度上解决“搭便车”问题，使私人供给公共产品成为可能。这一思考引发了学术界对多元主体供给公共品的讨论。

布坎南等人创立的公共选择理论在分析了政府供给公共服务中高成

① 刘佳丽、谢地：《西方公共产品理论回顾、反思与前瞻——兼论我国公共产品民营化与政府监管改革》，《河北经贸大学学报》2015 年第 5 期。

本、低效率的原因之后，指出可以通过宪政改革和引入竞争机制矫正“政府失灵”。Babeau 等[①]基于公司治理提出的委托代理理论，为公共服务供给提供了新思路。该理论将政府机制和市场机制结合起来，引入委托代理机制，对原有公共服务供给模式进行改革，是对政府公共服务供给的一个创新性的制度安排[②]。以 Ostrom[③] 为代表的制度分析学派提出的多中心治理理论，强调把决策权分给多个主体，在共同的制度框架下实现公共品更有效率、平等、可持续的供给。

国内已有文献依据上述经典理论，从自组织供给[④]、政府供给[⑤]、市场供给[⑥]和多中心治理[⑦]四个方面研究了农村环境治理服务的供给模式。政府供给农村环境公共服务，是目前中国农村环境治理的主导模式，但该模式存在信息不完全、监督成本高等问题[⑧]。对此，有学者认为可以采取政社互动的模式规避“政府失灵”的困境[⑨]。在政府治理和市场化治理两种模式在农村环境治理方面双双失灵的背景下，加大培育社会资本[⑩]，

---

① Babeau, A., Berle, A. A., Means, G. G., "The Modern Corporation and Private Property", *Economic Journal*, Vol. 20, No. 6, 1935, p. 1042.

② 王玉明：《政府公共服务委托代理的制度安排》，《理论与现代化》2007 年第 2 期。

③ Ostrom, V., Tiebout, C. M., Warren, R., "The Organization of Government in Metropolitan Areas: A Theoretical Inquiry", *American Political Science Review*, Vol. 55, No. 4, 1961, pp. 831 - 842.

④ 李丽丽、李文秀、栾胜基：《中国农村环境自主治理模式探索及实践研究》，《生态经济》2013 年第 11 期。

⑤ 余克弟、刘红梅：《农村环境治理的路径选择：合作治理与政府环境问责》，《求实》2011 年第 12 期。

⑥ 郑开元、李雪松：《基于公共物品理论的农村水环境治理机制研究》，《生态经济》2012 年第 3 期。

⑦ 樊翠娟：《从多中心主体复合治理视角探讨农村人居环境治理模式创新》，《云南农业大学学报》（社会科学）2018 年第 6 期。

⑧ 姜利娜、赵霞：《农村生活垃圾分类治理：模式比较与政策启示——以北京市 4 个生态涵养区的治理案例为例》，《中国农村观察》2020 年第 2 期。

⑨ 张国磊、张新文、马丽：《农村环境治理的策略变迁：从政府动员到政社互动》，《农村经济》2017 年第 8 期。

⑩ 李丽丽、李文秀、栾胜基：《中国农村环境自主治理模式探索及实践研究》，《生态经济》2013 年第 11 期。

实施村庄自主治理成为农村环境治理模式的创新方向[①]，可以解决农村生活垃圾等内源性污染问题[②]。此外，近年来，政府和社会资本合作模式（PPP）成为社会热点，逐渐被应用到农村环境治理中，但有学者认为该模式需要因地制宜，审慎推进，并且对政府的治理能力提出了更高的要求[③]。随着农村环境治理实践的推进，还有学者发现单边治理模式已不能满足新时代农村环境治理的需求，需要构建政府主导、市场介入、社会参与的多中心多主体治理模式[④]。具体到农村生活垃圾治理实践方面，姚金鹏、郑国全[⑤]根据文献研究认为农村生活垃圾治理模式可以分为政府主导模式、村集体主导模式、村民主导模式和政企合作模式等；贾亚娟等[⑥]基于陕西部分地区的实践，认为农村生活垃圾分类治理模式包含“政府＋市场”“政府＋农村社区”“政府＋农村社区＋农户”“政府＋市场＋第三部门＋农村社区”四种模式，具体采取哪种模式，要因地制宜。此外，不同的生活垃圾分类治理模式会影响居民对生活垃圾分类工作的参与度[⑦]。相对于单一的政府治理模式，“共治模式”在生活垃圾分类治理方面具有理论创新和借鉴意义[⑧]。石超艺[⑨]对上海市梅陇三村的个案研究发现，“共治模式”在促进居民参与社区生活垃圾治理方面

---

① 胡中应、胡浩：《社会资本与农村环境治理模式创新研究》，《江淮论坛》2016 年第 6 期。

② 胡中应、胡浩：《社会资本与农村环境治理模式创新研究》，《江淮论坛》2016 年第 6 期。

③ 杜焱强、刘平养、吴娜伟：《政府和社会资本合作会成为中国农村环境治理的新模式吗？——基于全国若干案例的现实检验》，《中国农村经济》2018 年第 12 期。

④ 张俊哲、梁晓庆：《多中心理论视阈下农村环境污染的有效治理》，《理论探讨》2012 年第 4 期。

⑤ 姚金鹏、郑国全：《中外农村垃圾治理与处理模式综述》，《世界农业》2019 年第 2 期。

⑥ 贾亚娟、赵敏娟：《环境关心和制度信任对农户参与农村生活垃圾治理意愿的影响》，《资源科学》2019 年第 8 期。

⑦ 韩泽东、李相儒、毕峰等：《我国农村生活垃圾分类收运模式探究——以杭州市为例》，《农业环境科学学报》2019 年第 3 期。

⑧ 祝睿：《环境共治模式下生活垃圾分类治理的规范路向》，《中南大学学报》（社会科学版）2018 年第 4 期。

⑨ 石超艺：《大都市社区生活垃圾治理推进模式探讨——基于上海市梅陇三村的个案研究》，《华东理工大学学报》（社会科学版）2018 年第 4 期。

能效倍增。

农村生活垃圾治理属于农村公共服务的一部分，运输和处理由于成本高昂，村集体无力供给，一般都需要由政府供给，而生活垃圾的投放和收集可以由村集体自主供给，在理论上农村生活垃圾治理存在村民自主供给、政府供给、市场供给和多元共治四种基本模式①。

（二）财政分权理论

第一代财政分权理论诞生于 20 世纪 50 年代，是在福利经济学的基础上，通过剖析信息不对称的作用机制，来补充微观经济学中未涉及的政府在宏观经济中发挥的作用的讨论，以解释财政分权的合理性与必要性。该理论认为，政府在地区公共服务供给中具有信息优势，更了解辖区内的居民偏好，能更好地为地方居民提供公共服务。要让政府承担地方公共服务供给的职能，就需要给予政府与之相应的“财权”，就要求中央政府在财政制度上进行适当的放权。在第一代财政分权理论的基础上，第二代财政分权理论融入了制度经济学、行为经济学的内容，区别于第一代财政分权理论对政府道德人及均质中性特征的假设，第二代财政分权理论将政府作为和中央政府目标不一致，有自身利益偏好的理性经济主体，引入了激励机制学说，重点探究如何构建与政府激励相容的地方竞争机制。

在第一、第二代财政分权理论的基础上，联邦主义财政分权理论对政府行为进行了更深层次的分析。该理论的主要内容是：在财政分权制度之下，各级政府都拥有一定的税收和公共支出决策权，政府更了解辖区内居民需求，地方性和区域性的公共品由各级政府供给效率更高；政府是理性经济主体，为防止政府不正当、不合理地配置公共资源，中央政府应该制定相应的激励机制，以激励政府优化配置资源，实现社会福利最大化；在中央政府激励机制下，各政府为争夺更多资源，会采取以中央政府激励考核为标的的行为策略。

① 姜利娜、赵霞：《农村生活垃圾分类治理：模式比较与政策启示——以北京市 4 个生态涵养区的治理案例为例》，《中国农村观察》2020 年第 2 期。

财政分权对地方公共服务供给的作用机制有三：一是地方政府掌握更多居民偏好的信息，从信息不对称的角度来讲，财政分权度提高可以促进地方基本公共服务供给效率的提高，对于需求差异较大，信息复杂程度较高的公共服务，通过财政分权由地方政府供给可以使公共服务支出效率提高得更多。二是在政治上，中央政府和地方政府之间存在从属关系，但在经济上，中央政府和地方政府之间的关系类似于“委托—代理”，两者的委托代理成本主要源于公共服务的外部性和财政分权制度设计的缺陷。由于公共服务供给具有外部性，作为代理人，为维护地方利益，地方政府会多供给具有正外部性的公共服务，而减少供给具有负外部性的公共服务，这就会导致公共服务供给失衡，不利于社会服务最大化的实现。并且在委托代理的制度设计中，很难实现“激励相容”。激励不相容的财政分权制度设计会增加“委托代理成本”，降低公共服务供给效率，尤其会降低地方政府对非经济性公共品的供给[①]。三是受益范围的层次性，决定了公共服务供给的层次性。根据受益范围划分，区域性的公共服务应该由地方政府供给，而整体性、公平性的公共服务应该由中央政府供给，这就决定了政府间的财权、事权划分应该有明确的层次。但当下，中国中央政府和地方政府的财权、事权划分不清晰、不规范。一些本该由中央政府统筹供给的公共服务，比如存在外部性的跨区域的河流治理，中央将事权下放到各区域，违反了激励相容的原则，地方政府缺乏治理积极性；而一些本该由地方政府自主供给的公共服务，中央政府的介入可能导致过度投入，一些地方的“晒太阳”工程就是很好的例证。

（三）城市偏向理论

城市偏向指为实现特定目标，政府部门实施的一系列偏向城市部分发展的政策，城市偏向理论是对城市偏向政策的理论总结，旨在促进城乡协调发展[②]。城市偏向理论是在20世纪50—60年代，Street-

① 谢芬、肖育才：《财政分权、地方政府行为与基本公共服务均等化》，《财政研究》2013第11期。

② 王颂吉、白永秀：《城市偏向理论研究述评》，《经济学家》2013年第7期。

en 等[①]在印度经济发展调查的基础上提出的，这一时期，印度为了发展经济，通过工农产品价格剪刀差等手段从农业汲取大量剩余，以期快速实现以重工业为主的工业化发展，该理论的首次提出旨在从城市偏向的视角，探讨发展中国家的城乡关系，中心议题是发展中国家工农产品价格扭曲的问题。城市偏向理论一经提出，引起了学术界的极大关注，众多学者开始对城市偏向形成的机制和发展中国家的价格扭曲问题进行研究。Lipton[②] 从政治影响力差异的视角，指出城市偏向主要原因在于政治结构导致的城乡居民政治影响力的严重失衡，该观点得到了众多学者的认可。Ashutosh[③] 研究发现民主制度在限制印度的城市偏向中发挥了重要作用。但部分学者认为从政治结构分析城市偏向的形成机制失之偏颇，并以苏联和中国为例，指出城市偏向的根源并非城乡居民政治权利的失衡，而是工业优先发展的赶超型经济战略[④]。

随着政策调整，发展中国家的价格扭曲政策被不断弱化，但公共服务中的城市偏向并没有减少。Lipton 等[⑤]对该现象进行了解释，认为尽管发展中国家的结构调整政策弱化了价格扭曲，但是由于城市部分对公共政策的影响力更大，使得大多发展中国家的公共支出向城市部门倾斜，导致公共服务领域的城市偏向不断上升，并且因价格扭曲弱化抵消的城市偏向非常微小，因此城乡公共服务供给差距不断扩大。随着公共服务的城市偏向越来越严重，该观点得到了广泛支持。与众多发展中国家相似，中国在改革开放之后，价格扭曲的政策被不断弱化，但公共服务的城乡差距越来越大，并且在世界范围内，中国城乡公共服务差距尤

① Streeten, P., Lipton, M., *The Crisis of Indian Planning, Economic Policy in the 1960s*, London, Oxford University Press for Chatham House, 1968.

② Lipton, M., "*Why Poor People Stay Poor: Urban Bias in World Development*", Cambridge Massachusetts Harvard University Press, 1977, p. 449.

③ Ashutosh, V., "Ethnic Conflict and Civil Society: India and Beyond", *World Politics*, Vol. 53, No. 3, 2001, pp. 362 – 398.

④ 蔡昉、杨涛：《城乡收入差距的政治经济学》，《中国社会科学》2000 年第 4 期。

⑤ Lipton, M., Eastwood, R., "Pro-poor Growth and Pro-growth Poverty Reduction: Meaning, Evidence, and Policy Implications", *Asian Development Review*, Vol. 18, No. 2, 2002, pp. 22 – 58.

为突出[①]。对此，高彦彦等[②]认为计划经济时期的城市偏向是由赶超型的发展战略导致的，转型经济时期的城市偏向是由政府大包大揽、政治集权、经济分权的制度体系导致的。但关于城市偏向理论新的观点，学界也有不少批评，一是认为城市偏向理论较少关注发展中国家城市贫困问题，部分发展中国家贫困的主要发生区域已由农村转向城市[③]；二是城市偏向理论认为城市和农村之间是严格对立的关系，但随着农村劳动力向非农部门和城市流动，发展中国家城乡之间的联系日益紧密，城乡界限已经变得没那么清晰，在这种情况下，城市偏向理论城乡对立的观点，可能产生误导[④]，不利于政策制定者将城乡作为一个整体，促进城乡融合发展；三是新经济地理学研究发现，公共品供给具有规模效应，城市偏向的公共服务供给是对资源的有效配置，是建立在市场规律的基础上的，并不是政策偏向城市的结果[⑤]。为此，新地理经济学认为，城市偏向理论反对城市优先发展是不明智的。截至目前，发展中国家城市偏向的问题仍悬而未决，关于城市偏向的理论也未达成一致，很多问题有待继续深入探讨[⑥]。

三　村“两委”农村生活垃圾治理服务供给的理论基础

村“两委”作为乡镇政府和村民的共同代理人，其参与农村生活垃圾治理服务主要依据委托代理理论。

委托代理理论是在 20 世纪 30 年代，由美国经济学家伯利和米恩斯

① Lipton, M., Eastwood, R., “Pro-poor Growth and Pro-growth Poverty Reduction: Meaning, Evidence, and Policy Implications”, *Asian Development Review*, Vol. 18, No. 2, 2002, pp. 22 – 58.

② 高彦彦、郑江淮、孙军：《从城市偏向到城乡协调发展的政治经济逻辑》，《当代经济科学》2010 年第 5 期。

③ Haddad, L., Ruel, M. T., Garrett, J. L., “Are Urban Poverty and Undernutrition Growing? Some Newly Assembled Evidence”, *Fcnd Discussion Papers*, No. 63, 1999, pp. 1 – 23.

④ Jones, G. A., Corbridge, S., “The Continuing Debate about Urban Bias: The Thesis, Its Critics, Its Influence, and Its Implications for Poverty Reduction strategies”, *Progress in Development Studies*, Vol. 10, No. 1, 2010, pp. 1 – 18.

⑤ Henderson, V., “The Urbanization Process and Economic Growth: The So-What Question”, *Journal of Economic Growth*, Vol. 8, No. 1, 2003, pp. 47 – 71.

⑥ 王颂吉、白永秀：《城市偏向理论研究述评》，《经济学家》2013 年第 7 期。

在非对称信息博弈论的基础上提出的，是契约理论的主要内容之一，主要研究在信息不对称、利益冲突的约束下，委托人如何激励代理人来实现既定目标。当信息对称时，委托人可以根据代理人行为进行奖惩，以让代理人达到最佳努力水平，但在信息不对称时，委托人无法观测代理人行为，只能观测到可能影响行为的变量，此时，委托人可以通过激励兼约束的“强制合同”，迫使代理人提高努力水平。为此，委托代理问题就变成了，在信息不对称时，委托人如何设计激励和约束机制，来实现双方利益最大化。

委托代理关系作为一种契约关系，有以下内在规定：一是委托人和代理人之间的权、责、利，必须平衡，即权利与责任对等，享受多大的权利就要承担多大的责任，责任与利益对等，承担多大的责任，就要分享多大的利益；二是一旦达成契约关系，就要赋予代理人相对独立的决策权，若代理人自主决策的权利无法实现，就无法对其行为承担相应的责任；三是委托人和代理人必须平等谈判，依据自愿原则，明确双方的权利、责任和利益，若双方地位不平等，必然会造成权、责、利的不平衡，契约关系就很难持久维持；四是契约关系的落实要有保障机制，委托人和代理人之间要相互监督，实现双方利益的共同增长。

在农村生活垃圾治理服务供给中，乡镇政府、村“两委”和村民之间存在共同委托代理关系。委托代理关系产生的前提是有明晰的产权；委托代理双方无行政隶属、人身依附关系；受限于个人能力，委托人必须委托代理人供给服务以实现更高的效率。应用到农村生活垃圾治理服务供给之中，农村产权制度改革保障了农民是具有独立利益的主体，村民自治制度的执行使得村“两委”和政府之间也不存在行政隶属关系，而由于较高的交易成本和外部性，村民单独供给村庄生活垃圾治理服务成本较高，需要村“两委”作为重要的村庄社会组织为村民提供生活垃圾治理服务，所以在农村生活垃圾治理服务供给中满足基本的委托代理关系产生的条件。具体而言，根据马斯格雷夫的财政职能理论，公共服务供给的外部性和私人供给的“不情愿性”决定了政府或者私人部分必须介入公共服务供给。为此，政府供给农村生活垃圾治理服务责无旁贷。

而由于信息不对称，乡镇政府倾向于将农村生活垃圾治理服务委托给村“两委”，这样，村“两委”就成了乡镇政府的代理人。此外，村民个人供给农村生活垃圾治理服务存在交易成本高和外部性的问题，存在集体行动的困境，村民也会把村庄生活垃圾治理服务委托给负责村庄公共事务的村“两委”，这样乡镇政府、村“两委”和村民之间就出现了共同代理问题。即村“两委”分别作为乡镇政府和村民的代理人，负责村庄生活垃圾治理服务供给。

除了乡镇政府、村“两委”和村民之间的共同代理关系外，村庄公共事务由村“两委”组织，但最终还是要落实到每一个村民身上，从这个角度讲，村民又是村“两委”的代理人。这样村民和村“两委”又构成了双向委托关系。乡镇政府、村“两委”和村民之间的关系可以用图2－2来表示。

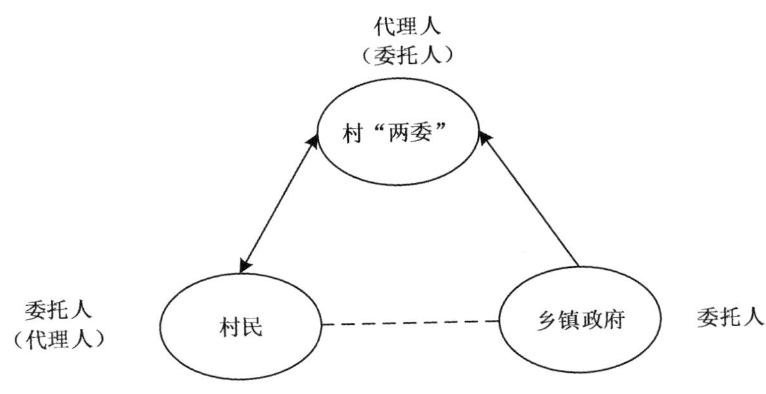

图2－2　乡镇政府、村“两委”、村民之间的共同代理关系

四　村民参与生活垃圾治理的理论基础

（一）新制度主义理论

社会科学研究中，重视制度因素的流派都称为新制度主义，新制度主义理论主要分析制度与行为之间的关系。根据制度与行为关系的不同思考，学界将制度主义流派分为理性选择制度主义、社会学制度主义和历史制度主义三个流派。

1. 理性选择制度主义认为制度与行为之间具有浓厚的利益算计色彩

该理论的基本观点是：个体在制度框架内，通过和其他利益相关者的利益得失计算，选择使自己利益最大化的行为方式，制度在行动者行动中发挥提供其他行为者相关信息、执行机制和奖惩机制的信息，对行动者心理预期产生影响进而影响行动者的行为。制度作用于行为的分析如下：一是作为信息载体，为行为提供确定性的信息；二是在制度环境中，行为主体之间具有互动性，行动者参照其他行动者的行为做出行为决策；三是通过行为互动，行动者在计算自己的利益得失后，选择使自己利益最大化的行为方式；四是制度环境通过改变行动者的期望，进而改变其行动。该理论的前提假设：一是行动者偏好是内生、稳定的；二是行动者目标是自我设定的；三是行动者的目的是追求个人利益最大化；四是行为者通过策略性计算，以实现目标[①]。

2. 社会学制度主义认为制度与行为之间有一种具有判断意义作用的文化实践

该理论的基本观点是：制度不仅仅是信息的提供者，更是“道德和认知范本的提供者”，制度影响行为是通过两种途径展开的。一是为行动者提供“认知模板”。行动者采取行动的前提是确定自己的身份、行动的意义和价值，这些都是由制度创造出来的，也就是说制度通过为行为提供必要的认知模板来影响行为，在不同的制度环境中，行为者对自身身份认同、偏好判断和价值判断存在差异。二是为行动者提供“规范模板”。在社会生活中，制度环境会塑造不同的角色，并为不同角色设定基本行为规范，通过社会化的方式使行为规范内化于行为个体，使个体遵守社会规范来选择行为方式。在这里，由制度来判定行为的合法性，遵守制度的行为处于道德优势地位，违反制度的行为处于道德劣势地位。该学派的主要假设：一是个人的目标和偏好并不是内生的，而是可以改

① 曹胜：《制度与行为关系：理论差异与交流整合——新制度主义诸流派的比较研究》，《中共天津市委党校学报》2009 年第 4 期。

变的；二是行为不是完全策略性的，会受到个人世界观、价值观的限制；三是个人并不是利益最大化的追求者，在利益以外，还追求文化价值的实现。

3. 历史制度主义认为应该在特定的历史事件中分析制度与行为的关系

该理论融合了以上两种理论的观点，认为在有的事件中，个人行为中算计的色彩更浓厚，在有的事件中，个人行为中文化价值的色彩更浓厚，一般情况下，个人行为是利益算计和文化价值综合考虑的结果。该理论认为制度影响行为的路径有二：一是制度会影响制度框架内行为者的最终行为。不同制度结构，意味着不同的权力结构，在特定制度下，会形成特定的社会力量格局，这就导致不同制度安排下，同样的行为可能产生不同的结果。二是制度对行动者的行为方向和方式，及其对自身和其他行动者关系的判定具有构造作用。行动者在特定的制度结构中来判别自己的利益和与其他行动者的相互关系，从而使得行动者在不同的制度环境中有不同的行为方式，同样的行为方式在不同的制度环境中会得到不同的结果。

三种新制度主义学派的观点虽有差异，但都说明制度环境对行为具有重要影响，弥补了行为主义研究中对制度因素的忽视，对农村生活垃圾治理研究具有重要借鉴意义。一方面，农村生活垃圾治理发生在农村环境整治这一大的制度环境中，根据理性选择制度主义的观点，村庄环境整治制度执行情况会直接影响村民对生活垃圾制度实施的预期，进而影响人们参与生活垃圾治理的意愿；另一方面，农村生活垃圾治理也发生在村民自治制度这一小的制度环境中，根据社会学制度主义的观点，村民自治制度环境发挥得好，村民有更高的社区认同感和价值认同感，从而更会遵照规范参与生活垃圾治理，但若村庄自治制度环境发挥得较差，村民社会规范的约束较小，个人未必会遵守社会规范选择行为方式。为此，环境整治制度环境、村民自治制度环境可能对村民的生活垃圾参与行为产生重要影响。

（二）理性选择理论

理性选择理论是一个宏大的社会理论，要了解理性选择理论首先要理解“理性”和理性人的概念。

1. 理性

关于理性的定义，从经济学的视角来看，亚当·斯密认为理性也就是人的经济计算能力，涵盖了思考、计算和趋利避害的能力。从社会学的视角来看，马克斯·韦伯认为理性包括工具理性、价值理性，亚当·斯密所说的理性也就是工具理性，韦伯更强调价值理性。在韦伯研究的基础上，西蒙认为，人的行为并非追求“最大”或者“最优”，大多数情况下只是追求满足，也就是说人的理性是有限的，并进一步对理性的概念进行了完善，他认为理性就是在参照某个价值体系的基础上，个人去评价行为的后果，并根据可能发生的后果选择令人满意的备选方案，西蒙认为理性包含自觉理性、有意识理性；客观理性、主观理性；组织理性、个人理性等[①]。李培林[②]认为相较于工具理性，价值理性问题更加复杂，在社会学中，为了研究的可操作性，排除了一切非工具理性的讨论，使得理性选择理论所说的理性与亚当·斯密的阐述一样，是一种工具理性。为解决工具理性与非工具理性无法融合的矛盾，国内学者对理性的定义不限于利益的实现上，而是将理性的概念精练化，将情感、价值和社会规范融入进来，使理性更加符合逻辑。并认为社会认同也是人的基本生存动机之一，社会认同也可以内化为人的追求目标[③]。总而言之，无论是工具理性，还是非工具理性，只要是“最适合目的实现的手段”，都可以视为理性。

2. 理性人

理性人的概念自提出以来经历了不断的演化发展。斯密提出的理性人是在自由环境当中，受物质利益驱动，一切以个人利益最大化为目的的人。根据斯密的观点，人性自私，为最大化自身利益，可以不

① 周利敏、谢小平：《论理性选择理论的逻辑起点》，《兰州学刊》2005 年第 4 期。

② 李培林：《理性选择理论面临的挑战及其出路》，《社会学研究》2001 年第 6 期。

③ 周长城：《理性选择理论：社会学与经济学的交汇》，《广东社会科学》1997 年第 6 期。

顾及他人，这与现实生活中有限理性的人是不相符合的，制度经济学就证明了制度是影响人类行为的重要因素之一。在制度变迁理论中，诺斯将价值观纳入了理性人分析，认为人除了财富最大化的需求，还有信念和价值观的需求，人的选择不仅受理性影响，也受非理性的影响[①]。科尔曼将制度结构纳入理性人的分析中，认为纯粹追求经济利益的理性人在理想状态下才成立，实际生活中，理性人在追求利益最大化的同时，也会顾及声望、信任、地位、权利等非经济因素[②]，也就是说理性人的“利益”是由物质的、精神的、社会的需要和偏好构成的。可见理性选择理论对理性人的假设已经超越了经济理性，认为人是有限理性的。

（三）行为与理性选择理论

理性选择理论是常用来解释行为的理论。其基本观点是理性人根据利益计算，趋向于采取使自己利益最大化的行为策略。由于理性选择理论这种理想状态脱离现实生活，后被新古典经济学家、新制度主义学派、社会学家和政治学家等不断修正。从工具理性扩展到价值理性，从“经济人”扩展到“社会人”，用“有限理性”替代了“完全理性”，将制度、文化等外在变量内在化，认为制度和文化是影响人类行为的重要因素，并且会改变个人的目标和偏好。具体到村民参与生活垃圾治理中来，由于参与生活垃圾治理需要投入时间和学习成本，但获得的环境改善收益却具有外部性，理性的经济人不会参与到农村生活垃圾治理中来，但是在村庄熟人社会环境中，个人除了追求环境改善的收益，还会追求价值和社会认同，尤其是在村民自治制度充分发挥的制度环境中，村民的主人公意识会极大提高，从而会积极参与到生活垃圾治理中来。

（四）社会认同理论

社会认同理论（Social Identity Theory）最早出现于20世纪70年代，

---

① 张淑敏：《实验经济学的发展与经济学方法论的创新》，《财经问题研究》2004年第2期。

② 刘少杰：《理性选择研究在经济社会学中的核心地位与方法错位》，《社会学研究》2003年第6期。

由社会心理学家 Tajfel 提出，最初被应用于分析社会中广泛存在的不同群体间的不平等关系，后被广泛应用于社会学、管理学、政治学等学科领域。Tajfel 对社会认同的定义为“个人知道他（她）属于哪个社会群体，这种群体资格会赋予他（她）特定的情感和价值”[①]。在 Tajfel 看来，群体是由认为自己属于此群体和被别人认为属于此群体的人所组成的，在个体主动把自己化为某一群体后，个体社会认同感的增加会提高个体自我概念中的社会性，在这个过程中，个体会把群体目标内化为个人目标[②]。在经济学研究中，Akerlof 等最早在新古典效用模型中纳入身份变量，并对社会认同理论进行了系统研究，发现如果个体行为偏离群体规则会带来效用的损失[③]。

社会认同理论的核心观点是社会认同由社会分类、社会认同和社会比较建立的，因此社会认同理论也被称为 CIC 理论（categorization-identity-comparison theory）。（1）社会分类是指人们将自己纳入某一社群。这里的分类不一定是客观上的分类，也可以是心理层面或者历史、文化意义层面的分类。通过社会分类，人们来进行自我身份的界定，并以特定群体的规范性行为和价值观念指导自己的言行。在分类的过程中，人们往往会夸大群体之内的相似性和群体之间的差异性。（2）社会认同是指将个人和其他人分辨开的个人和社会特征，依据个人特征而构建的身份被称为个人身份，依据群体资格和社会特征构建的身份被称为社会身份。从这个意义上来说，可以将认同定义为自我概念，它是对自我的评价，是自尊。大多数研究发现，强化个人的群体身份，会增强个体的认同感，进而做出有利于内群的行为[④]。（3）社会比较是指个人的自我认知和评

① 王卓琳、罗观翠：《论社会认同理论及其对社会集群行为的观照域》，《求索》2013 年第 11 期。

② Zomeren, M., Leach, C., Spears, R., “Does Group Efficacy Increase Group Identification? Resolving Their Paradoxical Relationship”, *Journal of Experimental Social Psychology*, Vol. 46, No. 6, 2010, pp. 1055 – 1060.

③ Akerlof, G. A., Kranton, R. E., “Economics and Identity”, *Quarterly Journalof Economics*, 2000, pp. 715 – 753.

④ 周业安、王一子：《社会认同、偏好和经济行为——基于行为和实验经济学研究成果的讨论》，《南方经济》2016 年第 10 期。

价是通过与他人的比较得来的。一般而言，拥有某一社会身份并不能增加或减少其社会认同，只有通过组内人或相关的组外人的社会比较，才能体现社会认同的价值①。

社会认同理论认为通过比较，个体会加深内群、外群的差异性认知，出于对自尊的需要，个体会偏好并认同内群，为了维护群体认同度，个体甚至愿意牺牲自己的效用②。应用在农村生活垃圾治理中，村民只有认同自己所在的群体，才能够为了改变村庄居住环境，主动投入自己的时间和精力来参与生活垃圾治理。作为一村村民，村庄规范和价值观念对其言行有指导作用，村庄治理有效，能够发挥村民民主决策、民主监督、民主管理的作用，村“两委”积极参与村庄环境整治，会强化村民的社区认同，进而积极参与村庄生活垃圾治理活动。

五　协同治理理论

（一）协同理论

协同是指“协调两个及以上不同资源（个体），一致完成某一共同目标的过程或能力”③。哈肯认为，协同是指开放系统中子系统间交互、协作的联合或集体行动。1981 年，德国物理学家哈肯在《协同学导论》一书中正式提出了协同理论。该理论主要是研究非均衡的开放系统，在与外界交换物质、能量的同时，如何依靠内部协同来自发实现时空和功能结构上的有序状态。在开放系统由“无序”变为“有序”的过程中，遵循以下原则：（1）系统开放性原则，该原则保障了系统与外部环境可以进行信息、物质和能量的交换；（2）系统非平衡原则，该原则说明系统处于非平衡状态，系统内部子系统、模、变量处于剧烈震动状态；（3）系统支配原则，在接近临界点时，子系统相互作用促进序参量的诞生，序参量决定了系统

① 王卓琳、罗观翠：《论社会认同理论及其对社会集群行为的观照域》，《求索》2013 年第 11 期。

② Turner, J. C., “Social Comparison and Social Identity: Some Prospects for Inter-group Behaviour”, *European Journal of Social Psychology*, Vol. 5, No. 1, 1975, pp. 1 – 34.

③ 史美林、向勇、伍尚广：《协同科学——从“协同学”到 CSCW》，《清华大学学报》（自然科学版）1997 年第 1 期。

演变的最终结构和状态；(4) 内部竞合原则，各子系统在竞争与合作中产生"2+2>4"的协同效应；(5) 外部控制原则，与系统内部竞合关系相对应，系统外部环境为促进系统自组织结构的形成提供控制参量，以保障系统状态的提升；(6) 系统自反馈原则，开放系统要维持平衡，需要自身有反馈机制，以保障系统能不断循环优化①。

（二）协同治理理论

协同治理理论是用协同理论的方法来指导治理活动，是一个新兴理论。该理论认为，(1) 社会是一个开放的大系统，应该用系统的视角研究社会问题；(2) 社会系统具有复杂性、动态性、多样性。表现在社会系统的子系统之间既有竞争、又有合作，协同治理可以充分发挥各系统的功效，实现"协同效应"，同时系统又是动态的，协同治理可以通过整合竞争与合作关系实现治理的"无序"到"有序"。此外，由于系统内各主体有不同的资源禀赋和利益需求，导致主体目标多元化，而协同治理通过协调各主体利益，可以实现各方互利共赢。协同治理理论认为要实现协同治理应该保障治理主体多元化、治理系统间协同化、自组织间协同化和制定共同规则②。协同治理理论虽然强调系统中各主体之间的竞争，但更强调主体间的协作，其研究内容涉及公共服务的各个方面，包括生态环境、区域合作、公共危机等治理难题③。

具体到本研究，农村生活垃圾治理涉及政府、村"两委"、村民、企业、社会组织等相关利益主体，涉及管理体系、收运体系、组织动员体系、考核体系、资金投入与硬件建设等多个维度，是一个开放的大系统。作为一项公共服务，农村生活垃圾治理也应该由多元主体协同治理。

六 理论梳理

以上分别从为什么从多主体视角进行农村生活垃圾治理的研究，怎

① 范逢春、李晓梅：《农村公共服务多元主体动态协同治理模型研究》，《管理世界》2014年第9期。

② 李汉卿：《协同治理理论探析》，《理论月刊》2014年第1期。

③ 孙萍、闫亭豫：《我国协同治理理论研究述评》，《理论月刊》2013年第3期。

么激发政府、村“两委”、村民参与生活垃圾治理的积极性，多主体如何协同治理农村生活垃圾三个层面对相关理论进行了梳理（见图2－3）。具体分析如下：

基于多元主体的视角对农村生活垃圾治理服务进行研究，主要依据的是多中心治理理论。农村生活垃圾治理涉及政府、村“两委”和村民等相关利益主体，应该从多主体的视角开展农村生活垃圾治理研究。具体支撑各主体参与生活垃圾治理的理论基础如下：

（1）政府农村生活垃圾治理服务供给部分。首先，公共产品理论说明了政府供给农村生活垃圾治理服务的必要性，然后财政分权理论、城市偏向理论阐释了政府供给公共产品的基本逻辑。在中央和地方权责平衡的情况下，财政分权可以提高公共服务供给效率；公共产品的层次性，决定了中央政府和地方政府财权和事权应有明晰、规范的划分，否则会出现公共品供给的重叠和遗漏并存。城市偏向的政策，促使政府投入更多资源到城市，造成农村公共品供给的不足，城乡公共品供给差距大。理论分析对应本书第四章内容。

（2）村“两委”农村生活垃圾治理服务供给部分。委托代理理论从委托代理的视角分析了村“两委”供给农村生活垃圾治理服务的激励机制，村“两委”在供给农村生活垃圾治理服务时，既是乡镇政府和村民的共同代理人，又是村民的委托人。理论分析对应本书第五章内容。

（3）村民参与生活垃圾治理部分。首先，新制度主义理论说明了制度环境这一外在因素对行为的重要影响，这是社会科学研究中普遍容易忽视的因素；其次，理性选择理论和社会认同理论为村民参与生活垃圾治理的内在影响因素提供了理论支撑，说明制度环境是村民参与生活垃圾治理的重要外在因素，利益和社会认同是村民参与生活垃圾治理的重要内在因素，并且利益和社会认同也会受到制度环境的影响，说明利益、认同在制度环境与村民参与生活垃圾治理中可以发挥中介作用。理论分析对应本书第六章内容。

农村生活垃圾治理是一个复杂性、动态性、多样性的开放巨系统，应该采取协同治理的路径。政府、村“两委”、村民、企业和社会组织

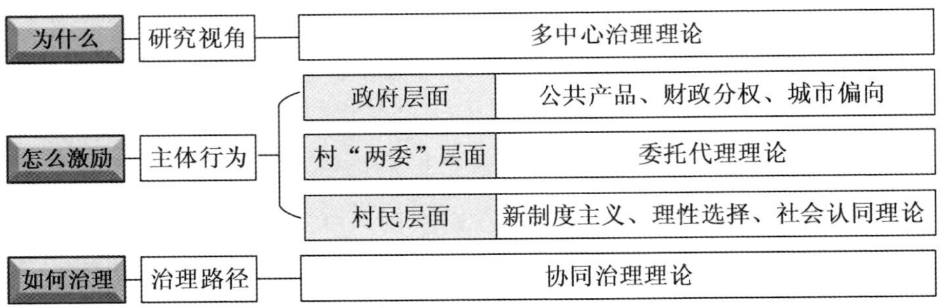

图2－3 基础理论梳理

等相关利益主体应该通过合作、竞争和制衡等机制设计，共同推进农村生活垃圾治理。理论分析对应本书第八章内容。

第三节 本章小结

梳理基本概念和理论是研究分析的基础。根据研究目标，本章对农村生活垃圾、农村生活垃圾治理和激励机制这几个重要概念进行了界定，对多元主体视角进行生活垃圾治理的基础理论、政府农村生活垃圾治理服务供给的相关基础理论、村“两委”农村生活垃圾治理服务供给的相关基础理论、村民参与生活垃圾治理的基础理论、农村生活垃圾协同治理的基础理论进行了梳理。主要内容概括如下：

第一，基本概念界定。将农村生活垃圾界定为农村居民在日常生活中产生的固体废弃物，主要包括厨余垃圾、可回收垃圾、有毒有害垃圾和其他垃圾。将农村生活垃圾治理界定为包括生活垃圾的投放、收集、运输、处理四个环节，涉及居民、村“两委”、企业、政府、第三方组织等多元利益主体的系统工程，需要各主体的协作，共同为农村居民提供的一项准公共服务。激励机制指在组织系统里，主体对客体进行激励的制度体制环境、具体措施、实施效果和发生逻辑的总和，在农村生活垃圾治理，中央政府通过激励机制设计激励地方政府供给农村生活垃圾治理服务，地方政府和村民通过激励机制设计激励村“两委”供给农村生活垃圾治理服务。

第二，基本理论梳理。首先，基于多中心治理理论，农村生活垃圾涉及多个环节、多个主体，单一由任何一个主体供给都不能实现农村生活垃圾的有效治理。其次，一是就政府而言，公共产品理论指出，作为一项准公共服务，农村生活垃圾治理必须由政府参与供给，而财政分权理论、城市偏向理论则指出了政府供给农村生活垃圾治理服务的行为逻辑；二是就村“两委”而言，通过委托代理理论的分析，可知乡镇政府、村“两委”和村民之间存在共同的委托代理关系，并且村“两委”和村民之间存在双向委托关系，委托代理机制在村“两委”行为中发挥着重要的解释作用；三是就村民而言，行为发生在制度环境中，制度环境会改变个人偏好和情感认同，新制度主义经济学、理性选择、社会认同理论指出制度环境会影响个人参与生活垃圾治理的行为，并且个人行为是由理性选择和情感认同来共同决定的。最后，根据协同治理理论，作为一个开放的社会系统，农村生活垃圾治理应该由多元主体协同治理。

第三章　中国农村生活垃圾治理状况与问题成因

对农村生活垃圾治理的剖析首先需要了解农村生活垃圾的基本情况，掌握农村生活垃圾的产生量和组成成分，才能基本了解农村生活垃圾这一治理客体；而作为一项准公共服务，农村生活垃圾治理离不开政府主导，政府的生活垃圾治理政策决定了农村生活垃圾治理的方向和治理方法、治理力度。通过对农村生活垃圾治理政策的梳理，可以大概了解农村生活垃圾治理经历了政府大包大揽到政府主导、多元主体参与的治理过程；掌握农村生活垃圾治理状况与问题才能对农村生活垃圾治理的系统性有一个基本的了解；对农村生活垃圾治理问题成因进行分析，可以帮助我们更全面地认识、刻画农村生活垃圾治理的基本客观事实。

本章根据这个思路，将对农村生活垃圾基本情况、农村生活垃圾治理政策演变、农村生活垃圾治理状况、问题成因进行分析。具体内容包括：（1）从中国农村生活垃圾产生量、组成成分出发，分析农村生活垃圾基本情况；（2）从时间维度出发，对涉及农村生活垃圾治理的主要政策文件进行分析，梳理农村生活垃圾治理的政策演变；（3）从生活垃圾治理概况、区域比较、模式分析三个维度出发剖析农村生活垃圾治理基本概况；（4）从农村生活垃圾产生量不断增加，而农村生活垃圾治理水平低、治理效果差两个层面对农村生活垃圾治理问题的成因进行分析。其中从经济社会发展层面剖析了农村生活垃圾产生量不断增加的原因，从政府层面、村庄层面、村民层面等多元主体层面剖析了农村生活垃圾治理水平低、治理效果差的原因。

第一节　中国农村生活垃圾基本情况

当前农村生活垃圾产生量巨大，参考国家统计局的数据，2018 年乡村人口 56401 万人，根据“推进农村人居环境整治课题组”的调研测算，农村生活垃圾产生量约为 2.00 亿吨/年，接近 2018 年城市生活垃圾清运量 2.28 亿吨，并且生活垃圾的组成成分逐渐趋于城镇化。

一　农村生活垃圾产生量巨大且不断增长

农村经济社会的发展导致生活垃圾产生量与日俱增，给农村生活垃圾治理带来了严峻挑战。对于农村生活垃圾产生量缺乏权威统计数据，众多学者采用不同方法，针对不同调研区域农村生活垃圾的人均日产量进行了测算，具体见表 3－1。

表 3－1　**农村生活垃圾人均产生量测算的文献梳理**

调研年份	调研区域及样本量	测算方法	测算值（kg/人・d）	参考文献
2004—2005	江苏省宜兴大浦镇	对收集容器中的垃圾进行称重测量	0.31	刘永德等，2008
2005	沈阳市 5 个村庄	给村民发放垃圾袋，实地采样称重测量	0.66—2.29	李悦，2007
2006	浙江省 22200 个农户	问卷调研	1.00	陈蓉等，2008
2006—2007	657 个县，6590 个村的村干部	问卷调研	0.86	姚伟等，2009
2007	江苏南通 6 个县（市）286 个农户	问卷调研	0.69	顾卫兵等，2008
2007	北京密云水库上游流域 3 个村庄	跟踪收集 30 个村民，4 个季节共 12 天的垃圾，并称重测量	0.29—0.41	郑玉涛等，2008
2007—2008	三峡库区重庆段的 3 个行政村 18 个农户	每个月连续 3 天收集农户的生活垃圾进行称重测量	0.73—1.45	魏星等，2009

续表

调研年份	调研区域及样本量	测算方法	测算值（kg/人·d）	参考文献
2008—2009	海南省琼海市龙江镇中洞村	两阶段实地收集，称重测量	0.21—0.23	张静等，2009
2009	北京密云区2个村12个农户	调查取样，称重测量	0.26	冯庆等，2009
2010	河北、吉林、浙江、安徽、四川、云南共6个省1118个农户	面对面问卷调研	1.07	李玉敏等，2012
2011	18个省份71个村庄	文献分析	0.76	岳波等，2014
不详	山东省莱芜市房干村20个典型农户	问卷调研	1.86	薛玲等，2016
2012 2015 2016	云南、贵州、四川、西藏、新疆、甘肃，6个省580个农户	调查取样，称重测量	0.65	韩智勇等，2017
2019	京津冀66个村1485个农户	问卷调研	0.97	本书测算

从相关文献测算的农村人均生活垃圾产生量来看，不同研究的测算结果差异较大，这可能与调研方法、样本选择、季节因素等有关①。（1）由调研方法产生的差异：关于农村生活垃圾产生量的测量方法，主要有问卷调研法、入户采样法和垃圾收集点采样法，一般来说问卷调研法测算的农村生活垃圾人均产生量要高于采样法，这可能是问卷调研时，采取估计的方法，不可能那么精确，而人均生活垃圾产生量又是个比较小的数值，这就可能导致结果的高估；而采用采样的方法，尤其是收集点采样，村民可能不会把生活垃圾全部放入采样点中，比如煤灰、可回收垃圾等，村民可能自行处理，导致估计结果可能被低估。（2）由样本

① 朱慧芳、陈永根、周传斌：《农村生活垃圾产生特征、处置模式以及发展重点分析》，《中国人口·资源与环境》2014年第S3期。

选择产生的差异：区域经济发展水平决定了村民的生活消费水平，进而影响到农村人均生活垃圾产生量的测算，东部经济发达地区比如浙江、江苏等省份的农村人均生活垃圾产生量明显高于四川、重庆等西部地区。顾卫兵等[①]对南通6个县市的研究发现，农村生活垃圾产生量与经济发展水平之间存在显著的正向关系。陈蓉等[②]对浙江省的研究也发现，在经济发达地区，农村人均生活垃圾产生量甚至超过了城镇人均生活垃圾产生量，而经济落后地区生活垃圾产生量远低于经济发达地区。并且与生活习惯、自然环境和气候等有关，中国农村人均生活垃圾产生量也存在明显的区域差异，岳波等[③]研究发现，中国农村人均生活垃圾产生量，东部地区为0.77kg/天，中部地区为0.98kg/天，西部地区为0.51kg/天；南方地区为0.66kg/天，低于北方的1.01kg/天。（3）由季节因素产生的差异：冯庆[④]等研究发现，北方农村地区冬季，由于枯枝落叶和煤灰会提高人均生活垃圾产生量，扣除季节因素的影响，北方农村地区人均生活垃圾产生量为0.29kg/天，与南方农村接近。

由于农村人均生活垃圾产生量的地区差距较大，并且随着经济的增长，农村生活垃圾产生量也会不断增长，但前人的研究仍具有参考意义。参照岳波等[⑤]和姚伟等[⑥]的研究，假设农村人均生活垃圾产生量为0.76—0.86kg/天，根据国家统计局的数据，2018年乡村人口56401万人，则农村生活垃圾产生量为1.56—1.77亿吨/年，根据国家环保总局于2007年12月发布的《农村环境污染防治规划纲要（2007—2020年）》的测

---

① 顾卫兵、乔启成、花海蓉等：《南通市农村生活垃圾现状调查与处理模式研究》，《江苏农业科学》2008年第3期。

② 陈蓉、单胜道、吴亚琪：《浙江省农村生活垃圾区域特征及循环利用对策》，《浙江林学院学报》2008年第5期。

③ 岳波、张志彬、孙英杰等：《我国农村生活垃圾的产生特征研究》，《环境科学与技术》2014年第6期。

④ 冯庆、王晓燕、王连荣：《水源保护区农村生活污染排放特征研究》，《安徽农业科学》2009年第24期。

⑤ 岳波、张志彬、孙英杰等：《我国农村生活垃圾的产生特征研究》，《环境科学与技术》2014年第6期。

⑥ 姚伟、曲晓光、李洪兴等：《我国农村垃圾产生量及垃圾收集处理现状》，《环境与健康杂志》2009年第1期。

算，农村生活垃圾总产量2.80亿吨/年，要高于2018年城市生活垃圾清运量。总体来看，农村生活垃圾产生量在不断增长，并且产生量巨大。

二 农村生活垃圾组成成分逐渐趋于城镇

受居民的生活水平、能源消费习惯和季节的影响，不同的学者对不同地区和同一地区不同季节的农村生活垃圾组成成分的研究结论存在差异①。陈蓉等②通过对浙江省农村生活垃圾组分的分析，发现与城市生活垃圾相比，农村生活垃圾的组成成分相对简单、有机垃圾占比大（占比55%—72%）、含水率高（大于60%），并且组成成分容易受季节影响，适合采取就地分类和资源化处理的方式。李玉敏等③对中国北部、中东部和西南部6个省份农村生活垃圾的组分进行了分析，发现厨余垃圾是农村生活垃圾最主要的构成成分，占比高达27.60%，其次是金属类垃圾、玻璃类垃圾、纸质类垃圾等，并且存在区域差异。岳波等④根据文献梳理，对134个村庄生活垃圾组分进行了分析，发现农村生活垃圾以渣土和厨余为主，占到生活垃圾总量的78.35%，且存在区域差异，南方农村地区的生活垃圾主要以厨余垃圾为主，占43.56%，其次是渣土，占26.56%，北方农村地区的生活垃圾主要以渣土为主，占64.52%，其次是厨余垃圾，占25.69%，其他组分含量相当。朱慧芳等⑤通过文献分析发现在经济发达或主产水果、蔬菜等农作物的村庄，生活垃圾中的有机物含量较高，人们开始尝试分类处理的模式。薛玲等⑥对山东省莱芜市房

① 谢冬明、王科、王绍先等：《我国农村生活垃圾问题探析》，《安徽农业科学》2009年第2期。

② 陈蓉、单胜道、吴亚琪：《浙江省农村生活垃圾区域特征及循环利用对策》，《浙江林学院学报》2008年第5期。

③ 李玉敏、白军飞、王金霞等：《农村居民生活固体垃圾排放及影响因素》，《中国人口·资源与环境》2012年第10期。

④ 岳波、张志彬、孙英杰等：《我国农村生活垃圾的产生特征研究》，《环境科学与技术》2014年第6期。

⑤ 朱慧芳、陈永根、周传斌：《农村生活垃圾产生特征、处置模式以及发展重点分析》，《中国人口·资源与环境》2014年第S3期。

⑥ 薛玲、苏志国、张淑萍等：《农村生活垃圾四分类法的实验研究》，《中国人口·资源与环境》2016年第S2期。

干村20个典型农户的生活垃圾组分进行分析，房干村生活垃圾主要包括厨余垃圾、玻璃、硬塑料等，其中厨余垃圾占比高达50%以上，有毒有害垃圾产量很少。韩智勇等①对中国西部6个省份农村生活垃圾的组分进行了分析，发现中国农村生活垃圾主要包括厨余、灰土、橡塑和纸类，湿基质量高达83.61%，区域差异显著；与城市生活垃圾相比，厨余垃圾和金属含量较低，灰土含量较高，并且在逐渐趋于城镇。根据生活垃圾的特性，农村地区有开展垃圾分类和就地资源化利用的先天优势。

综上来看，就中国农村生活垃圾的产生量来看，随着中国经济发展和农村商品化程度的不断提高，农村生活垃圾产生量不断增长，中国农村生活垃圾产生量巨大，接近甚至超过了城市生活垃圾产生量。就中国农村生活垃圾的组成成分来看，虽然说不同区域、不同季节农村生活垃圾组分差异较大，但农村生活垃圾组分逐渐趋于城镇，厨余垃圾和灰土垃圾在农村生活垃圾中都占有较大成分，推行农村生活垃圾就地分类和资源化利用具有先天优势。

第二节　中国农村生活垃圾治理政策演变

2013年之前，农村生活垃圾治理问题一直被忽视，2013年之后，农村生活垃圾治理越来越受到中央政府的高度重视。

一　政策梳理

1978年以前，生活垃圾治理指的是城市，不包含农村，农村基本不存在垃圾治理的问题。随着社会、经济的发展，旧的垃圾处理模式遇到了严重的存续危机。1978年党的十一届三中全会以后，建设部首次提出垃圾处理的“五化”原则，即“机械化、无害化、容器化、管道化和科学化”，经过8年探索，1986年，国家环境保护委员会又提出了生活垃

① 韩智勇、梅自力、孔垂雪等：《西南地区农村生活垃圾特征与群众环保意识》，《生态与农村环境学报》2015年第3期。

圾治理的“三化”原则，即“减量化、资源化、无害化”[①]。这一原则后来一直指导着中国垃圾治理工作，然而，这些政策基本都是针对城市地区，农村生活垃圾治理问题一直被忽视。

农村生活垃圾治理自2013年开始得到中央高度重视。2003—2013年间，浙江在全省农村开展了“千村示范万村整治”工程，取得明显成效。2013年，习近平总书记对此就改善农村人居环境做出了重要批示。作为纲领性政策文件，中央一号文件从2014年开始，将农村人居环境纳入章程，指出要“以治理垃圾、污水为重点，改善村庄人居环境”。随后，2015年指出要“全面推动农村人居环境整治，开展农村垃圾专项治理”；2016年指出要“实施农村生活垃圾治理5年专项行动”；2017年指出要“推进农村生活垃圾治理专项行动，促进垃圾分类和资源化利用”；2018年指出“以农村垃圾治理等为主攻方向，稳步推行农村人居环境突出问题治理”；2019年指出“以农村垃圾治理等为重点，全面推开农村人居环境整治”；2020年再次指出“全面推进农村生活垃圾治理，开展就地分类、源头减量试点”。农村人居环境，尤其是生活垃圾治理越来越受到中央政府的高度重视。

具体政策方面，从中央政府开始关注农村人居环境起，农村生活垃圾治理就被放到了重要位置。2014年5月，国务院办公厅发布的《关于改善农村人居环境的指导意见》指出，要建立村庄保洁制度，重点治理农村垃圾，推行垃圾就地分类和资源化利用，建立“政府主导、村民参与、社会支持”的投入机制，激发村民参与的积极性。2014年11月，住建部副部长王宁在农村生活垃圾治理工作电视电话会议上指出，村民参与生活垃圾治理可以起到事半功倍的效果，要调动村民积极性，探索“财政主导、农民缴费”的经费分担机制。2015年11月，住建部等部门发布的《关于全面推进农村垃圾治理的指导意见》指出，要走“政府主导，依靠群众”的路线，明确村民责任和义务，因地制宜推行“村收集、镇运转、县处理”的模式，有效治理农村生活垃圾。到2020年，生

① 毛达：《改革开放以来我国生活垃圾问题及对策的演变》，《团结》2017年第5期。

活垃圾治理要覆盖超过90%的村庄，适合在农村消纳的垃圾应分类后就地减量。2016年11月，国务院出台《“十三五”生态环境保护规划》，指出要完善农村生活垃圾“村收集、镇运转、县处理”模式，鼓励就地资源化，“垃圾围村”“垃圾围坝”等问题被放到了重要位置。

在农村生活垃圾治理后端处理压力巨大的情况下，农村生活垃圾分类治理政策如约而至。2016年12月，习近平总书记在中央财经领导小组第十四次会议上提出，要“普遍推行垃圾分类制度”。2017年3月，国家发展改革委员会、住建部发布《生活垃圾分类制度实施方案》，提出“以‘减量化、资源化、无害化’的原则，加快建立垃圾分类治理系统”。2017年6月，住建部办公厅发布了《关于开展第一批农村生活垃圾分类和资源化利用示范工作的通知》，确定了100个农村垃圾分类示范县（市、区），规定在两年内，示范区的所有乡镇和80%以上的行政村要推行垃圾分类。2018年，有条件的地区推行农村生活垃圾分类治理成为政策的重要方向之一。2月，中共中央办公厅、国务院办公厅印发了《农村人居环境整治三年行动方案》，这一法规性文件提出“重点推进农村生活垃圾治理，有条件的地区推行适合农村特点的分类和资源化利用方式”。5月，中央农村工作领导小组办公室发布《乡村振兴战略规划（2018—2022年）》，提出健全农村生活垃圾收运处理体系，有条件的地区开展垃圾分类和资源化利用工作。6月，第十三届人大常委会第三次会议提出，“要打好固废污染防治攻坚战，着力推进生活垃圾分类治理”。具体政策梳理见表3-2。

二　政策分析

在2013年习近平总书记对改善农村人居环境进行重要批示之后，作为纲领性文件，中央一号文件于2014年开始将农村人居环境纳入章程，随后每年中央一号文件都指出要推动农村人居环境治理。农村生活垃圾治理，作为农村人居环境的重要阻碍，虽然受到了政府的关注，但一直没有被提到重要高度，2017年中央一号文件首次提出要推进农村生活垃圾治理专项行动，促进垃圾分类和资源化利用，农村生活垃圾治理开始被提上了政府亟待解决问题的日程。2017 年，100 个区县开始示范推行农村生活垃圾的分类治理。

表 3－2 **农村生活垃圾治理相关政策梳理**

年份	政策文件	相关内容概要
2014	中央一号文件《关于全面深化农村改革加快推进农业现代化的若干意见》	以垃圾治理等为重点，改善村庄人居环境
2014	国务院办公厅：《关于改善农村人居环境的指导意见》	建立村庄保洁制度，推行垃圾就地分类和资源化利用
2015	中央一号文件《关于加大改革创新力度加快农业现代化建设的若干意见》	开展农村垃圾专项治理活动
2015	住建部等十部门：《关于全面推进农村垃圾治理的指导意见》	因地制宜建立“村收集、镇运转、县处理”的模式
2016	中央一号文件《关于落实发展新理念加快农业现代化实现全面小康目标的若干意见》	实施农村生活垃圾治理 5 年专项行动
2016	国务院：《“十三五”生态环境保护规划》	完善“村收集、镇运转、县处理”模式，鼓励就地资源化
2017	中央一号文件《关于深入推进农业供给侧结构性改革加快培育农业农村发展新动能的若干意见》	开展农村生活垃圾治理专项行动，促进垃圾分类和资源化利用
2017	国务院办公厅：《生活垃圾分类制度实施方案》	确立生活垃圾分类治理的目标
2017	住建部办公厅：《关于开展第一批农村生活垃圾分类和资源化利用示范工作的通知》	在 100 个县（市、区）开展农村生活垃圾分类示范工作
2018	中央一号文件《中共中央 国务院关于实施乡村振兴战略的意见》	将生活垃圾治理作为农村人居环境整治主攻方向之一
2018	中共中央办公厅、国务院办公厅：《农村人居环境整治三年行动方案》	将生活垃圾治理作为农村人居环境整治的主攻方向之一。因地制宜推行垃圾就地分类和资源化利用
2019	中央一号文件《中共中央 国务院关于坚持农业农村优先发展 做好“三农”工作的若干建议》	将生活垃圾治理作为农村人居环境整治的主攻方向

续表

年份	政策文件	相关内容概要
2020	中央一号文件《中共中央 国务院关于抓好“三农”领域重点工作 确保如期实现全面小康的意见》	全面推进农村生活垃圾治理，开展就地分类、源头减量试点

2018 年，中央一号文件《农村人居环境整治三年行动方案》《乡村振兴战略规划（2018—2022 年）》将生活垃圾治理作为农村人居环境整治的主攻方向、重点任务，在操作层面指出了农村生活垃圾分类治理的方向、具体目标、指导措施和保障措施。随后 2019 年、2020 年中央一号文件仍然在强调农村生活垃圾治理、垃圾分类试点工作。

众多政策文件的出台，使得农村生活垃圾治理作为农村人居环境整治的重要内容被提到了前所未有的高度，而农村生活垃圾分类成为农村生活垃圾治理的探索方向。各项政策的出台明确了：（1）农村生活垃圾治理的方向和目标：坚持“因地制宜，示范先行，村民主体，建管并重，落实责任”的原则，以政府为指导，全方位引入市场机制，激励社会参与，发挥村民主体作用，建立健全符合农村实际、方式多样的生活垃圾治理体系，因地制宜推进垃圾就地分类和资源化利用。（2）指导措施：完善建设和管护机制。推行环境整治“按效付费”制度，健全服务绩效评价考核机制。鼓励有条件的地区探索政府补贴、农户付费的机制。（3）分担机制：发挥村民主体和基层组织的作用，建立完善村规民约提高农民文明健康意识。加大政府投入，保障基础设施建设和运营资金，加大金融支持力度，进行市场化改革，探索农村生活垃圾全产业链建设，调动社会力量积极参与，强化技术和人才支撑。（4）保障措施：加强组织领导和考核验收督导，健全治理标准和法治保障，强化激励机制。

第三节　中国农村生活垃圾治理基本情况

农村生活垃圾治理基本按照“村收集、镇运转、县处理”的思路进行。就当前中国农村生活垃圾治理情况来看，县城生活垃圾处理能力缺口大，保守估计2018年县城生活垃圾处理缺口高达6929万吨；乡镇生活垃圾处理率不断提升，但仍有较大提升空间；2018年，还有近1/4的村没有生活垃圾收集和处理服务。此外，分区域来看，农村生活垃圾治理服务供给水平存在较大的区域差异；分治理模式来看，农村生活垃圾治理主要存在村民自主供给、政府供给、市场供给和多元共治四种基本模式。

一 中国县、乡、村农村生活垃圾治理情况分析

对县城生活垃圾的处理情况进行分析发现，自2006年以来，县城生活垃圾处理能力和无害化处理能力不断提高，但仍存在处理缺口。由历年《中国城乡建设统计年鉴》数据可知，2006年，县城生活垃圾清运量6266万吨，处理量2455万吨，无害化处理量414万吨，生活垃圾处理率仅为39.18%，生活垃圾无害化处理量仅为6.61%；2018年，县城生活垃圾清运量6660万吨，处理量达6471万吨，无害化处理量6212万吨，生活垃圾处理率97.16%，生活垃圾无害化处理率93.29%。2006—2018年12年间，县城生活垃圾处理率，增长了57.98%，生活垃圾无害化处理率增长了86.67%，增长幅度较大，但同时也要看到县城生活垃圾处理能力仍然有限，2018年，县城仍有189万吨生活垃圾无法处理，有447万吨生活垃圾无法无害化处理，具体见图3-1。

对比以上分析，遵循入桶垃圾会被收运处理、年份越近越接近现实情况、样本量越大越接近现实情况和西部农村地区生活垃圾产生量偏低的原则，参照韩智勇等①的研究，假设农村人均生活垃圾产生量为0.65kg/天，则2018年农村生活垃圾产生量至少为1.34亿吨，结合农村生活垃圾处理情况，2018年县城生活垃圾处理缺口就高达6929万吨。巨大的处理缺口是农村生活垃圾处理的重要阻碍。

---

① 韩智勇、梅自力、孔垂雪等：《西南地区农村生活垃圾特征与群众环保意识》，《生态与农村环境学报》2015年第3期。

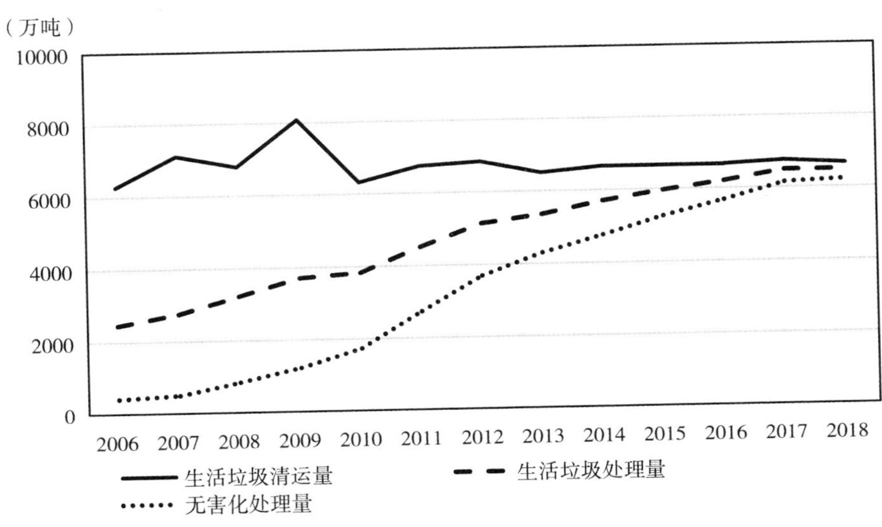

图 3-1 县城生活垃圾处理情况

数据来源：根据历年《中国城乡建设统计年鉴》整理。

对各乡镇生活垃圾处理情况进行分析，发现乡镇生活垃圾处理率仍有较大提升空间。2015—2018 年，乡镇生活垃圾处理率不断提升，具体来看，建制镇的生活垃圾处理率从 83.85% 增长到 87.70%，增长了 3.85%，乡生活垃圾处理率从 63.95% 增长到 73.18%，增长了 9.23%，镇乡级特殊区域生活垃圾处理率从 50.40% 增长到 69.39%，增长了 18.99%。2018 年，建制镇仍有 12.30% 的生活垃圾无法处理，乡仍有 26.82% 的生活垃圾无法处理，镇乡特殊区域仍有 30.61% 的生活垃圾无法处理（见图 3-2）。

可以看出，乡镇生活垃圾处理率不断提升，但仍然存在处理缺口，有较大提升空间。

对各行政村生活垃圾处理情况进行分析，发现截至 2014 年，有生活垃圾收集服务的行政村仅占行政村总数的 64.00%，2016 年，对生活垃圾进行处理的行政村占行政村总数的 65%。有超过 1/3 的生活垃圾都不能被收集处理。据农业农村部的数据显示，2018 年，还有近 1/4 的村没

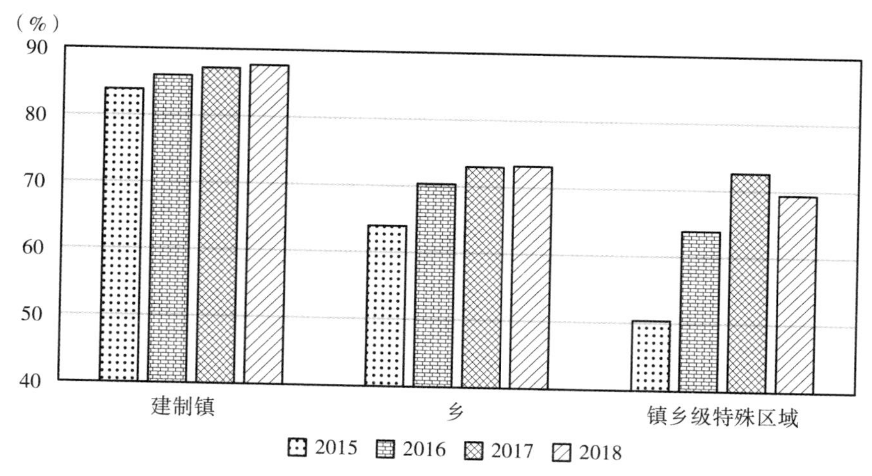

图 3-2 乡镇生活垃圾处理率

数据来源：根据历年《中国城乡建设统计年鉴》整理。

有生活垃圾收集和处理服务①，距离2020年农村生活垃圾处理率达到90%的目标还有一定的距离。具体见图3-3。

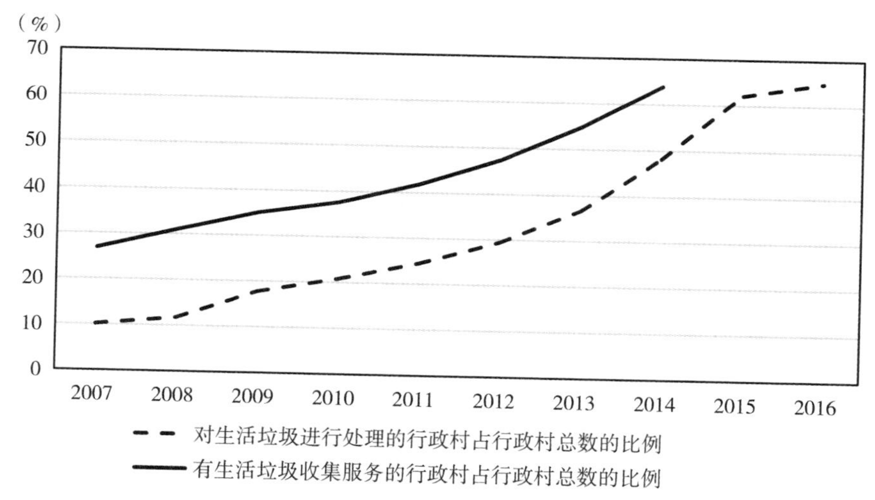

图 3-3 对生活垃圾进行治理的行政村比例

数据来源：根据历年《中国城乡建设统计年鉴》整理所得。

① 农业农村部：《近1/4农村生活垃圾未获收集和处理》，中国新闻网，2018年9月30日，http://www.xinhuanet.com/gongyi/2018-09/30/c_129964054.htm。

二　中国农村生活垃圾治理区域比较

除了农村生活垃圾处理能力缺口大之外，农村生活垃圾处理水平也存在较大的区域差异。

（一）县城生活垃圾治理情况比较

就县城生活垃圾处理缺口来看，2006—2018 年，各区域县城生活垃圾处理缺口都呈现出逐渐减少的趋势，但存在巨大的区域差异。华北、华中、西南地区县城生活垃圾处理缺口一直较大，而华东、华南地区县城生活垃圾处理缺口相对较少，这与各区域经济发展水平基本一致。2006 年，华北地区县城生活垃圾处理缺口高达 1091.90 万吨，处理缺口最高，华南地区县城生活垃圾处理缺口高达 183.80 万吨，处理缺口最小；2018 年，华北地区县城生活垃圾处理缺口 48.24 万吨，仍为最高，华南地区县城生活垃圾处理缺口 2.91 万吨，仍为最低。具体见图 3－4。

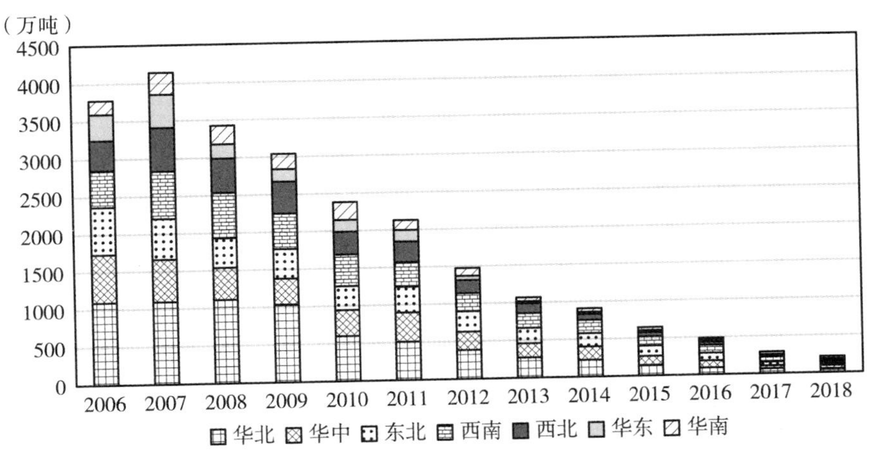

图 3－4　县城生活垃圾处理缺口

注：县城生活垃圾处理缺口＝生活垃圾清运量－处理量；数据根据历年《中国城乡建设统计年鉴》整理所得；华中地区包括：河南、湖北、湖南；华北地区包括：北京、天津、河北、内蒙古、山西；华东地区包括：上海、江苏、江西、浙江、山东、安徽、福建；华南地区包括：广西、广东、海南；西北地区包括：陕西、甘肃、宁夏、青海、新疆；东北地区包括：黑龙江、吉林、辽宁；西南地区包括：四川、贵州、重庆、云南、西藏。

就生活垃圾无害化处理缺口而言，2011—2018 年间，各区域县城生活垃圾无害化处理能力均逐步提高，生活垃圾无害化处理缺口不断减少，但也存在巨大的区域差距。2018 年与 2011 年相比，华东地区县城生活垃圾无害化处理缺口减少了 704.70 万吨，无害化处理缺口减少最多，东北地区县城生活垃圾无害化处理缺口减少了 363.59 万吨，无害化处理缺口减少最少。2018 年，县城生活垃圾无害化处理缺口最大的为西北地区，仍存在 131.93 万吨的无害化处理缺口，县城生活垃圾无害化处理缺口最小的是华南地区，仍存在 3.91 万吨无害化处理缺口。具体见图 3－5。

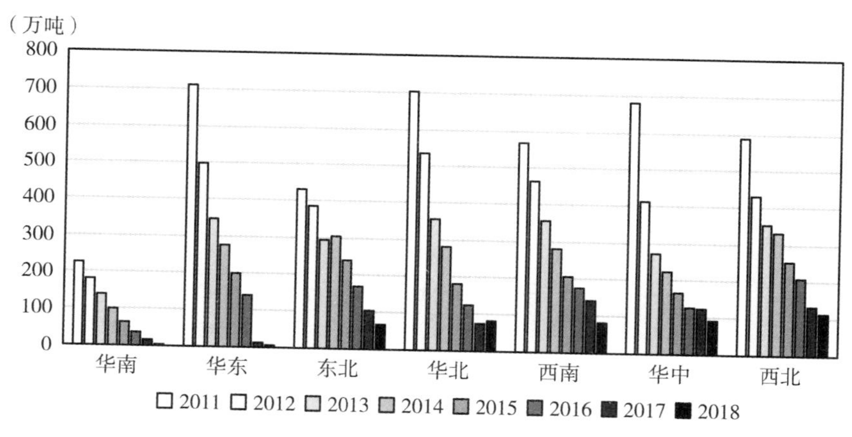

图 3－5　县城生活垃圾无害化处理缺口

注：生活垃圾无害化处理缺口＝生活垃圾清运量－生活垃圾无害化处理量；图中数据根据历年《中国城乡建设统计年鉴》整理所得。由于部分年份数据缺失，样本数据不包含北京、天津、上海和西藏。

具体到省份来看，河南是县城生活垃圾无害化处理能力和处理能力缺口最大的省份，浙江、江苏和重庆则不存在处理缺口。2018 年，县城生活垃圾无害化处理能力缺口最大的前 5 个省份分别为河南、新疆、黑龙江、山西和四川，缺口分别为 84.80 万吨、78.91 万吨、56.80 万吨、52.35 万吨和 36.49 万吨，缺口最小的 5 个省份分别为浙江、江苏、重庆、江西、广东，缺口分别为 0、0、0、0.03 万吨、0.06 万吨；县城生活垃圾处理能力缺口最大的前 5 个省份分别为河南、贵州、山西、黑龙江和河北，缺口分别为38.25万吨、29.60万吨、28.74万吨、21.16万吨和15.81万吨，缺口最小的5个省份及其缺口量与无害化处理能力缺口情况一致。具体见图3-6。

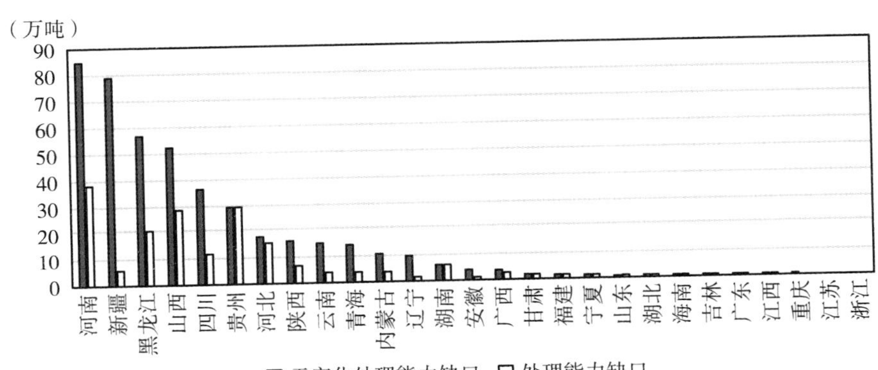

图3-6 2018年县城生活垃圾处理缺口

注：无害化处理能力缺口=生活垃圾清运量-生活垃圾无害化处理量；处理能力缺口=生活垃圾清运量-生活垃圾处理量；数据根据历年《中国城乡建设统计年鉴》整理所得；由于部分年份数据缺失，样本数据不包含北京、天津、上海和西藏。

（二）乡镇生活垃圾治理情况比较

对建制镇的生活垃圾处理情况进行分析可以发现，总体而言，2015—2018年，各区域建制镇的生活垃圾处理率均有一定程度的提高，但也存在一定的区域差异。自2015年起，华东、华南地区建制镇的生活垃圾处理率均超过了90%，而东北地区则均低于50%，西南和华中地区一直处于80%—90%。西北地区建制镇的生活垃圾处理率从2015年的57.57%增长到2018年的59.70%，变化幅度不大，而华北地区建制镇的生活垃圾处理率自2016年之后出现了逐步下降的态势。具体见图3-7。

对乡生活垃圾处理情况进行分析可以发现，一方面，整体来看，各区域的乡生活垃圾处理率均低于建制镇的生活垃圾处理率；另一方面，从各区域内部比较来看，基本呈现与建制镇的生活垃圾处理率一致的情况。华东、华南地区乡生活垃圾处理率高达90%，而西北和东北地区乡

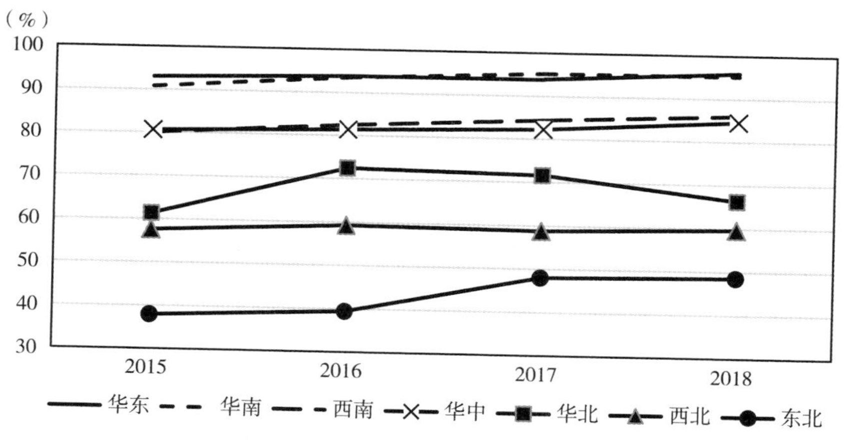

图3－7　分区域建制镇农村生活垃圾处理率

数据来源：根据历年《中国城乡建设统计年鉴》整理所得。

生活垃圾处理率不足50%，并且西北地区乡生活垃圾处理率自2016年之后出现下降趋势。华北地区乡生活垃圾处理率基本在50%—60%，并且自2016年之后也出现下降趋势。华中和华南地区乡生活垃圾处理率呈稳步增长态势。具体见图3－8。

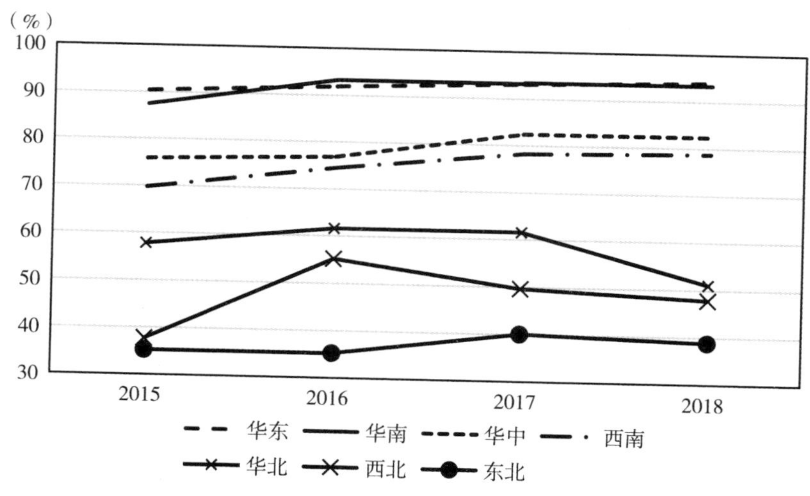

图3－8　分区域的乡农村生活垃圾处理率

数据来源：根据历年《中国城乡建设统计年鉴》整理所得。

具体到省份来看，绝大多数省份建制镇的生活垃圾处理率都高于乡，但也有6个省份的乡生活垃圾处理率高于建制镇。建制镇的生活垃圾处理率最高的5个省份分别为山东、江苏、北京、安徽和浙江，生活垃圾处理率均超过了96%，生活垃圾处理率最低的5个省份分别为黑龙江、内蒙古、山西、新疆和青海，均低于50%；乡生活垃圾处理率最高的5个省份分别为山东、海南、江苏、福建、广西，生活垃圾处理率均高于95%，生活垃圾处理率最低的5个省份分别为青海、内蒙古、新疆、天津和黑龙江，均低于40%。具体见图3－9。

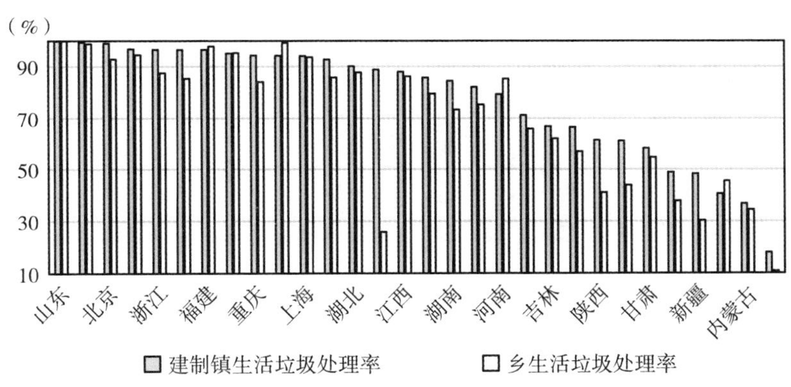

图3－9　2018年乡镇生活垃圾处理率

数据来源：根据历年《中国城乡建设统计年鉴》整理所得。

（三）村庄生活垃圾治理情况比较

对村庄生活垃圾收集情况进行分析发现，总体来看，2007—2014年，村庄生活垃圾收集服务供给水平有所提高，但供给水平仍较低，并且存在巨大的区域差距。2007年，除了华东地区（50.67%）之外，所有区域有生活垃圾收集点的行政村占行政村总数的比例都不超过50%，华中（16.67%）、西北（15.24%）和西南（13.00%）地区有生活垃圾收集点的行政村占行政村总数的比例甚至不超过20%；2014年，这一比例有较大提高，但也仅华东地区（86.13%）有生活垃圾收集点的行政村占比超过80%，仅华东、华南（78.53%）、华北（63.56%）有生活垃圾收集点的行政村占行政村总数的比例超过 60%，西南（48.50%）、华中（46.20%）、西北（38.08%）地区有生活垃圾收集点的行政村占行政村总数的比例不足 50%。并且，经过 7 年的发展，2014 年西南、华中、西北有生活垃圾收集点的行政村占行政村总数的比例还要低于 2007 年华东地区的比例，有极大的提升空间。具体见图 3－10。

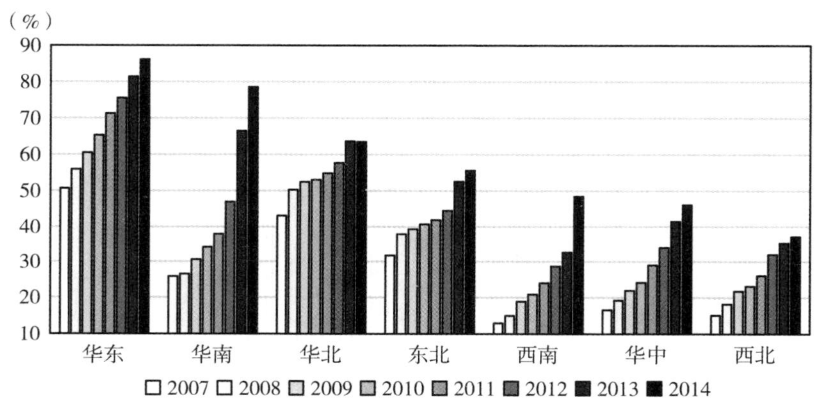

图 3－10 有生活垃圾收集点的行政村占行政村总数的比例

数据来源：根据历年《中国城乡建设统计年鉴》整理所得。

对村庄生活垃圾处理情况进行分析发现，与村庄生活垃圾收集情况一致，总体来看，2007—2016 年间，村庄生活垃圾处理服务供给水平有较大的提高，但供给水平仍较低，并且存在巨大的区域差距。2007 年，除了华东地区（26.96%）之外，其他各区域对生活垃圾进行处理的行政村占行政村总数的比例均不足 20%，华中（4.70%）、西南（4.23%）、西北（3.48%）地区对生活垃圾进行处理的行政村占行政村总数的比例甚至不足 5%，基本上绝大部分村庄没有生活垃圾处理服务。2016 年，华东（85.86%）、华南（83.33%）地区对生活垃圾进行处理的行政村占行政村总数的比例超过 80%，而华中（55.00%）、西南（50.25%）、西北（42.20%）、东北（36.33%）地区对生活垃圾进行行处理的行政村占行政村总数的比例仍然不足 60%。具体见图 3－11。

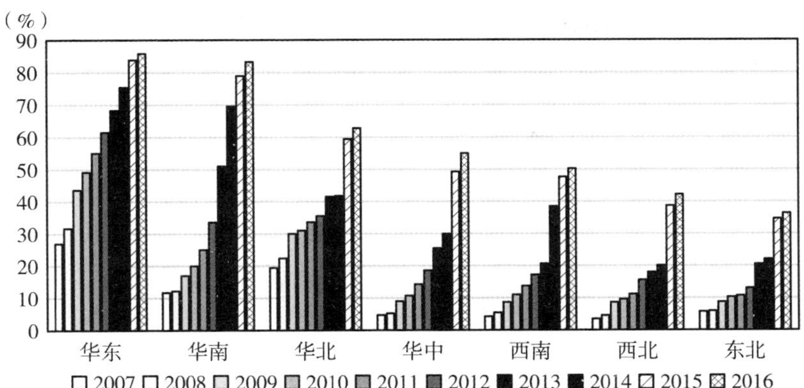

图 3－11　各区域对生活垃圾进行处理的行政村占行政村总数的比例

数据来源：根据历年《中国城乡建设统计年鉴》整理所得。

具体到省份来看，各省份农村生活垃圾处理服务供给水平同样存在巨大的差异。2016 年，有 5 个省份对生活垃圾进行处理的行政村占行政村总数的比例超过 90%，分别是山东（97.00%）、上海（96.00%）、江苏（96.00%）、浙江（93.00%）、天津（91.00%），有 12 个省份对生活垃圾进行处理的行政村占比不足 50%。按对生活垃圾进行处理的行政村占行政村总数的比例来衡量村庄生活垃圾治理服务供给水平的话，2016 年，有 15 个省份的村庄生活垃圾治理服务供给水平还不及 2007 年北京（64.10%）、上海（57.00%）的水平。具体见图 3－12。

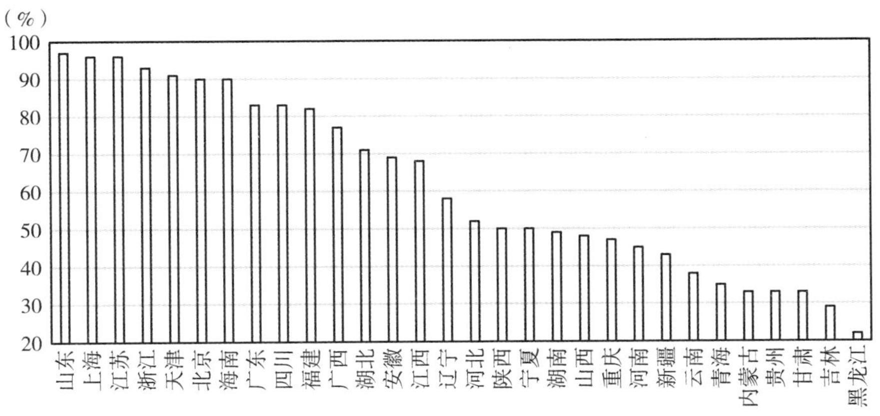

图 3－12　2016 年各省份对生活垃圾进行处理的行政村占行政村总数的比例

总体来看，中国农村生活垃圾产生量巨大，给县区生活垃圾处理带来了巨大的压力，农村生活垃圾治理服务供给水平不足，区域和省份差异明显。

三 中国农村生活垃圾治理模式分析

根据上文理论分析，农村生活垃圾治理是一项系统工程，包括投放、收集、运输、处理四个环节，涉及居民、村“两委”、企业、政府、第三方组织等多元利益主体，需要构建适宜的组织、收运、宣传动员和监督考核等诸多体系，确保农村生活垃圾治理系统的完善。虽然，当下农村生活垃圾治理存在县区治理压力大，整体供给水平不高，区域差异大等问题，但也涌现了一些好的治理模式，在理论上农村生活垃圾治理存在村民自主供给、政府供给、市场供给和多元共治四种基本模式。

生活垃圾分类治理的村民自主供给模式是指，在村集体经济体制下，村民为了更好地治理生活垃圾而达成的生活垃圾分类投放和分类收集的协议或规则（一般是通过村规民约的方式呈现），同时通过一系列的机制设计来保障这些共同达成的协议或规则能够得以执行。其中，村规民约及其运行机制构成了村民供给生活垃圾分类服务的自主治理制度，村集体是农村生活垃圾分类服务的自主治理组织①。

生活垃圾分类治理的政府供给模式是指，通过分权，中央政府委托政府提供辖区内生活垃圾分类治理服务②。在具体治理过程中，政府由于财力状况、官员偏好、对生活垃圾分类的认知、管理能力等方面的差异，对农村生活垃圾分类治理的效果也有差别。

生活垃圾分类治理的市场供给模式是指，针对生活垃圾治理，政府与社会资本基于谈判达成的一种长周期的，风险共担、收益共享的合作

① 余克弟、刘红梅：《农村环境治理的路径选择：合作治理与政府环境问责》，《求实》2011 年第 12 期。

② 卢洪友、卢盛峰、陈思霞：《中国地方政府供给公共服务匹配程度评估》，《财经问题研究》2011 年第 3 期。

供给模式[①]。在具体的治理过程中，主要的参与主体是政府和企业。由于政府和企业的博弈能力及机制设计不同，治理的效果也不同。

生活垃圾分类治理的多主体协同治理模式是指各利益相关主体共同参与治理农村生活垃圾的模式。该模式要求充分发挥市场在资源配置中的主导作用，合理纳入多元共治主体，采用多元协同治理的思路进行制度设计，保障多元主体之间共享决策和执行的裁量权，共享收益权[②]。涉及的多元主体一般包括政府、企业、村“两委”、村民和第三方组织。

实践中每种模式各有利弊，适用条件也不尽相同。在具体实践中应该因地制宜，切忌“一刀切”。对于党建基础好、有一定经济实力的村庄，对农村生活垃圾分类治理可以采取村民自主供给模式。对于政府主管官员重视农村生活垃圾分类工作，政府有充足的资金和人才支持，又有较强的治理能力和有效的监督考核制度的地区，对农村生活垃圾分类治理可以采取政府供给模式。对于政府有资金支持，政府与企业之间有完善的监督考核制度，有较多环卫企业参与投标的地区，对农村生活垃圾分类治理可以采取市场供给模式。而对于村庄的党建基础好，政府主管官员对农村生活垃圾分类治理有正确的认知，政府也有充足的财力和物力支持，有较多环卫企业参与投标，各主体之间有完善的利益联结机制的地区，对农村生活垃圾分类治理可以采取多元共治模式。但无论采取哪一种模式，都要理解农村生活垃圾治理是一个系统工程，包括投放、收集、运输、处理四个环节，涉及居民、村“两委”、企业、政府、第三方组织等多元利益主体，需要构建适宜的组织、收运、宣传动员和监督考核等诸多体系，确保农村生活垃圾治理系统的完善。

---

① Bjärstig, T., and C. Sandström, “Public-private Partnerships in a Swedish Rural Context-A Policy Tool for the Authorities to Achieve Sustainable Rural Development”, *Journal of Rural Studies*, Vol. 49, 2017, pp. 58 – 68.

② 祝睿：《环境共治模式下生活垃圾分类治理的规范路向》，《中南大学学报》（社会科学版）2018 年第 4 期。

第四节　中国农村生活垃圾治理问题成因分析

农村生活垃圾治理问题的产生主要归结于两个方面的原因：一是农村生活垃圾产生量不断增加，二是农村生活垃圾的治理水平较低，治理效果较差。而农村生活垃圾产生量的不断增加是经济社会发展导致的，农村生活垃圾的处理水平低、处理效果差则是由于政府层面、村庄层面、村民层面等多元主体的问题共同导致的①，各主体之间缺乏联动，没有达成协同治理的共识，政府、村“两委”、村民等相关利益主体没有在农村生活垃圾治理中发挥应有的作用。

一　农村生活垃圾产生量大

经济社会发展导致农村生活垃圾治理产生量越来越多，是产生农村生活垃圾治理问题的重要因素之一。传统农业经济背景下，农村生活垃圾排放量比较少，并且大多可降解，可以被自然消纳②。然而，随着人口的增长、城市化的推进、农民生活水平的改善、农村商品化程度的提高③，大量生产、大量消费和大量废弃的生产生活方式导致农村生活垃圾产生量急剧增加④。顾卫兵等⑤研究发现，地区经济发展水平（X，百万元）与农村生活垃圾产生量（Y，kg/人·天）之间存在 $Y = 0.19\ln X - 0.46$ 的关系，朱慧芳等⑥研究发现，经济发达地区的生活垃圾产生量

① 李玉敏、白军飞、王金霞等：《农村居民生活固体垃圾排放及影响因素》，《中国人口·资源与环境》2012 年第 10 期。

② 林丽梅、刘振滨、黄森慰等：《农村生活垃圾集中处理的农户认知与行为响应：以治理情境为调节变量》，《生态与农村环境学报》2017 年第 2 期。

③ 谢冬明、王科、王绍先等：《我国农村生活垃圾问题探析》，《安徽农业科学》2009 年第 2 期。

④ 李全鹏：《中国农村生活垃圾问题的生成机制与治理研究》，《中国农业大学学报》（社会科学版）2017 年第 2 期。

⑤ 顾卫兵、乔启成、花海蓉等：《南通市农村生活垃圾现状调查与处理模式研究》，《江苏农业科学》2008 年第 3 期。

⑥ 朱慧芳、陈永根、周传斌：《农村生活垃圾产生特征、处置模式以及发展重点分析》，《中国人口·资源与环境》2014 年第 S3 期。

普遍高于经济发展水平较差的地区。根据课题组在京津冀的调研数据，京津冀地区农村家庭生活垃圾产生量与家庭常住人口和家庭总收入之间大概呈现如下关系，$Waste = 1.15 + 0.38Pop + 0.28Income$，也就是说农村生活垃圾产生量与农村人口和居民家庭收入水平有显著的正相关关系。尽管近年来政府从政策、资源、资金和技术等方面对农村生活垃圾处理进行了大量的投入，却远不能满足巨大数量的农村生活垃圾处理需求。

二　农村生活垃圾治理水平低，治理效果差

生活垃圾治理表面上是个环境问题，本质上具有典型的外部性[①]，生活垃圾治理服务应该是一项由政府提供的公共品。“村收集—镇运转—县处理”是农村生活垃圾治理的基本思路，政府在农村生活垃圾运输处理中起主导作用。然而，由于中国长期存在的城乡二元发展制度，农村生活垃圾处理在治理思路、管理机制、资金配备和基础设施建设等方面都存在很大的欠缺。根据协同治理理论，农村生活垃圾应该由政府、村“两委”、村民、市场、社会组织等多元主体协同治理，然而，由于作为引导者的政府在农村生活垃圾治理领域长期缺位，导致各参与主体职能界限不明确，权利责任划分不明晰，加上缺乏合作、竞争和制衡机制设计，导致各主体难以协同参与生活垃圾治理，而各主体本身又无法单独完成农村生活垃圾治理服务供给。政府部门、村“两委”、村民、其他主体在农村生活垃圾治理中存在的主要问题如下。

（一）政府层面

1. 固化的治理思路

对农村生活垃圾治理不仅存在城市化的治理思路，并且政府大包大揽的固化治理思路也需要极大转变。农村生活垃圾治理问题，不单单是生活垃圾的“收集—运输—处理”的问题，更是乡村社会的治理问题，城市化的治理思路不一定适合农村生活垃圾治理。在2000年以前，关于

① 耿永志：《农村社会治理的农民参与研究——以垃圾治理为例》，《江苏农业科学》2015年第10期。

生活垃圾治理的讨论主要停留在技术层面上，生活垃圾问题被认为是一个需要用技术手段解决的环境问题①。作为一个复杂巨系统，垃圾处理需要建立一个环境有效的、社会可接受的、经济可负担的管理系统②。然而，与垃圾处理的技术问题相比，社会经济问题没有引起政策制定者和研究者们足够的关注③，至少在2010年之前，农村生活垃圾都缺乏系统管理④。不同于城市，农村地域广阔，农户居住分散，并且农户倾倒垃圾的随意性大，加上有价生活垃圾会被非正规企业或者个人收购，垃圾成分以厨余为主，热值低，农村生活垃圾的利用价值较低，这就导致农村生活垃圾的治理成本高，而治理收益低。城市化治理思路不利于农村生活垃圾的治理。张劼颖等⑤研究发现，简单化的政策、强大的外部力量和弱小的地方社会共同作用，是农村环境不断恶化的根源所在。廖晓义⑥通过实践总结发现，乡村环境问题比城市环境问题严重得多，而环境问题本质上都是经济、社会问题，治理农村环境要跳出环境问题本身，探索乡村社会环境治理模式才是根本。此外，根据“谁生产，谁负责”的原则，农村生活垃圾治理中，生产企业和村民应该承担较大的责任，但对于中国农村生活垃圾治理来说，政府介入过多，生产企业和村民承担的责任过少，政府大包大揽的治理思路一时难以完全转变，难以

---

① Xiao, L., Zhang, G., Zhu, Y., Lin, T., “Promoting Public Participation in Household Waste Management: A Survey Based Method and Case Study in Xiamen City, China”, *Journal of Cleaner Production*, Vol. 144, No. 15, 2017, pp. 313 – 322; Dijkema, G. P. J., Reuter, M. A., Verhoef, E. V., “A New Paradigm for Waste Management”, *Waste Management*, Vol. 20, No. 8, 2000, pp. 633 – 638.

② Ma, J., Hipel, K. W., “Exploring Social Dimensions of Municipal Solid Waste Management Around the Globe—A Systematic Literature Review”, *Waste Management*, Vol. 56, 2016.

③ Xiao, L., Zhang, G., Zhu, Y., Lin, T., “Promoting Public Participation in Household Waste Management: A Survey Based Method and Case Study in Xiamen City, China”, *Journal of Cleaner Production*, Vol. 144, No. 15, 2017, pp. 313 – 322.

④ Wang, A. Q., Shi, Y. J., Gao, Q. F., Liu, C. F., Zhang, L. X., Johnson, N., Rozelle, S., “Trends and Determinants of Rural Residential Solid Waste Collection Services in China”, *China Agricultural Economic Review*, Vol. 8, No. 4, 2016, pp. 698 – 710.

⑤ 张劼颖、王晓毅：《废弃物治理的三重困境：一个社会学视角的环境问题分析》，《湖南社会科学》2018年第5期。

⑥ 廖晓义：《中国乡村环保关键在于乡村建设》，《农村工作通讯》2012年第3期。

推进农村生活垃圾的协同治理。

2. 管理机制不完善

缺乏专门的法律法规。垃圾管理相关法律不足这个问题，在亚洲国家比较严重，比如在马来西亚、泰国和印度尼西亚没有专门的固体垃圾管理法①。中国关于生活垃圾处理的重要法规有《中华人民共和国环境保护法》和《中华人民共和国固体废弃物污染环境防治法》。2014 年通过的《环境保护法》修正案中，才明确了政府在农村生活垃圾处理中的责任，2017 年新修订的《环境保护法》明确指出地方各级人民政府应该采取措施“组织对生活废弃物的分类处置、回收利用”。而后者也指出农村生活垃圾污染环境防治的具体办法由地方性法规规定。然而，近几年才有省份制定农村生活垃圾处理的地方性法规。总体来看，目前农村生活垃圾处理几乎没有专门的法律法规来保障②。

管理机构缺乏，管理能力不足。中国城市生活垃圾治理一般有专门的管理部门，比如北京市城市管理委员会下属固体废弃物管理处专门负责固体废弃物的处理，而农村生活垃圾治理主要是乡镇政府负责，近几年随着中央政府对农村生活垃圾治理工作的重视，各地方也相继设立了乡镇市政市容所负责乡镇和村庄的生活垃圾处理工作，但仍有部分政府缺乏专门的农村生活垃圾处理职能机构，大部分地区甚至缺乏专职人员组织管理农村生活垃圾的治理。据调查显示，在 60 多万个建制村中，绝大多数垃圾治理管理服务处于空白，没有专门的管理和维护人员③。据课题组在京津冀三省市乡镇级政府的调研发现，大部分乡镇的市政市容所都是近几年才成立的，有些乡镇还没有建立专门的农村生活垃圾管理部门，部门之间职务不

① Sakai, B. I., Yang, J., Siu, S., “Waste Management and Recycling in Asia”, *International Review for Environmental Strategies*, Vol. 5, No. 2, 2005, pp. 477 – 498.

② 潘旭萍、施佳蔚：《循环经济理论在“美丽乡村”建设中农村生活垃圾处理的应用——以杭州市桐庐县为例》，《经营与管理》2016 年第 6 期。

③ 胡滨：《浅论以农村垃圾处理为重点带动农村循环经济发展》，《农业经济》2015 年第 9 期；王金霞、李玉敏、白军飞等：《农村生活固体垃圾的排放特征、处理现状与管理》，《农业环境与发展》2011 年第 2 期；王琪：《我国固体废物处理处置产业发展现状及趋势》，《环境保护》2012 年第 15 期；魏佳容：《我国农村环境保护的困境与化解之道》，湖北科学技术出版社 2012 年版。

清，权责不明，有些乡镇虽然成立了市政市容所，但人员缺乏，3—5个职员负责整个乡镇生活垃圾治理工作的情况普遍存在，并且管理人员素质参差不齐，在问到生活垃圾分类问题的时候，部分市政市容所主管干部甚至不能清晰地按照当地的生活垃圾管理条例，将生活垃圾分为四类。

缺乏对地方干部的考核机制。虽然法律规定了各级政府在农村生活垃圾治理中的责任。但是囿于目前的干部考核模式，地方仍将经济增长作为主要发展目标，而环境保护，尤其是对GDP贡献较小的农村地区的环境保护，并未在干部考核中得到真正的落实，缺乏相应的奖惩机制①，导致地方干部缺乏治理农村生活垃圾的动力②。根据课题组调研，以北京市延庆区大庄科乡为例，主管大庄科乡生活垃圾治理的市政市容所，包括1个所长和2个区级环境督察员，下面又有5个乡级环境督察员。区级环境督察员负责监督考核乡级环境督察员的工作，如果发现乡级环境督察员有督察失职的情况，根据具体情况采取警告、罚款、辞退等手段进行惩罚。全乡有29个行政村，180个保洁员，5个乡级环境督察员负责监督考核东、南、西、北、中五个区域的村庄保洁员的工作情况。但是具体执行中，由于乡级环境督察员工作任务繁重加上人情和面子关系，对监督失职的乡级环境督察员并没有采取实质性的惩罚措施。

3. 财政约束且缺乏经济管制

财政约束是垃圾治理中的一个重要问题。农村地区资金相对紧缺，可用于垃圾处理的资金较少③。2008—2012年，中央政府共向农村环境保护专项基金投入了155亿元，政府迫于压力也拨出了80亿元的资金来改善农村环境④。这些资金被综合用于农村环境整治，分配到垃圾处理

① 鞠昌华、朱琳、朱洪标等：《我国农村生活垃圾处置存在的问题及对策》，《安全与环境工程》2015年第4期；周祖光、张同丰、陈立：《农村环境综合整治的垃圾处理处置研究——以海南省定安县为例》，《安徽农业科学》2010年第1期。

② 胡滨：《浅论以农村垃圾处理为重点带动农村循环经济发展》，《农业经济》2015年第9期。

③ 席北斗、侯佳奇：《我国村镇垃圾处理挑战与对策》，《环境保护》2017年第14期。

④ Wang, A. Q., Shi, Y. J., Gao, Q. F., Liu, C. F., Zhang, L. X., Johnson, N., Rozelle, S., "Trends and Determinants of Rural Residential Solid Waste Collection Services in China", *China Agricultural Economic Review*, Vol. 8, No. 4, 2016, pp. 698 - 710.

上的资金并不多。部分乡镇支付不起垃圾转运的费用，垃圾出不了村，只能在收集之后随意丢弃，不合理焚烧或者填埋。部分乡镇由于资金缺乏，生活垃圾收运设备简陋，在运输过程中极易造成二次污染。以北京市大庄科乡为例，由于缺乏产业支撑，大庄科乡的财政收入全部来自财政拨款，2018 年，大庄科乡 29 个行政村，用于农村生活垃圾治理的财政支出仅为 90 万元，平均每个行政村生活垃圾治理财政支出 3.10 万元，只能使用简易的收运车辆，在生活垃圾收运过程中垃圾渗滤液到处流，极易造成二次污染。表 3－3 展示了大庄科乡 2019 年度的财政预算支出情况。

表 3－3　　**2019 年度部门一般公共预算支出情况**

支出功能分类科目编码			科目名称	合计	基本支出	项目支出
类	款	项	合计	2663.48	1653.60	1009.88
201			一般公共服务支出	1642.00	1642.00	
20103			政府办公厅（室）及相关机构事务	1642.00	1642.00	
2010399			其他政府办公厅（室）及相关机构事务支出	1642.00	1642.00	
208			社会保障和就业支出	11.60	11.60	
20805			行政事业单位离退休	11.60	11.60	
2080501			归口管理的行政单位离退休	11.60	11.60	
212			城乡社区支出	457.20		457.20
21299			其他城乡社区支出	457.20		457.20
2129901			其他城乡社区支出	457.20		457.20
213			农林水支出	552.68		552.68
21301			农业	552.68		552.68
2130126			农村公益事业	552.68		552.68

数据来源：由北京市延庆区大庄科乡人民政府提供。

此外，对不同区域村庄市政垃圾处理建设投入资金进行分析发现，平均来看，西北、东北地区村均市政垃圾处理建设投入还远不足 3 万元（具体见图 3－13），面临着较大的财政约束。对村庄建设财政性资金投资的来源进行分析，发现从2013年起，中央政府和省级政府对村庄建设的财政支持力度不断增加，但县乡作为地方基层政策，仍然承担着村庄建设近50%的资金投入。财政资金的缺乏也在一定程度上解释了第三章第一节所描述的县城生活垃圾处理缺口大的问题。

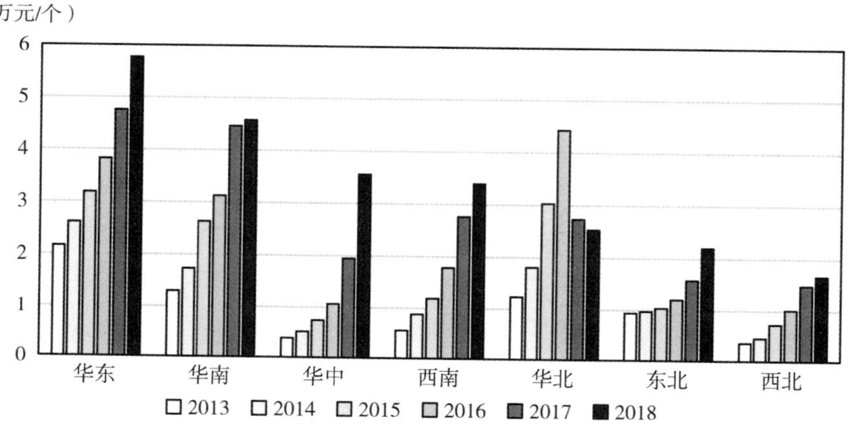

图3-13 村均市政垃圾处理建设投入

数据来源：根据历年《中国城乡建设统计年鉴》数据整理而得。

另外，由于缺乏相应的经济管制，即使中央投入的资金在不断增加（图3-14），也可能达不到预期的效果。在一些发达国家，比如葡萄牙，已经出现了由于缺乏经济管制，垃圾治理出现了投资过剩，并且降低了垃圾管理系统的综合效率的现象①，而目前中国对于农村生活垃圾处理项目的经济规制较少。

4. 基础设施供给不足

垃圾基础设施供给也是生活垃圾处理的一个重要约束。垃圾处理设施，包括垃圾箱、垃圾池、垃圾回收站等。2004年，在100个行政村

① Simões, P., Rui, C. M., "Influence of Regulation on the Productivity of Waste Utilities: What can We Learn with the Portuguese Experience?", *Waste Management*, Vol. 32, No. 6, 2012, pp. 1266-1275.

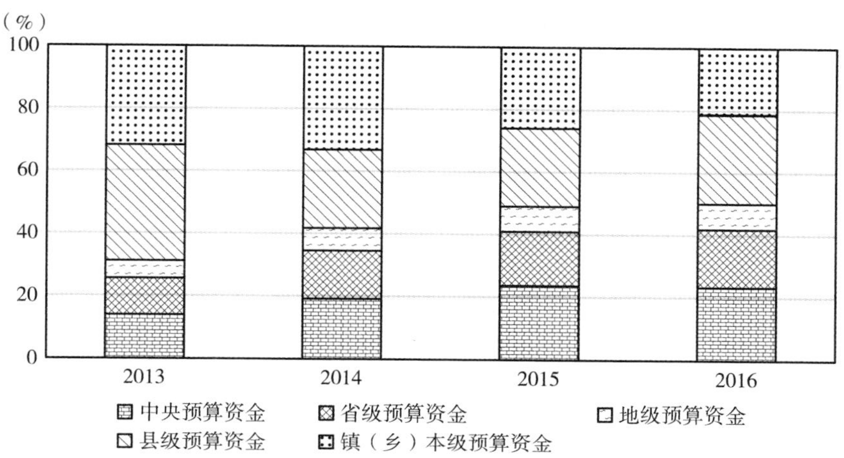

图3－14　村庄建设财政性资金投资构成

数据来源：根据历年《中国城乡建设统计年鉴》数据整理而得。

中，只有10%的村提供垃圾收集设施服务①，2009年，69个行政村中有30%的村有该服务。2010年，123个行政村中有57%的样本村配备了垃圾箱、垃圾池等设施②。而根据《城乡建设统计年鉴》数据，2014年，只有64%的行政村有生活垃圾收集点。

虽然农村生活垃圾基础设施供给不断增加，但仍然不能满足现实需要，并且存在严重的区域不均衡问题。王爱琴等③对中国5个省101个行政村进行调研发现，江苏省有垃圾收集设施的村庄占比高达90%，四川省占比60%，陕西和吉林为20%，河北省最低为15%。并且每个村平均拥有的垃圾收集设施数，江苏省（48个）也远高于五省平均值（20个）和其他四省（低于10个）。根据《城乡建设统计年鉴》数据，2014年，上海（97.70%）、山东（96.70%）、广西（96.30%）、北京（94.20%）、江苏（92.90%）、福建（90.90%）、浙江（90.20%）有

① 叶春辉：《农村垃圾处理服务供给的决定因素分析》，《农业技术经济》2007年第3期。

② 黄开兴、王金霞、白军飞等：《农村生活固体垃圾排放及其治理对策分析》，《中国软科学》2012年第9期。

③ 王爱琴、高秋风、史耀疆等：《农村生活垃圾管理服务现状及相关因素研究——基于5省101个村的实证分析》，《农业经济问题》2016年第4期。

超过90%的行政村有生活垃圾收集点，而青海（14.30%）、内蒙古（15.80%）、贵州（29.40%）、新疆（29.50%）、甘肃（33.50%）、河南（36.20%）、重庆（37.40%）、云南（39.90%）、陕西（44.60%）、吉林（45.20%）、湖南（46.70%）有生活垃圾收集点的行政村不到50%，生活垃圾基础设施供给严重不足。课题组在京津冀三省市的调研发现，2019年，4.85%的村庄反映村庄没有生活垃圾收集设施（垃圾桶、垃圾坑、垃圾池等），13.67%的村民反映村庄的生活垃圾收集设施非常简陋，58.45%的村民反映村庄生活垃圾收集设施相对完备，23.03%的村民反映村庄生活垃圾设施非常完备。说明随着《农村人居环境整治三年行动方案》的推进，农村生活垃圾收集基础设施有了较大的改善，但仍然存在供给缺乏和供给质量较低的问题。

5. 缺乏公共教育

公共知识会影响公众参与生活垃圾治理的认知，从而影响其参与垃圾治理的行为①。缺乏公共知识，被称为信息障碍，是影响生活垃圾治理的最重要的障碍②。直观来说，如果没有正确的指导信息，公众不可能参与生活垃圾回收项目。然而，目前中国关于农村居民生活垃圾处理的相关公共教育相当缺乏。对于村镇干部宣传生活垃圾治理的频率，只有7.8%的村民表示经常宣传，43.2%的村民表示偶尔宣传，7.5%的村民称从未有过此类宣传③。课题组对京津冀三省市农村生活垃圾分类宣传的调研发现，43.30%的村民表示村庄开展过生活垃圾分类宣传，进一步分析发现，进行过生活垃圾分类宣传的村庄中，有80.22%的村民反映只是偶尔宣传，43.55%的村民反映宣传效果很差，16.17%的村民反映宣传效果较差，只有5.13%的村民反映垃圾分类

① Giovanni, D. F., Sabino, D. G., "Public Opinion and Awareness Towards MSW and Separate Collection Programmes: A Sociological Procedure for Selecting Areas and Citizens with A Low Level of Knowledge", *Waste Management*, Vol. 30, No. 6, 2010, pp. 958 - 976.

② Read, A. D., "A Weekly Doorstep Recycling Collection, I Had No Idea We Could! Overcoming the Local Barriers to Participation", *Resources Conservation & Recycling*, Vol. 26, 1999, pp. 217 - 249.

③ 张璋、汪青城：《农村生活垃圾治理调查研究——基于支付意愿的视角》，《中国市场》2017年第2期。

的宣传效果很好。

（二）村庄层面

村“两委”作为村庄公共事务的组织者、领导者和协调者，在农村生活垃圾治理中发挥着重要作用。农村生活垃圾治理作为农村公共事务之一，不仅仅是一个环境问题，更是政府、村“两委”和村民等多方互动和博弈的问题，要想有效治理农村生活垃圾，需要调动村“两委”治理农村生活垃圾的热情，平衡好村庄内部各方利益关系。冯亮、王海侠[①]研究发现，在农村环境治理中，简单地把村庄环境治理的责任丢给政府或村民，难以解决实际问题。政府在间歇性的项目投入中起主要作用，但在项目的日常运营和可持续性发展中，村庄内部所发挥的作用更大。当前绝大多数村庄都出现了“离心化”的现象，导致村庄环境整治只能通过“经济激励”来驱动，原本在农村中发挥重要作用的“社会激励”日渐式微。激励手段的经济化，使得原本可以自主治理的村庄，对外部的依赖越来越大，而缺乏村庄内部力量的支撑，很容易让村民变成村庄治理的局外人。

村“两委”作为乡镇政府和村民的共同代理人，在村民成为局外人的情况下，村“两委”更多地将精力放在乡镇政府这一能给自己带来更多利益的委托人身上。但由于村庄生活垃圾治理的外部性，村民“搭便车”行为较为普遍，垃圾收集点的建设也存在“邻避效应”，村“两委”在治理村庄生活垃圾的过程中需要付出较大的成本去协调村庄内部的利益关系，而自己所获得的收益有限，受财政约束，政府对村“两委”的经济激励有限，受政治制度约束，村“两委”成员缺乏政治上升途径。这就极大地降低了村“两委”参与村庄生活垃圾治理的热情。

村“两委”作为村庄生活垃圾治理的重要监管主体，其缺位会使得乡镇政府的政策措施较难落地，即使落地也很难长期持续下去。对村

① 冯亮、王海侠：《农村环境治理演绎的当下诉求：透视京郊一个村》，《改革》2015 年第 7 期。

"两委"的激励不足，村"两委"缺乏治理村庄生活垃圾的热情和动力，是大部分生活垃圾治理效率较差的村庄共同存在的问题。课题组对顺义区马坡镇的调研发现，马坡镇政府十分重视农村生活垃圾分类治理工作，但是由于难以激发村"两委"参与的热情，只能以高额补贴的方式推进部分试点村开展垃圾分类。

（三）村民层面

村民作为农村生活垃圾的产生者，会直接或者间接地影响生活垃圾的治理。村民以物品、资金或者劳务的形式参与到生活垃圾的治理中，比如保持房前屋后的整洁，为生活垃圾处理付费等①，可以分散生活垃圾的治理成本；村民参与到生活垃圾处理项目中，会有一种主人公的意识，从而在一定程度上规范自己的行为，减少乱扔垃圾现象的发生②。村民作为生活垃圾处理服务的需求者，参与到生活垃圾处理项目的规划设计中，可以提高供给服务的效率，从而保障项目的有效执行。目前，中国村民参与生活垃圾治理主要体现在生活垃圾的分类、生活垃圾定点投放和生活垃圾集中处理费用支付三方面③。然而当下村民的生活垃圾治理参与率并不高，主要原因如下。

1. 缺乏垃圾分类回收的认知

根据行为经济学的观点，认知决定态度或者看法，进而影响个人的行为④。随着中央政府对农村人居环境的关注，近年来一些地方也开始大力宣传垃圾分类回收工作。然而，村民仍然比较缺乏垃圾分类收集的意识，只有 26.13% 的农户知道垃圾分类收集，51.6% 的农户愿

① Subash, A., "Community Participation in Solid Waste Management," Office of Environmental Justice, Washington D. C., 2002.

② Chattopadhyay, S., Dutta, A., Ray, S., "Municipal Solid Waste Management in Kolkata, India—A Review", *Waste Management*, Vol. 29, No. 4, 2009, pp. 1449 – 1458; Bras, A., Berdier, C., Emmanuel, E., Zimmerman, M., "Problems and Current Practices of Solid Waste Management in Port-au-Prince Haiti", *Waste Management*, Vol. 29, No. 11, 2009, p. 2907.

③ 林丽梅、刘振滨、黄森慰等：《农村生活垃圾集中处理的农户认知与行为响应：以治理情境为调节变量》，《生态与农村环境学报》2017 年第 2 期。

④ 许增巍、姚顺波、苗珊珊：《意愿与行为的悖离：农村生活垃圾集中处理农户支付意愿与支付行为影响因素研究》，《干旱区资源与环境》2016 年第 2 期。

意分类丢弃垃圾，远低于城市居民的垃圾分类收集意识[①]。10.4%的农户没有认识到垃圾分类回收的重要性，75%的农户认为垃圾分类能够减少对环境的污染和对健康的危害，45.1%的农户进行分类是为了售卖有价废品，只有44.1%的农户知道垃圾分类能够减少垃圾处理量，降低运输成本[②]。缺乏垃圾分类回收意识是执行垃圾源头分类项目的主要障碍[③]。

2. 村民参与生活垃圾治理的意愿不高

以村民参与生活垃圾分类为例，在生活垃圾分类回收项目中，持续的公众参与是垃圾分类收集成功的基础[④]。虽然有超过一半（61.3%）的村民有意愿参与垃圾分类项目，然而只有47.9%的农户会进行垃圾分类，25.0%的农户表示不能一直坚持分类回收，还有13.7%的农户拒绝参与垃圾分类收集[⑤]。

以村民支付生活垃圾治理服务为例，支付意愿评估了人们对环境产品和服务的货币价值评估，如果个人的WTP低于社会提供服务所需要的成本，政府就不得不出台相关政策来解决居民的生活垃圾处理问题[⑥]。已有研究表明，不同的经济水平和生活垃圾处理状况下，农户对于生活

① 戴晓霞、季湘铭：《农村居民对生活垃圾分类收集的认知度分析》，《经济论坛》2009年第15期。

② Zeng, C., Niu, D., Li, H., Zhou, T., Zhao, Y., "Public Perceptions and Economic Values of Source-separated Collection of Rural Solid Waste: A Pilot Study in China", *Resources, Conservation and Recycling*, Vol. 107, 2016, pp. 166-173.

③ Zhang, W., Yue, C., Kai, Y., Ren, X., Tai, J., "Public Opinion about the Source Separation of Municipal Solid Waste in Shanghai, China", *Waste Management & Research*, Vol. 30, No. 12, 2012, pp. 1261-1271.

④ Yuan, Y., Hisako, N., Yoshifumi, T., Mitsuyasu, Y., "Model of Chinese Household Kitchen Waste Separation Behavior: A Case Study in Beijing City", *Sustainability*, Vol. 8, No. 10, 2016, p. 1083.

⑤ Zeng, C., Niu, D., Li, H., Zhou, T., Zhao, Y., "Public Perceptions and Economic Values of Source-separated Collection of Rural Solid Waste: A Pilot Study in China", *Resources, Conservation and Recycling*, Vol. 107, 2016, pp. 166-173.

⑥ Kirakozian, A., "One without the Other? Behavioral and Incentive Policies for Household Waste Management", *Journal of Economic Surveys*, Vol. 30, No. 3, 2016, pp. 526-551.

垃圾分类回收的支付意愿不同[①]，但总体来看，支付意愿都要小于社会治理成本。Xiao 等[②]对厦门市居民参与生活垃圾处理的支付意愿进行调研发现，22%的受访者表示非常愿意为生活垃圾处理支付费用，24.8%的人表示愿意，31.7%的人表示漠不关心，21.5%的人不愿意支付费用。厦门市2004年就出台了生活垃圾管理条例，规定从2006年起，每半年，每家要支付60元的生活垃圾处理费，然而，只有不到25%的市民实际支付了这项费用。另外，Zeng 等[③]调研发现，中国东、中、西部12个省份的农户中，62.5%的农户愿意为生活垃圾分类回收治理支付费用，平均支付意愿大约是26.4元/年；邹彦等[④]调研发现，河南省淅川县72.3%的农户愿意支付生活垃圾处理费用，平均支付意愿为76.56元/年；梁增芳等[⑤]调研发现，三峡库区97%的农户愿意支付垃圾处理费用，平均支付意愿为48元/年。然而，农户的生活垃圾集中处理支付意愿不会必然转化为支付行为[⑥]，在实际支付中，农户的支付金额可能会更低，要远小于生活垃圾的治理成本。

课题组对"京津冀"村民关于村庄环境治理和生活垃圾治理参与意愿进行调研，当问及"若村庄设置环境建设基金，用于环境改善，您愿

---

① Zeng, C., Niu, D., Li, H., Zhou, T., Zhao, Y., "Public Perceptions and Economic Values of Source-separated Collection of Rural Solid Waste: A Pilot Study in China", *Resources, Conservation and Recycling*, Vol. 107, 2016, pp. 166 – 173.

② Xiao, L., Zhang, G., Zhu, Y., Lin, T., "Promoting Public Participation in Household Waste Management: A Survey Based Method and Case Study in Xiamen City, China", *Journal of Cleaner Production*, Vol. 144, No. 15, 2017, pp. 313 – 322.

③ Zeng, C., Niu, D., Li, H., Zhou, T., Zhao, Y., "Public Perceptions and Economic Values of Source-separated Collection of Rural Solid Waste: A Pilot Study in China", *Resources, Conservation and Recycling*, Vol. 107, 2016, pp. 166 – 173.

④ 邹彦、姜志德：《农户生活垃圾集中处理支付意愿的影响因素分析——以河南省淅川县为例》，《西北农林科技大学学报》（社会科学版）2010年第4期。

⑤ 梁增芳、肖新成、倪九派：《三峡库区农村生活垃圾处理支付意愿及影响因素分析》，《环境污染与防治》2014年第9期。

⑥ 许增巍、姚顺波、苗珊珊：《意愿与行为的悖离：农村生活垃圾集中处理农户支付意愿与支付行为影响因素研究》，《干旱区资源与环境》2016年第2期；Kirakozian, A., "One without the Other? Behavioral and Incentive Policies for Household Waste Management", *Journal of Economic Surveys*, Vol. 30, No. 3, 2016, pp. 526 – 551.

意出钱吗”，29.18%的村民表示不愿意出钱参与，当问及“若村庄进行环境建设，您愿意出工（环保监督志愿者等）参与吗”，24.12%的村民表示不愿意出工参与；说明有近1/4的村民不愿意为改善村庄环境卫生贡献自己的力量，而农村环境卫生整治具有负外部性，若有近1/4的村民存在“搭便车”行为，依靠村民自觉改善村庄生活环境就显得很困难。当问及“您愿意进行垃圾分类么（分类放置生活垃圾）”，18.52%的村民表示不愿意，当有近20%的村民不愿意参与生活垃圾分类的时候，生活垃圾分类工作就很难展开。无法充分调动村民的参与积极性，是很多地方试点推广生活垃圾分类工作难以长期持续的原因之一；当问及“您是否愿意为生活垃圾支付处理费”，34.95%的村民表示不愿意，地方财政困难，而村民不愿意出资共同治理是部分地区村民承受“垃圾围村”的危害的同时，不能联合起来共同治理村庄环境的重要原因之一。

（四）其他层面

1. 市场发育程度低

农村生活垃圾治理领域，市场发育程度低主要体现在三个方面，一是市场主体发育滞后，二是公私合营模式尚处于初始阶段，三是非正规回收主体积极性降低。

农村生活垃圾治理市场主体发育滞后。近年来，在中央和地方财政的支持下，推动了农村环保行业的发展，许多企业积极尝试进军农村垃圾治理领域，取得了一定的成功。但与城市相比，农村生活垃圾具有“分布散、规模小、利润薄、投资回报时间长”等特点，目前还没有健全的市场投资回报机制，市场化模式尚不成熟，行业发展处于探索起步阶段①，导致农村的生活垃圾处理仍然以政府为主导，市场主体发育滞后，市场化程度低，市场没有在农村垃圾治理中充分发挥自己的优势②。

① 王波、王夏晖、郑利杰：《我国农村生活垃圾处理行业发展路径探析》，《环境与可持续发展》2016年第5期。

② 尤鑫、柳飞阳：《基于资源循环利用体系的生活垃圾处理模式研究》，《生态经济》（中文版）2017年第7期；赵晶薇、赵蕊、何艳芬等：《基于“3R”原则的农村生活垃圾处理模式探讨》，《中国人口·资源与环境》2014年第S2期。

课题组在北京市密云区北庄镇调研过程中发现，政府在推进农村生活垃圾市场化改革中，只有两家企业参与竞标，较低的市场化程度无法提高地方生活垃圾治理效率。

公私合营模式尚处于初始阶段。单独由政府部门或者企业来提供农村生活垃圾处理都存在一系列问题，为此，近年来，政府积极尝试公私合营（PPP）的模式进行农村生活垃圾的集中处理。公私合营治理生活垃圾的模式在很多发达国家取得了巨大的成功。比如，欧美和日本普遍采用政府出资建垃圾焚烧发电厂，然后委托给私人企业运营，政府根据垃圾处理量给予相应的处理费或补贴的模式来处理生活垃圾[①]。中国 PPP 模式的应用起步较晚，在一些发达地区的城市有推行，但在农村生活垃圾处理方面还处于初始阶段。与公共部门相比，私人部门往往有更具创新性的技术、更多的人才和资金配备，但事实上，PPP 本身不能保证减少项目成本[②]，所以政府还应该给予大力的政策扶持和资金补助，PPP 模式在广大的中国农村是否具有生存力还需要进一步研究。

非正规回收主体积极性降低。有价废品价格持续走低，降低了村民和收购商的分类回收积极性。非正规回收主体，比如拾荒者、流动回收商、非注册的小规模回收企业对发展中国生活垃圾处理也起到了很大作用[③]。农村生活垃圾中的有价废品会被村民分拣出来，卖给私营企业或者个体回收商，然后在由后者运送到大型废品回收站，最后被运到回收企业进行回收利用。调查发现，75.8% 的农户都会把有价废品分

---

① 孟惊雷、赵宝玉、刘梦等：《我国城市生活垃圾处理的 PPP 模式研究》，《北方经贸》2016 年第 11 期。

② Ma J., Hipel, K. W., "Exploring Social Dimensions of Municipal Solid Waste Management Around the Globe—A Systematic Literature Review", *Waste Management*, Vol. 56, 2016, pp. 3 – 12.

③ Xiao, L., Zhang, G., Zhu, Y., Lin, T., "Promoting Public Participation in Household Waste Management: A Survey Based Method and Case Study in Xiamen City, China", *Journal of Cleaner Production*, Vol. 144, No. 15, 2017, pp. 313 – 322; Nzeadibe, T. C., "Solid Waste Reforms and Informal Recycling in Enugu Urban Area, Nigeria", *Habitat International*, Vol. 33, No. 1, 2009, pp. 93 – 99; Sternberg, Ana, C., "From 'Cartoneros' to 'Recolectores Urbanos': The Changing Rhetoric and Urban Waste Management Policies in Neoliberal Buenos Aires", *Geoforum*, No. 48, 2013, pp. 187 – 195.

拣出来售卖[①]。一般而言，收购价格较高的废品有金属类、废塑料类、织物类和皮革类。但由于近年来产能过剩加上原材料价格下跌，有价废品的价格持续走低，相关从业人员盈利锐减，严重降低了其从业积极性[②]，而较低的废品价格也降低了农民分类售卖的积极性。

2. 技术和人才制约

除了以上制约因素外，中国农村生活垃圾处理还面临着技术约束和人才约束等问题。

目前，生活垃圾处理技术主要有卫生填埋、焚烧发电、堆肥、发酵产沼、热解法等。农村生活垃圾处置在实际中多照搬城市的处理模式，没有考虑到农村垃圾与城市垃圾组分的差异、农村生态系统自身的分解能力和农村地域广阔、人口密度小、空间分散的特征，不仅增加了农村生活垃圾处理的压力，也造成了巨大的资源浪费[③]。大部分农村地区的生活垃圾以厨余为主，对厨余进行堆肥，实现资源化利用是一种有效的治理措施。但是由于农村严重缺乏垃圾无害化处理技术，很少采用高温堆肥对垃圾进行无害化利用[④]。农村地区缺乏一套完整的垃圾收运技术。

当前，一些农村生活垃圾处理的方法甚至是对环境有害的。刘莹等[⑤]对 5 个省 101 个村的农户进行抽样调研发现，在提供定点倾倒、收集清运垃圾服务的 33 个村中，有 21.6% 的农户会随意丢弃垃圾，有 19.5% 的农户还以焚烧、填埋或者丢弃到水中的方式处理生活垃

① Zeng, C., Niu, D., Li, H., Zhou, T., Zhao, Y., "Public Perceptions and Economic Values of Source-separated Collection of Rural Solid Waste: A Pilot Study in China", *Resources, Conservation and Recycling*, Vol. 107, 2016, pp. 166 - 173.

② 曾超、黄昌吉、牛冬杰等：《基于有价废品收购调查的农村生活垃圾管理机制初探：以广东省为例》，《生态与农村环境学报》2016 年第 6 期。

③ 王波、王夏晖、郑利杰：《我国农村生活垃圾处理行业发展路径探析》，《环境与可持续发展》2016 年第 5 期；鞠昌华、朱琳、朱洪标等：《我国农村生活垃圾处置存在的问题及对策》，《安全与环境工程》2015 年第 4 期。

④ 周祖光、张同丰、陈立：《农村环境综合整治的垃圾处理处置研究——以海南省定安县为例》，《安徽农业科学》2010 年第 1 期。

⑤ 刘莹、王凤：《农户生活垃圾处置方式的实证分析》，《中国农村经济》2012 年第 3 期。

圾。高栋等[①]对河南省新郑市调研发现，大部分农户会随意乱扔垃圾，约20%的农户会将垃圾填埋或者就地焚烧。韩智勇等[②]对西南地区的22个村庄进行调研发现，45%的生活垃圾被烧掉或者填埋在河岸或者空地。Han等[③]对西藏的五个村庄进行调研发现，这些村庄很少有完整的农村生活垃圾处理服务（包括收集、转运和处理服务），每年71%的生活垃圾被非法焚烧掉，目前中国多数农村地区的生活垃圾处于随意抛撒状态。

另外，缺乏相关专业人才也是制约农村生活垃圾治理的重要问题[④]。农村生活垃圾处理作为一项复杂的系统工程，若缺少专业的、高质量技术工作人员的支撑，必然会影响工作效率。而目前，从事农村生活垃圾处理的工作人员普遍缺少专业知识，使生活垃圾的治理效果不佳。

第五节　本章小结

农村生活垃圾治理状况的描述和问题成因的剖析是对农村生活垃圾治理的简单刻画。本章从中国农村生活垃圾基本情况、政策演变、治理基本情况三个方面对中国农村生活垃圾治理状况进行了简单的刻画，并从经济社会发展因素、政府层面的因素、村庄层面的因素、村民层面的因素等维度剖析了农村生活垃圾治理问题成因。主要内容概括如下：

第一，中国农村生活垃圾基本情况。中国农村生活垃圾生产量巨大，并呈逐年增加态势，生活垃圾的组成成分也越来越趋近于城市。

① 高栋、潘振华、张艳美等：《农村生活垃圾问题调查与对策》，《环境卫生工程》2013年第2期。

② 韩智勇、费勇强、刘丹等：《中国农村生活垃圾的产生量与物理特性分析及处理建议》，《农业工程学报》2017年第15期。

③ Han, Z., Liu, D., Lei, Y., Wu, J., Li, S., "Characteristics and Management of Domestic Waste in the Rural Area of Southwest China", *Environmental Science and Pollution Research*, No. 26, 2019, pp. 8485 – 8501.

④ 潘旭萍、施佳蔚：《循环经济理论在"美丽乡村"建设中农村生活垃圾处理的应用——以杭州市桐庐县为例》，《经营与管理》2016年第6期。

第二，从政策演变来看，自2013年开始，政府开始重视农村生活垃圾治理工作，并连续出台了一系列政策文件，使得农村生活垃圾治理作为农村人居环境整治的重要内容被提到了前所未有的高度，而农村生活垃圾分类成为农村生活垃圾治理的探索方向。

第三，中国农村生活垃圾治理基本情况。（1）从农村生活垃圾治理的概括来看，农村生活垃圾治理面临巨大的处理缺口。首先，虽然依据统计数据来看，县城生活垃圾处理缺口不断减小，但是由于农村巨量的生活垃圾要被县城消纳，极大地增加了县城生活垃圾处理的压力。其次，随着时间的推移，乡镇和农村生活垃圾处理率都在不断增长，但是仍然存在一定的缺口。（2）从农村生活垃圾治理的区域差距来看，农村生活垃圾治理在区域之间和省份之间存在巨大的差异，整体而言，华东、华南地区农村生活垃圾治理水平相对较高，而西北、东北、西南地区农村生活垃圾治理水平相对较低，山东、上海、江苏等省份农村生活垃圾治理水平较高，而黑龙江、吉林、甘肃、贵州等省份农村生活垃圾治理水平相对较低。（3）从农村生活垃圾治理模式来看，尽管当下农村生活垃圾治理存在县区治理压力大、整体治理水平不高、区域差异巨大等问题，但也涌现出了一些较好的治理模式，主要有村民自主供给、政府供给、市场供给和多元共治四种基本模式。无论采取哪种模式，政府、村“两委”和村民都应该在农村生活垃圾治理中承担相应的责任和义务，积极参与到生活垃圾治理中来。

第四，中国农村生活垃圾治理问题成因分析。从大的方面来讲，农村生活垃圾治理问题主要是由于生活垃圾产生量巨大，而治理水平较低造成的。具体来说，（1）由于经济社会发展的原因，农村生活垃圾产生量不断增加，给农村生活垃圾治理工作带来了极大的挑战。（2）农村生活垃圾治理水平低、治理效率差是由于缺乏政府、村“两委”、村民、市场和社会组织的协同治理，由政府层面的因素、村庄层面的因素、村民层面的因素和市场层面的因素等共同作用的结果。首先，作为主导者的政府部门，存在以下问题：对农村生活垃圾治理的思路较为简单，管理机制不够健全，面临着财政约束的同时也缺乏经济管制，对生活垃圾基础设施供给不足，缺乏对村民关于生活垃圾治理的公共教育。其次，作为村庄公共事务的组织者和领导、协调者，村“两委”在农村生活垃圾治理中存在动力不足的问题。再次，作为村庄生活垃圾的产生者，村民对生活垃圾治理的认知水平不高，参与意愿和支付意愿也有待提高。最后，农村生活垃圾治理还面临着市场发育程度低、缺乏适用的技术和人才的制约。

第四章　政府供给农村生活垃圾治理服务的研究

农村生活垃圾治理服务涉及生活垃圾的运输和处理，由于成本高昂，靠村集体的经济实力无力提供该项服务，政府供给责无旁贷①。目前关于政府公共品供给的研究较多，但关于政府供给农村生活垃圾治理服务的研究较少。针对农村公共品供给不足的原因，前人进行了大量研究，主要原因可以概括为：（1）财政分权。财政分权影响政府财政能力，进而影响政府农村公共服务供给水平。（2）晋升激励。晋升激励影响政府供给意愿，进而影响政府农村公共服务供给水平。（3）城市偏向。城市偏向影响政府财政资源的配置结构，进而影响政府供给农村公共服务的水平。现有研究普遍认为财权下放可以增加政府的财力，进而促进地方公共品供给，但忽略了中国财政、金融密不可分的事实，在政府财力不足的情况下，金融资源可以起到替代作用②，在研究财政分权对公共品供给的影响时，不能忽视金融分权的作用③。生活垃圾治理是农村最重要的环境公共品，根据《全面推进农村垃圾治理的指导意见》，政府部门在农村生活垃圾治理中承担“规划编制、资金投入、设施建设和运行管理”等职责，但根据本书第三章的分析，当前政府部门在农村生活垃

① 韩冬梅、次俊熙、金欣鹏：《市场主导型农村生活垃圾治理的美国经验及启示》，《经济研究参考》2018 年第 33 期。

② 丁骋骋、傅勇：《地方政府行为、财政—金融关联与中国宏观经济波动——基于中国式分权背景的分析》，《经济社会体制比较》2012 年第 6 期 。

③ 贺俊、张钺、毕功兵：《财政分权、金融分权与公共基础设施》，《系统工程理论与实践》2020 年第 4 期。

圾治理中积极性不高，缺乏统筹规划，财政投入有限，硬件配备不足，管理机制不健全，那么怎样才能激发政府参与农村生活垃圾治理的积极性呢？

本章参照前人的研究，从财政分权、金融分权、晋升激励、城市偏向，四个反映中国式分权的维度对政府供给农村生活垃圾治理服务进行研究。区县政府是农村生活垃圾治理服务的主导者，但由于缺乏区县相关数据，退而求其次，使用表征区县平均水平的省级面板数据进行分析。具体而言，以 2007—2016 年，30 个省、直辖市和自治区数据为例，从农村生活垃圾处理服务供给的绝对水平和相对水平两个维度，采用静态面板模型、动态面板模型对财政分权、金融分权、晋升激励和城市偏向对农村生活垃圾处理服务供给水平的影响进行实证分析。考虑到变量可能存在的内生性问题，使用差分 GMM 模型（DIF-GMM）、系统 GMM 模型（SYS-GMM）对模型进行了稳健性检验。具体研究思路见图 4－1。

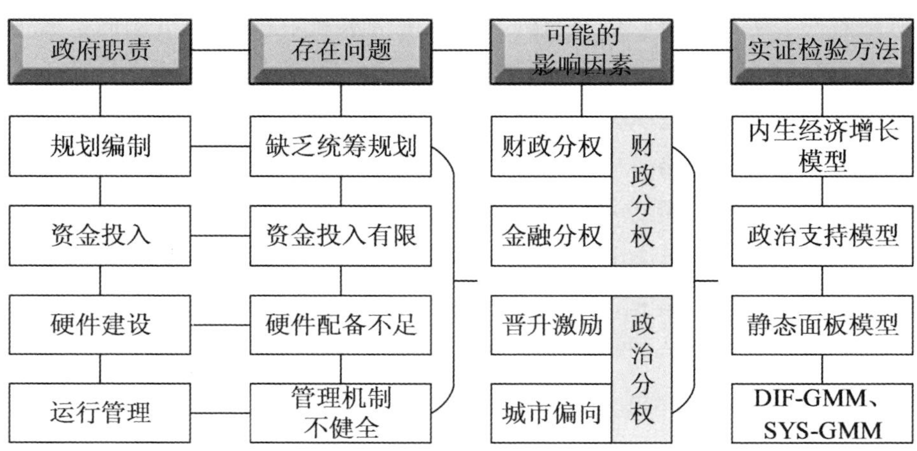

图 4－1　政府参与生活垃圾治理服务供给实证分析

第一节 政府供给农村生活垃圾治理服务的激励机制分析

一 财政分权、金融分权与农村生活垃圾治理服务供给分析

财政分权反映地方财政自主性，财政分权度越大，地方财政自由度越大，越可能依据考核激励改变其行为模式[①]。根据前人的研究，财政分权可以用财政收入分权、财政支出分权和财政自主度来衡量[②]。通过对中国金融分权的演进和发展特点的分析，参照洪正等[③]的研究，将金融分权界定为中央、地方政府间，对金融资源配置权、控制权进行分配的一系列制度安排，金融分权可以用政府资本存量占中央政府和地方政府资本存量之和的比来衡量。

参考Gong等[④]、贺俊等[⑤]的研究，将财政分权、金融分权，纳入到Shell等[⑥]和Barro[⑦]构建的内生经济增长模型中，构建了两层政府（中央政府、地方政府）间财政分权、金融分权与环境公共服务供给的理论模型，如下。

记私人部门、中央政府、地方政府的支出分别为p、f、s，资本积累分别为k_p、k_f、k_s。政府总支出为g，则$g=f+s$，财政分权可以表示为s/g。全社会物质资本存量记为k，则$k=k_p+k_f+k_s$，中央政府对地方政府的金融分权水平可以表示为$k_s/(k-k_p)$。

① 傅勇：《财政分权、政府治理与非经济性公共物品供给》，《经济研究》2010年第8期。

② 谢国根、蒋诗泉、赵春艳：《财政分权、政绩考核与资源环境承载力》，《统计与决策》2020年第15期。

③ 洪正、胡勇锋：《中国式金融分权》，《经济学》（季刊）2017年第2期。

④ Gong, L., Zou, H. F., "Fiscal Federalism, Public Capital Formation, and Endogenous Growth", *Annals of Economics and Finance*, No. 4, 2002, pp. 471 – 490.

⑤ 贺俊、张钺、毕功兵：《财政分权、金融分权与公共基础设施》，《系统工程理论与实践》2020年第4期。

⑥ Shell, K., Arrow, K. J., Kurz, M., "Public Investment, The Rate of Return, and Optimal Fiscal Policy", *Journal of Finance*, Vol. 26, No. 4, 1971, p. 1005.

⑦ Barro, R., "Government Spending in a Simple Model of Endogenous Growth", *Journal of Political Economy*, Vol. 98, 1990, pp. 103 – 125.

（一）生产函数与效用函数

生产函数。除了物质资本，政府公共支出对于社会扩大再生产具有重要作用，为此，将社会资本和两级政府部门的公共支出引入到生产函数中，构建规模报酬不变的 Cobb-Douglas 社会生产函数，如公式（4－1）所示：

$$y = y(k_p, k_f, k_s, f, s) = k_p^{\alpha_1} k_f^{\alpha_2} k_s^{\alpha_3} f^{\beta} s^{\gamma} \qquad \text{公式（4－1）}$$

其中，α_1、α_2、α_3、β、γ 均为正，并且 $\alpha_1 + \alpha_2 + \alpha_3 + \beta + \gamma = 1$ 。

效用函数。私人部门的效用函数由其消费水平决定，依据拉姆齐模型，构建私人部门期望效用函数如下：

$$u[c(t)] = \frac{c(t)^{1-\theta} - 1}{1 - \theta}, \theta > 0 \qquad \text{公式（4－2）}$$

其中，c 代表私人部门的消费，θ 代表瞬时替代弹性。

（二）私人部门效用最大化

记 τ_f 和 τ_s 分别是中央、地方政府税率，σ 为资本折旧率。消费者的税后收入将配置于消费和投资，其资本积累方程为：

$$\frac{dk_p}{dt} = (1 - \tau_f - \tau_s)y - c - \sigma k_p \qquad \text{公式（4－3）}$$

给定公共支出和公共资本积累，私人部门在公式（4－7）的预算约束下，追求一生效用的最大化：

$$U = \int_0^{+\infty} u(c_t) e^{-\rho t} dt \qquad \text{公式（4－4）}$$

其中，ρ 是时间贴现率，ρ 越大，则家庭对未来消费的估价就越小。横截性条件为 $\lim_{t \to \infty} k_p(t) e^{-\rho t} = 0$ 。

（三）中央政府的最优问题

中央政府收入来源于社会税收，支出包括公共支出和对政府的转移支付，设该转移支付占社会总产出的比例为 T，则中央政府的预算约束为：

$$f = \tau_f y - Ty \qquad \text{公式（4－5）}$$

中央政府的资本积累方程为：

$$\frac{dk_f}{dt} = \tau_f y - f - Ty - \sigma k_f \qquad \text{公式（4－6）}$$

在地方政府公共支出和公共投资一定的情况下，中央政府通过调节中央公共支出和公共资本积累，影响个人资本积累，间接影响私人部门消费，从而实现社会福利最大化。

中央政府资本积累增长率为：

$$\frac{\frac{dk_f}{dt}}{k_f} = \frac{(\tau_f - T)y}{k_f} - \frac{f}{k_f} - \sigma$$

公式（4－7）

（四）地方政府的最优问题

地方政府收入源于税收和中央政府的转移支付，支出仅有公共支出，政府的预算约束为：

$$s = \tau_s y + Ty$$ 公式（4－8）

政府的资本积累方程为：

$$\frac{dk_s}{dt} = \tau_s y - s + Ty - \sigma k_s$$ 公式（4－9）

在中央政府公共支出和公共投资一定的情况下，地方政府通过调节地方公共支出和公共资本积累，影响个人资本积累，间接影响私人部门消费，从而实现社会福利最大化。

地方政府资本积累增长率为：

$$\frac{\frac{dk_s}{dt}}{k_s} = \frac{(\tau_s + T)y}{k_s} - \frac{s}{k_s} - \sigma$$ 公式（4－10）

由于研究问题是看财政分权、金融分权对公共基础设施建设的影响，为此，在对中央政府和地方政府的最优问题进行研究时，中央政府、地方政府的税收和转移支付是外生的，消费和资本积累是内生的。

（五）均衡经济增长率

由以上分析可知，社会福利问题是一个涉及私人部门、中央政府、地方政府的动态最优化问题，在中央政府、地方政府行为一定的情况下，私人部门在资本积累预算约束内，实现社会福利最大化，可以表示为：

$$\begin{cases} max\int_0^{+\infty} u(c_t)e^{-\rho t}dt \\ \dfrac{dk_p}{dt} = (1-\tau_f-\tau_s)y - c - \sigma k_p \end{cases}$$ 公式（4－11）

对公式（4－11）构造 Hamilton 函数：

$$H = u(\cdot) + \lambda[(1-\tau_f-\tau_s)y - c - \sigma k_p]$$ 公式（4－12）

其最优化的一阶条件为：

$$\begin{cases} \dfrac{\partial H}{\partial c} = c^{-\theta} - \lambda = 0 \\ \dfrac{\partial H}{\partial k_p} = \lambda(1-\tau_f-\tau_s)\alpha_1 k_p^{\alpha_1-1} k_f^{\alpha_2} k_s^{\alpha_3} f^{\beta} s^{\gamma} - \lambda\sigma = \rho\lambda - \dot{\lambda} \end{cases}$$ 公式(4－13)

很容易发现，只要私人部门、中央政府和地方政府的资本存量增长率和公共支出增长率是常数，这些增长率就是相同的并且均为均衡状态下的经济增长率，则有：

$$\frac{\frac{dk_p}{dt}}{k_p} = \frac{\frac{dk_f}{dt}}{k_f} = \frac{\frac{dk_s}{dt}}{k_s} = \frac{\frac{dc}{dt}}{c} = \frac{\frac{df}{dt}}{f} = \frac{\frac{ds}{dt}}{s} = \frac{\frac{dy}{dt}}{y} = \phi$$ 公式（4－14）

均衡经济增长率可以表示为：

$$\phi = \frac{\frac{dc}{dt}}{c} = \frac{1}{\theta}\left[(1-\tau_f-\tau_s)\alpha_1 k_p^{\alpha_1-1} k_f^{\alpha_2} k_s^{\alpha_3} f^{\beta} s^{\gamma} - \rho - \sigma\right]$$

公式（4－15）

将公式（4－1）、（4－3）、（4－5）、（4－7）代入公式（4－15）中，求得均衡经济增长率可以表示为：

$$\phi = \frac{1}{\theta}\left[(1-\tau_f-\tau_s)\alpha_1 (\tau_f+\tau_s)^{\frac{1-\alpha_1(1+\beta+\gamma)}{\alpha_1}} (\tau_f - T)^{\beta} (\tau_s+T)^{\gamma} \left(\frac{f}{g}\right)^{\frac{\beta(1-\alpha_1)}{\alpha_1}} \left(\frac{s}{g}\right)^{\frac{\gamma(1-\alpha_1)}{\alpha_1}} \cdot \left(\frac{k-k_p}{g}\right)^{\frac{\alpha_2+\alpha_3}{\alpha_1}} \left(\frac{k_f}{k-k_p}\right)^{\frac{\alpha_2}{\alpha_1}} \left(\frac{k_s}{k-k_p}\right)^{\frac{\alpha_3}{\alpha_1}} - \rho - \sigma\right]$$

公式（4－16）

由公式（4－16）可以看出，均衡经济增长率与财政分权、金融分权呈现非线性关系。而要求环境公共服务供给与财政分权、金融分权的关系，还要进一步求得消费与财政分权、金融分权的关系。

$$c = \frac{c}{k_p} \cdot k_p = \frac{c}{k_p} \cdot k_p(0)e^{\phi t} \qquad \text{公式（4－17）}$$

由公式（4－3）、（4－5）、（4－6）、（4－15）得：

$$\frac{c}{k_p} = \left(\frac{\theta}{\alpha_1 - 1}\right)\phi + \frac{1 - \alpha_1}{\alpha_1}\sigma + \frac{\rho}{\alpha_1} \qquad \text{公式（4－18）}$$

将公式（4－17）、（4－18）代入公式（4－4），可以求得社会福利最大化水平与均衡经济增长率之间的关系。而环境公共服务供给是社会福利的重要组成部门，假设环境公共服务供给占社会福利的比重为 ω，则环境公共服务与均衡经济增长率之间的关系可以表示为：

$$Envir = \frac{\omega\, k_p\,(0)^{1-\theta}}{1-\theta}\left[\left(\frac{\theta}{\alpha_1} - 1\right)\phi + \frac{1-\alpha_1}{\alpha_1}\sigma + \frac{\rho}{\alpha_1}\right]^{1-\theta}$$

$$\frac{1}{\rho - \phi(1-\theta)} - \frac{1}{\rho(1-\theta)}$$

公式（4－19）

将公式（4－16）代入公式（4－19）中，即可得到财政分权（s/g）和金融分权 $k_s/(k-k_p)$ 作用于环境公共服务供给之间的逻辑关系。由于公式（4－19）较为复杂，参照贺俊等[①]、Gong 等的[②]研究，使用数值模拟的方法，通过赋予外生参数以一定的数值，来探究财政分权、金融分权对环境公共服务供给的影响。本研究设定的参数取值见表4－1。财政分权、金融分权与环境公共服务的关系，分别见图4－2和图4－3。

① 贺俊、张钺、毕功兵：《财政分权、金融分权与公共基础设施》，《系统工程理论与实践》2020 年第 4 期。

② Gong，L.，Zou，H. F.，"Fiscal Federalism，Public Capital Formation，and Endogenous Growth"，*Annals of Economics and Finance*，No. 4，2002，pp. 471－490.

表4-1 **参数取值**

参数	取值	参考文献	参数	取值	参考文献
α_1	0.3	贺俊等（2020）	τ_f	0.2	Gong 和 Zou（2011）
α_2	0.1	贺俊等（2020）	τ_s	0.1	Gong 和 Zou（2011）
α_3	0.1	贺俊等（2020）	T	0.1	Gong 和 Zou（2011）
β	0.2	贺俊等（2020）	g	2.58	李军（2006）、贺俊等（2020）
γ	0.3	贺俊等（2020）	ω	0.32	刘亮亮等（2018）
θ	0.3	严成樑、龚六堂（2010）	$k_p(0)$	1	贺俊等（2020）
σ	0.02	严成樑、龚六堂（2010）	k	2.5	贺俊等（2020）
ρ	0.02	严成樑、龚六堂（2010）	k_p	1.5	贺俊等（2020）

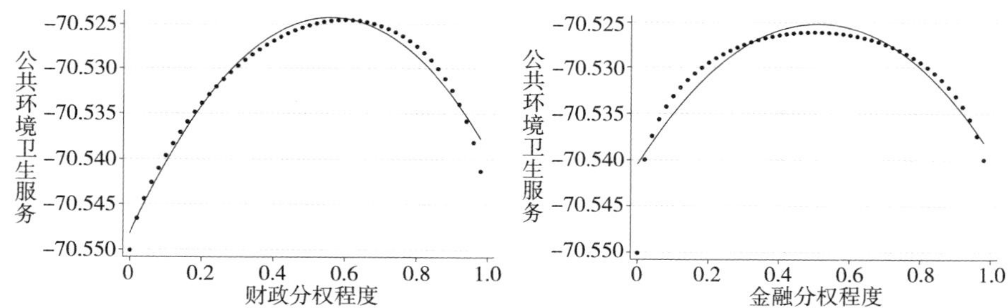

图4-2 财政分权与环境公共服务的关系 **图4-3 金融分权与环境公共服务的关系**

由图4-2可知，财政分权与环境公共服务之间呈现倒U型关系，也即，在财政分权程度较低时，随着财政分权程度的提高，环境公共服务供给会不断增加，而当财政分权程度提高到一定水平后，随着财政分权程度的不断提高，环境公共服务供给会不断下降。其主要原因在于，第一，财政分权度提高，政府有更多的公共支出，会直接提高私人部门社会福利供给，提高环境公共服务供给水平；第二，财政分权程度的提高，政府有更多的公共支出，对私人部门的消费具有挤出效应，从而会降低私人部门的社会福利供给，降低环境公共服务供给水平。在财政分权度较低的情况下，第一种作用占主导，随着财政分权度的提高，环境公共服务供给水平不断提高；在财政分权度较高的情况下，第二种作用占主导，随着金融分权度的提高，环境公共服务供给水平不断降低。

由图4－3可知，金融分权与环境公共服务之间也呈现倒U型关系，也即，在金融分权程度较低时，随着金融分权度的提高，环境公共服务供给水平会不断增加，而当金融分权程度提高到一定水平后，随着金融分权度的不断提高，环境公共服务供给水平会不断下降。其主要原因在于，第一，金融分权度提高，政府有更多的公共资本积累，会直接提高私人部门的社会福利供给，提高环境公共服务支出；第二，金融分权度提高，政府掌握了更多的公共资本积累，对私人部门的投资具有挤出效应，从而会降低私人部门的社会福利供给，降低环境公共服务供给水平。在金融分权度较低的情况下，第一种作用占主导，随着金融分权度的提高，环境公共服务供给水平不断提高，在金融分权度较高的情况下，第二种作用占主导，随着金融分权度的提高，环境公共服务供给水平不断降低。

二　晋升激励、城市偏向与农村生活垃圾治理服务供给分析

地方官员的目标职业发展，包括保有现有职位和获得晋升机会。中国地方官员是逐级“自上而下”任命的，虽然没有很明确的考核指标和选拔机制，但已有研究证明，地方官员的晋升会受到“关系”的影响，但对于大部分官员来说，政治支持是其职业发展的重要保障。其中，政治支持又包括上级政府的政治支持和城乡居民的政治支持。政府要想获得上级政府的支持，必须在有限的预算内，充分展示自己的政治忠诚度和治理能力，最直观的表现就是任期内的经济增长绩效。政府要想获得城乡居民的支持，必须要在经济社会发展的同时，为居民提供充足的社会保障和社会服务。因此，地方官员职业发展的目标就转化为寻求政治支持最大化的目标。

本研究根据中国政府晋升机制的特点，对中国现实国情进行如下假定：

A1：中国公共品完全由政府供给。

A2：政府提供的公共品分为城市公共品和农村公共品两类。

A3：城市和农村公共品的生产函数是相同的，并且资源投入在城乡公共品产出之间没有外溢性。也就是说投入城市的资源只会影响城市公

共品的供给，投入农村的资源只会影响农村的公共品供给。

A4：地方官员唯一的目标是政治职位的晋升，而政治职位的晋升完全依赖于政治支持。

A5：地方官员的政治支持来自三个部分，分别是上级政府、城市居民和农村居民。

借鉴马骁等[①]构建的政治支持模型，构建政府晋升激励、城市偏向与公共品供给的函数，如公式（4－20）所示。

$$LG_i = F(CG,UR,RR) = \alpha CG(x_c) + \beta UR(x_u) + \gamma RR(x_r)$$

公式（4－20）

其中，LG_i代表i级地方官员获得的政治支持，CG代表i级政府获得的上级政府的政治支持，UR代表i级政府获得的城市居民的政治支持，RR代表i级政府获得的农村居民的政治支持。$F(\cdot)$代表三个部门的政治支持与地方官员获得的总的政治支持的函数关系。α、β、γ表示地方官员获得的三个部分的政治支持在其政治支持中的权重，且$\alpha+\beta+\gamma=1$，$0<\alpha, \beta, \gamma<1$。$x_c$、$x_u$、$x_r$表示地方官员为获得三部门政治支持所投入的成本，均为非负数。x_c主要表示能带来经济增长的投入，x_u主要表示提高城市公共服务供给水平的投入，x_r主要表示提高农村公共服务供给水平的投入。CG、UR、RR分别为x_c、x_u、x_r的增函数，且假定为凹函数，符合稻田条件。则地方官员的目标函数为：

$$\max LG_i = \max F(CG,UR,RR) = \max[\alpha CG(x_c) + \beta UR(x_u) + \gamma RR(x_r)]$$

$$s.t.\ x_c + x_u + x_r = R$$

公式（4－21）

其中，R是政府官员可以支配的资源总量。

根据拉格朗日定理，可以得到：

$$\alpha\frac{\partial CG}{\partial x_c} = \beta\frac{\partial UR}{\partial x_u} = \gamma\frac{\partial RR}{\partial x_r} = \lambda > 0$$

公式（4－22）

① 马骁、王宇、张岚东：《消减城乡公共产品供给差异的策略——基于政治支持差异假设的探视》，《经济学家》2011年第1期。

由公式（4－22）得，

$$\frac{\partial CG}{\partial x_c}=\frac{\lambda}{\alpha},\frac{\partial UR}{\partial x_u}=\frac{\lambda}{\beta},\frac{\partial RR}{\partial x_r}=\frac{\lambda}{\gamma} \qquad \text{公式（4－23）}$$

公式（4－23）是地方官员在公式（4－22）的约束下，最大化政治支持的条件，地方官员投入各部分的资源与从各部门获得的政治支持的关系，与各部门政治支持的权重有关。地方官员会综合考虑各部门的支持权重，来进行资源配置，以使得自己的政治支持最大化，本质上来讲，α、β、γ 也代表了政府对各部门的偏好水平。

从目前中国的国情来看，$\alpha>\beta>\gamma>0$。主要原因在于：（1）与上级政府相比，虽然城市居民可以通过选举地方人大代表、信访、网络等方式表达自己的政治支持，但是也只是间接影响上级政府对地方官员的考核，而上级政府却是直接考核地方官员，决定地方官员的去留，所以对地方官员来说，对上级政府部门政治支持的偏好水平要高于对城市居民政治支持的偏好水平，因此，$\alpha>\beta>0$。（2）与农村居民相比，依据宪法，农村居民可以通过选举县乡人大代表，参与村民委员会的选举，向国家机关和工作人员提出建议、批评、申诉和检举等方式，表达自己的政治支持。可以看出，与城市居民相比，农村居民更难影响上级政府对地方官员的考评，因此，$\beta>\gamma>0$。综上分析，$\alpha>\beta>\gamma>0$。

由此可以提出以下假设：

H4－1：在其他条件不变的情况下，晋升激励对农村公共品供给有负向影响。

H4－2：在其他条件不变的情况下，政府官员的城市偏向对农村公共品供给具有负向影响。

第二节　数据说明与模型选取

一　变量设定

关于农村生活垃圾治理服务供给的度量。现有关于公共服务供给的度量，主要包括三种方式：第一，利用财政投入量来度量。这种方式虽然简单，但是没有考虑效率问题，不能反映公共服务供给的质量。第二，利用公共服务产出量来衡量，比如用人均园林绿地面积、污水处理厂集中处理率、生活垃圾无害化处理率等指标来衡量环境公共服务①，是一种建立在投入—产出理论基础上的衡量方式，克服了第一种方法没有考虑投入效率的问题。第三种，用公共服务产生的效益来衡量，比如用义务教育阶段在校学生的平均得分来衡量义务教育水平，这种衡量方式可能会混淆其他因素，比如学生是否接受课外培训等对学生成绩的影响，并且数据可得性较差②。考虑到研究的准确性和数据的可得性，本研究采用第二种方法，用有生活垃圾收集点的行政村占比和对生活垃圾进行处理的行政村占比来衡量农村生活垃圾治理服务。

关于财政分权指标的衡量。财政分权是指中央向地方下放部门财政管理、财政决策权的过程③。关于财政分权，目前还没有一个统一的指标，对于财政分权指标的度量主要有三种方法，第一，以财政收入数据计算财政分权度，该指标反映“财权”分离度；第二，以财政支出数据计算财政分权度，该指标反映“事权”分离度；第三，综合收入和支出计算财政自主度，该指标反映政府收入可以满足地方支出的程度。张芬等④比较了已有研究中的财政分权指标发现，财政收入分权、支出分权指标都有较强的稳定性，并且两个指标具有较高的相关性。陈硕等⑤认为关于财政分权没有一个最优指标，不同指标背后的作用机制不同，不能互相替代。财政自主度通过赋予地方更高的财政自主性，激励政府改善公共品供给，而财政支出分权对公共服务供给存在门限效应，财政支

① 熊鹰：《中国农村转移劳动力区域再配置：基于公共服务的视角》，《统计与决策》2020年第11期。

② 胡玉杰、彭徽：《财政分权、晋升激励与农村医疗卫生公共服务供给——基于我国省际面板数据的实证研究》，《当代财经》2019年第4期。

③ 陈硕、高琳：《央地关系：财政分权度量及作用机制再评估》，《管理世界》2012年第6期。

④ 张芬、赵晓军：《中国财政分权度量指标的比较研究》，《经济研究参考》2016年第34期。

⑤ 陈硕、高琳：《央地关系：财政分权度量及作用机制再评估》，《管理世界》2012年第6期。

出分权在门限内时，政府会重视生产性支出而忽视非生产性支出，超过门限值后，生产性支出偏向会大大减弱。鉴于此，为全面反映财政分权的影响，本书构建了三个财政分权指标，即财政收入分权指标、财政支出分权指标和财政自主度指标，以期探究财政分权的不同侧面对农村生活垃圾治理服务供给的影响。

关于金融分权指标的衡量。对金融分权的衡量，尚无固定标准。通过对中国金融分权演进和特点的分析，洪正将金融分权定义为不同层级政府间、政府与市场间对金融资源配置权、控制权进行划分的一系列制度规定。金融分权有两个层面，一是中央政府向地方政府进行分权（金融分权Ⅰ）；二是政府向私人部门进行分权（金融分权Ⅱ）[①]。但是在金融条线管理的形势下，金融指标众多（比如辖区内的银行贷款、地方融资平台规模等），且不能简单加总，金融分权难以刻画[②]。鉴于银行贷款是主要的金融资源，在一定程度上，地方银行贷款比重可以反映金融分权结构，并且政府对金融最直接的影响还是银行的贷款支持数量，借助多数文献的衡量方法[③]，本书采用各省贷款额与全国贷款额之比来表示金融分权。

关于晋升激励的度量。改革开放以后，中国地方官员的任命、晋升主要由上级政府或者中央政府考核决定，主要以 GDP 增长指标为主，促使各级政府官员陷入以经济发展为中心的“晋升锦标赛”中。关于晋升激励的度量，目前还没有一个统一的指标。其中，傅勇等[④]认为运用财政竞争手段吸引外商直接投资，是政府竞争的主要手段，因此用外资企业的相对实际税率来刻画晋升激励；段迎君等[⑤]、田文佳等[⑥]则认为任期

---

① 洪正、胡勇锋：《中国式金融分权》，《经济学》（季刊）2017 年第 2 期。

② 何德旭、苗文龙：《财政分权是否影响金融分权——基于省际分权数据空间效应的比较分析》，《经济研究》2016 年第 2 期。

③ 傅勇、李良松：《金融分权影响经济增长和通胀吗——对中国式分权的一个补充讨论》，《财贸经济》2017 年第 3 期。

④ 傅勇、张晏：《中国式分权与财政支出结构偏向：为增长而竞争的代价》，《管理世界》2007 年第 3 期。

⑤ 段迎君、傅帅雄：《财政分权、晋升激励与农村脱贫》，《中国软科学》2020 年第 2 期。

⑥ 田文佳、余靖雯、龚六堂：《晋升激励与工业用地出让价格——基于断点回归方法的研究》，《经济研究》2019 年第 10 期。

对官员的晋升激励有较为重要的作用，为此将官员任期作为晋升激励的衡量指标；而钱先航等[①]、蔡显军等[②]综合考虑政府最为关心的 GDP 增长率、财政盈余率和失业率，同时考虑“可比地区”原则，构建了官员晋升激励指标。本书综合前人的研究，以地区比较的 FDI 值为准，构建了晋升激励指标。具体而言，参考蔡显军[③]的研究，根据地理区划将全国划分为华北、华中、华南、华东、西北、西南、东北七个区域，对各区域 FDI 求平均值，每个省份与所在区域平均值的比值作为各省晋升激励指标，得分越高，代表该省份的晋升激励程度越大，反之则越小。

关于城市偏向指标的衡量。城市偏向，指的是政府在政策制定时多偏袒城市。中国的城市偏向政策表现在多个方面，早期表现为“价格扭曲”，后期表现为“分配失衡”，在公共财政支出中，政府存在明显的城市偏向特征。关于城市偏向指标的构建，学界也没有达成一致，刘成奎等[④]认为政府的财政资源配置最能反映政府的城市偏向，并构建了各省财政支出中“三农”财政支出占财政总支出的比重来表示农村偏向，用非农村偏向来表示城市偏向；罗丽丽等[⑤]则构建了政府支持农业生产支出占地方财政总支出的比例，来代表政府支出的城市偏向；程开明[⑥]使用“城镇投资占全社会固定资产投资比重”来表示固定资产投资中的城市偏向；张杰[⑦]则认为分散的城市偏向政策指标不能准确刻画城市偏向

① 钱先航、曹廷求、李维安：《晋升压力、官员任期与城市商业银行的贷款行为》，《经济研究》2011 年第 12 期。

② 蔡显军、吴卫星、徐佳：《晋升激励机制对政府和社会资本合作项目的影响》，《中国软科学》2020 年第 3 期。

③ 蔡显军、吴卫星、徐佳：《晋升激励机制对政府和社会资本合作项目的影响》，《中国软科学》2020 年第 3 期。

④ 刘成奎、龚萍：《财政分权、地方政府城市偏向与城乡基本公共服务均等化》，《广东财经大学学报》2014 年第 4 期。

⑤ 罗丽丽、彭代彦：《城市偏向、滞后城市化与城乡收入差距——基于省级面板数据的实证分析》，《农村经济》2016 年第 2 期。

⑥ 程开明：《从城市偏向到城乡统筹发展——城市偏向政策影响城乡差距的 Panel Data 证据》，《经济学家》2008 年第 3 期。

⑦ 张杰：《城市偏向对收入差距的影响：劳动力流动的中介效应分析》，《经济问题探索》2020 年第 4 期。

内涵，为此，其围绕公共服务、公共支出、教育、所有制结构构建了综合性的城市偏向指标体系。鉴于本研究主要目的是研究城市偏向对农村生活垃圾治理服务供给的影响，最直接的影响就是政府公共支出的城市偏向，为此，参照刘成奎等①的研究，以“三农”财政支出占财政总支出的比重来表示农村偏向，用非农村偏向来表示城市偏向。

此外，前人研究发现转移支付、经济发展水平、政府治理也是影响政府公共服务供给的重要因素，为此，在本研究中也将引入这些变量作为政府农村生活垃圾治理服务供给的控制变量。同时，引入村庄人口密度、农村居民人均消费水平变量作为刻画村庄环境压力的变量。本章具体的变量设定见表4－2。

表4－2　**变量设置及描述性分析**

变量		描述	参考文献	预期影响
因变量	农村生活垃圾处理服务供给绝对水平	对生活垃圾进行处理的行政村占比/%（Y1）	熊鹰（2020）	
	城乡生活垃圾处理服务供给相对水平	Y1/城市生活垃圾无害化处理率（Y2）	刘成奎、龚萍（2014）	
核心变量	财政收入分权（RR）	财政收入分权＝省级财政预算收入（亿元）/（省级财政预算收入＋中央财政预算收入）（亿元）	段迎君、傅帅雄（2020）	+/－
	财政支出分权（ER）	财政支出分权＝省级财政预算支出（亿元）/（省级财政预算支出＋中央财政预算支出）（亿元）	段迎君、傅帅雄（2020）	+/－
	财政自主度（FF）	财政自主度＝省级财政预算收入（亿元）/省级财政预算支出（亿元）	段迎君、傅帅雄（2020）	+/－
	金融分权（BD）	各省贷款额（亿元）/贷款额（亿元）	傅勇、李良松（2017）	+/－
	晋升激励（PI）	见前文关于晋升激励的度量	蔡显军(2020)	－
	城市偏向（UO）	1－“三农”财政支出（万元）/财政总支出（万元）	刘成奎、龚萍（2014）	－

① 刘成奎、龚萍：《财政分权、地方政府城市偏向与城乡基本公共服务均等化》，《广东财经大学学报》2014年第4期。

续表

变量		描述	参考文献	预期影响
控制变量	转移支付（TP）	中央对地方转移支付（万元）/地方一般公共预算支出（万元）	孙开、王冰（2019）	+/-
	经济发展水平（ED）	人均地区生产总值（万元）	缪小林、王婷等（2017）	+
	财政负担（FB）	各省公职人员人数（万人）/财政收入（亿元）	傅勇（2010）	-
	农村人口密度（PD）	乡村人口数（百万人）/村庄用地面积（公顷）	傅勇（2010）	+/-
	农村消费水平（CL）	农村居民人均消费水平（万元）	吴文恒、牛叔文（2009）	+

注：由于2007年之后“三农”财政支出的统计口径发生了变化，参照刘成奎、龚萍①的研究，使用城乡社会事务支出的40%+农林水支出之和表示“三农”财政支出。

二　数据来源与变量描述性分析

（一）数据来源

从实际操作层面来讲，根据“村收集—镇运转—县处理”的基本思路，农村生活垃圾处理多属于区县政府的职责。但由于缺乏区县生活垃圾处理水平的数据，本章使用省级数据对政府供给农村生活垃圾治理服务进行研究。理由有二：一是每省各区县农村生活垃圾处理水平存在差异，省级农村生活垃圾处理水平反映各区县农村生活垃圾处理水平的一般情况；二是本章主要目的是探究中国式分权对政府农村生活垃圾治理服务供给水平的影响，无论是对于区县政府，还是反映区县政府一般水平的省级政府来说，其供给非生产性公共服务的行为遵循同样的行为逻辑，即在财政约束的情况下，追求自身职业发展，用省级政府数据同样可以对该行为逻辑进行验证，为此，退而求其次，本章使用省级政府数

① 刘成奎、龚萍：《财政分权、地方政府城市偏向与城乡基本公共服务均等化》，《广东财经大学学报》2014年第4期。

据进行政府供给农村生活垃圾治理服务的研究。

相关变量数据主要来源于 EPS 全球统计数据/分析平台。具体而言，农村生活垃圾治理服务供给水平数据来源于 2008—2017 年《中国城乡建设统计年鉴》（其他年份没有统计数据），晋升激励、城市偏向、财政分权、金融分权相关数据来自中国财政部、中国国家税务总局、中国国家统计局，由 EPS DATA 整理，贷款数据来自中国人民银行、中国金融学会、中国银监会、中国证监会、中国保监会、国家外汇管理局，由 EPS DATA 整理，转移支付数据来源于中国财政部、中国国家税务总局，由 EPS DATA 整理，人口相关数据、财政负担数据来源于中国国家统计局，由 EPS DATA 整理，农村人口密度数据来源于中国住房和城乡建设部，由 EPS DATA 整理。研究样本包括中国 30 个省市，2007—2016 年 10 年的样本数据。

（二）变量描述性分析

农村生活垃圾治理服务供给情况、晋升激励、城市偏向、财政分权、金融分权等相关变量的描述性统计分析见表 4 – 3。

表 4 – 3　**变量描述性分析**

变量	样本量	平均值	标准差	最小值	最大值
服务供给绝对水平	300	0.336	0.285	0.001	0.980
服务供给相对水平	300	0.004	0.003	0.000	0.013
财政收入分权	300	0.483	0.127	0.276	0.825
财政支出分权	300	0.528	0.146	0.238	0.819
财政自主度	300	0.518	0.198	0.148	0.951
金融分权	300	0.033	0.026	0.003	0.111
晋升激励	300	0.771	0.625	0.006	2.468
城市偏向	300	0.870	0.026	0.792	0.935
转移支付	300	0.415	0.174	0.071	0.762

续表

变量	样本量	平均值	标准差	最小值	最大值
经济发展水平	300	1.683	1.335	0.266	7.899
财政负担	300	0.039	0.026	0.003	0.180
农村人口密度	300	0.547	0.155	0.241	1.184
农村消费水平	300	0.767	0.466	0.190	2.431

由表4－3可知，30个省份近10年，就农村生活垃圾治理服务供给的绝对水平来看，对生活垃圾进行处理的行政村占比平均为33.56%，就农村生活垃圾治理与城市生活垃圾治理的相对供给水平来看平均为0.38%，城市生活垃圾处理水平远高于农村，城乡农村生活垃圾处理水平极不均等。

三 模型选取

（一）静态面板模型设定

根据理论分析和变量设定，分别从农村生活垃圾处理服务供给的绝对水平和相对水平两个维度，以农村生活垃圾处理服务供给水平（Y_1）和城乡生活垃圾处理均等化水平（Y_2）为因变量（Y），以财政分权、金融分权、晋升激励和城市偏向为核心自变量构建静态面板模型如公式（4－24）所示：

$$Y_{i,t} = A K'_{i,t} + B Z'_{i,t} + \beta_i + \varepsilon_{i,t} \qquad \text{公式（4－24）}$$

其中i、t分别表示省份、时间，β_i、$\varepsilon_{i,t}$分别表示省份个体效应和残差。$K'_{i,t}$是一组$1 \times k$维的核心自变量向量，包括财政分权（RR、ER、FF、RR^2、ER^2、FF^2）、金融分权（BD、BD^2）、晋升激励（PI）和城市偏向（UO），$Z'_{i,t}$是一组$1 \times s$维的控制变量向量，包括转移支付（TP）、经济发展水平（ED）、财政负担（FB）、农村人口密度（PD）、农村消费水平（CL）。A表示核心自变量估计系数向量，B表示控制变量估计系数向量。

（二）动态面板模型设定

由于可能出现联立性、遗漏变量和测量误差的问题，未考虑内生性问题，使用固定效应分析方法是有偏、不一致的。联立性问题表现在农村生活垃圾治理水平、财政分权、金融分权、晋升激励和城市偏向可能共同受时间及制度变迁等因素的影响，从而产生内生性问题；遗漏变量问题表现在，在环卫行业市场化改革的背景下，农村生活垃圾治理服务供给水平与村镇环卫市场规模和市场化水平有很大关系，而村镇环卫市场规模和市场化水平可能与当地的经济发展水平、人均消费水平、人口密度等变量相关，也可能导致内生性问题；测量误差问题表现在，关于晋升激励、城市偏向的指标测度，虽然得到了前人研究的认可，但是晋升激励和城市偏向本身是很难准确量化的，并且农村生活垃圾治理水平和城乡均等化水平也难以清晰界定。为解决联立性、遗漏变量和测量误差带来的内生性问题，本章进一步构建了考虑内生性问题的动态面板模型对研究问题进行进一步分析。

由于农村生活垃圾治理是一项长期持续的投入，使得农村生活垃圾治理服务供给可能存在黏性。为较好地控制黏性问题，在静态面板模型的基础上引入农村生活垃圾治理水平的滞后项构造动态面板模型。动态面板模型包含 DIF-GMM 和 SYS-GMM。

$$Y_{i,t} = \alpha_1 Y_{i,t-1} + A K'_{i,t} + B Z'_{i,t} + \beta_i + \varepsilon_{i,t} \qquad \text{公式（4－25）}$$

$$\Delta Y_{i,t} = \alpha_1 \Delta Y_{i,t-1} + A\Delta K'_{i,t} + B \Delta Z'_{i,t} + \Delta \varepsilon_{i,t} \qquad \text{公式（4－26）}$$

对公式（4－25）进行差分，以消除省级个体差异 β_i 的影响，在一定程度上可以缓解遗漏变量的问题［公式（4－26）］。而差分后的模型由于因变量一阶差分滞后项与误差项的差分项相关，存在内生性问题，需要引入工具变量。由于难以找到合适的工具变量，参照杨义武等①的研究，采用常用的以被解释变量的滞后两期及其更多滞后项作为工具变量。

另外，由于差分估计不仅可能存在工具变量与内生变量差分项、相关度低、弱工具变量的问题，还可能因为在消除省份个体差异的同时，忽略时变变量的影响。因此，在 DIF-GMM 估计［公式（4－26）］的基础上，添加水平方程［公式（4－25）］为约束条件，构建 SYS-GMM，

① 杨义武、林万龙、张莉琴：《农业技术进步、技术效率与粮食生产——来自中国省级面板数据的经验分析》，《农业技术经济》2017 年第 5 期。

以有效减少估计偏误问题[①]。

第三节 政府供给农村生活垃圾治理服务的影响因素分析

一 不考虑内生性问题的回归分析

由于财政收入分权指标和财政支出分权指标在横截面和时间序列两个维度都表现一致，并且财政收入分权指标和财政支出分权指标之间相关性也较高[②]，为此，将分开研究各财政分权指标对农村生活垃圾治理服务供给水平的影响。同时考虑到中国财政—金融相互交织的体制搭配，金融资源是政府财政能力不足时的财政替代，所以将财政分权和金融分权也分开放入模型中[③]。首先，对农村生活垃圾供给服务的绝对水平（Y1）进行回归分析。由于模型使用的是面板数据，首先通过 Hausman 检验，以选择使用固定效应还是随机效应模型。同时，对变量的一阶序列相关、异方差和截面相关性进行检验，发现变量存在序列相关、异方差和截面相关性，为此，参照 Hoechle[④] 的研究，使用 Driscoll Kraay 标准误进行模型估计。结果如表 4-4 所示。

表 4-4 农村生活垃圾治理服务供给绝对水平：静态面板模型估计结果

变量	模型（1）：FE		模型（2）：FE		模型（3）：FE		模型（4）：FE	
	系数	标准误	系数	标准误	系数	标准误	系数	标准误
财政收入分权	2.562**	1.205						

① 杨义武、林万龙、张莉琴：《农业技术进步、技术效率与粮食生产——来自中国省级面板数据的经验分析》，《农业技术经济》2017 年第 5 期。

② 张芬、赵晓军：《中国财政分权度量指标的比较研究》，《经济研究参考》2016 年第 34 期。

③ 丁骋骋、傅勇：《地方政府行为、财政—金融关联与中国宏观经济波动——基于中国式分权背景的分析》，《经济社会体制比较》2012 年第 6 期 。

④ Hoechle, D. , "Robust Standard Errors for Panel Regressions with Cross-Sectional Dependence", *The Stata Journal*, Vol. 7, No. 3, 2000, pp. 281-312.

续表

变量	模型（1）：FE		模型（2）：FE		模型（3）：FE		模型（4）：FE	
	系数	标准误	系数	标准误	系数	标准误	系数	标准误
财政收入分权 2	-2.076 *	1.152						
财政支出分权			1.753 ***	0.281				
财政支出分权 2			-1.381 ***	0.164				
财政自主度					0.305 *	0.177		
财政自主度 2					-0.017 ***	0.001		
金融分权							24.674 ***	3.810
金融分权 2							-64.910 ***	10.510
晋升激励	0.059	0.036	0.050	0.033	0.035	0.034	0.074 ***	0.024
城市偏向	-1.053 ***	0.302	-0.495	0.415	-2.019 ***	0.648	-0.296 **	0.137
转移支付	-0.397 *	0.199	-0.488 **	0.188	-0.318 *	0.181	-0.297 *	0.174
经济发展水平	-0.003	0.034	0.021	0.025	0.016	0.040	0.032	0.032
财政负担	-0.041	0.139	0.055	0.160	-0.182	0.155	-0.165	0.155
农村人口密度	-0.142	0.109	-0.030	0.099	-0.109	0.114	-0.069	0.110
农村消费水平	0.394 ***	0.089	0.312 ***	0.077	0.488 ***	0.100	0.408 ***	0.073
常数项	0.433 ***	0.136	0.158	0.352	1.757 ***	0.590	-0.369 **	0.179
R^2	0.709		0.733		0.717		0.735	
Obs	300		300		300		300	

注：（1）估计标准误为 Driscoll Kraay 标准误；（2）R^2 为 with - in R^2；（3）* 、** 、*** 分别表示在 10%、5%、1% 的水平上显著。

其次，采用同样的方法对农村生活垃圾供给服务的相对水平（Y2）进行回归分析。估计结果见表 4-5。

表 4-5　农村生活垃圾治理服务供给相对水平：静态面板模型估计结果

变量	模型（5）：FE		模型（6）：FE		模型（7）：FE		模型（8）：FE	
	系数	标准误	系数	标准误	系数	标准误	系数	标准误
财政收入分权	0.029 ***	0.009						

续表

变量	模型（5）：FE		模型（6）：FE		模型（7）：FE		模型（8）：FE	
	系数	标准误	系数	标准误	系数	标准误	系数	标准误
财政收入分权 2	-0.025 ***	0.009						
财政支出分权			0.017 ***	0.002				
财政支出分权 2			-0.013 ***	0.002				
财政自主度					0.002	0.001		
财政自主度 2					-0.000 ***	0.000		
金融分权							0.295 ***	0.040
金融分权 2							-0.966 ***	0.167
晋升激励	0.000	0.000	0.000	0.000	0.000	0.000	0.000	0.000
城市偏向	-0.015 ***	0.004	-0.010 *	0.005	-0.024 ***	0.008	-0.006 ***	0.001
转移支付	-0.002	0.002	-0.003 **	0.002	-0.002	0.002	-0.001	0.002
经济发展水平	0.000	0.000	0.000	0.000	0.000	0.000	0.000	0.000
财政负担	-0.003 *	0.002	-0.002	0.002	-0.005 **	0.002	-0.004 ***	0.002
农村人口密度	-0.002 *	0.001	-0.001	0.001	-0.002	0.001	-0.001	0.001
农村消费水平	0.004 ***	0.001	0.003 ***	0.001	0.005 ***	0.001	0.004 ***	0.001
常数项	0.009 ***	0.003	0.007	0.005	0.022 ***	0.007	-0.001	0.001
R^2	0.664		0.687		0.670		0.700	
Obs	300		300		300		300	

注：（1）估计标准误为 Driscoll Kraay 标准误；（2）R^2 为 with - in R^2；（3） * 、** 、*** 分别表示在 10% 、5% 、1% 的水平上显著。

根据模型回归结果，在控制其他相关变量的情况下，财政收入分权、财政支出分权、财政自主度、金融分权变量一次项系数显著为正，二次项系数显著为负，说明财政收入分权、财政支出分权、财政自主度、金融分权对农村生活垃圾治理服务供给的绝对水平和相对水平均存在显著的倒 U 型关系，说明在一定范围内，农村生活垃圾治理水平随着财政分权度、金融分权度的增加，呈现出先上升后下降的趋势。验证了前文的假设。其主要原因在于，第一，财政分权度（金融分权度）提高，政府有更多的公共支出，会直接提高私人部门社会福利供给，提高农村生活垃圾治理服务供给水平；第二，财政分权度（金融分权度）的提高，政府有更多的公共支出，对私人部门的消费具有挤出效应，从而会降低私人部门的社会福利供给，降低农村生活垃圾治理服务供给水平。在财政分权度（金融分权度）较低的情况下，第一种作用占主导，随着财政分权度（金融分权度）的提高，农村生活垃圾治理服务供给水平不断提高；在财政分权度（金融分权度）较高的情况下，第二种作用占主导，随着财政分权度（金融分权度）的提高，农村生活垃圾治理服务供给水平不断降低。晋升激励对农村生活垃圾治理服务供给影响较小或者影响不显著，这可能与村民对政府的政治支持较小，村庄生活垃圾治理在地方官员晋升考核中，占比较小有关。城市偏向对农村生活垃圾治理服务供给水平有显著的负向影响，验证了上文的理论分析，政府的城市偏向程度越高，农村生活垃圾治理服务供给水平越低。

此外，转移支付会降低农村生活垃圾治理服务供给的绝对水平，政府负担会降低农村生活垃圾治理服务供给的相对水平，农村消费水平会增加农村生活垃圾治理服务供给的绝对水平和相对水平。转移支付作为均衡中央政府和地方政府之间财政关系的指标，对农村生活垃圾治理服务供给绝对水平的影响为负，说明转移支付虽然能够增加政府的财力，但是政府增加的财力会更多地用于其他领域而非用于农村生活垃圾治理服务中，对于农村生活垃圾治理服务供给相对水平的影响不显著，说明转移支付并不会缩小城乡之间农村公共服务供给的差距。财政负担会降低农村生活垃圾治理服务供给的相对水平，说明政府财政负担的增加会加大城乡生活垃圾治理服务供给水平的差异。而农村消费水平对农村生活垃圾治理服务供给的相对水平和绝对水平都有显著的正向影响，可能是因为随着农村消费水平的提高，农村生活垃圾带来的环境压力也更高，从而会促进政府增加对农村生活垃圾治理服务的供给，减少城乡生活垃圾治理水平的差距。

二　考虑内生性问题的回归分析

根据上文的分析，由于可能出现联立性、遗漏变量和测量误差的内生性问题，造成估计结果偏误，因此本章又使用 DIF-GMM 和 SYS-GMM

模型对内生性问题进行分析，对农村生活垃圾治理服务供给绝对水平的DIF-GMM和SYS-GMM估计结果见表4－6和表4－7。对农村生活垃圾治理服务供给相对水平的DIF-GMM和SYS-GMM估计结果见表4－8。

表4－6　**农村生活垃圾治理服务供给绝对水平：DIF-GMM估计结果**

变量	模型（9）		模型（10）		模型（11）		模型（12）	
	DIF-GMM		DIF-GMM		DIF-GMM		DIF-GMM	
	系数	标准误	系数	标准误	系数	标准误	系数	标准误
财政收入分权	1.546***	0.347						
财政收入分权2	－1.415***	0.334						
财政支出分权			0.147	0.123				
财政支出分权2			0.176	0.108				
财政自主度					0.207***	0.076		
财政自主度2					－0.002***	0.001		
金融分权							26.553***	8.195
金融分权2							－111.684*	59.897
晋升激励	0.003	0.015	－0.012	0.016	－0.016	0.015	0.008	0.014
城市偏向	－1.701***	0.264	－1.635***	0.250	－1.867***	0.18	－1.056***	0.201
转移支付	0.122**	0.058	0.124***	0.043	0.139**	0.060	0.098*	0.058
经济发展水平	－0.157	0.120	－0.158*	0.090	－0.134	0.119	－0.111	0.092
财政负担	0.098*	0.059	0.188***	0.049	0.087	0.088	0.149**	0.070
农村人口密度	0.035***	0.012	0.037**	0.015	0.032***	0.009	0.086***	0.011
农村消费水平	－0.004	0.028	－0.074**	0.030	0.020	0.017	0.007	0.020
Y1滞后一阶	0.647***	0.032	0.636***	0.023	0.648***	0.030	0.435***	0.035
常数项	1.067***	0.200	1.275***	0.207	1.512***	0.177	0.196	0.238
AR（2）/p	0.820		0.767		0.801		0.951	
Sargan/p	0.438		0.529		0.475		0.362	
Obs	210		210		210		210	

注：（1）*、**、***分别表示在10%、5%、1%的水平上显著。（2）AR（2）/p表示差分残差项二阶序列相关的p值，Sargan/p表示过度识别检验的p值，Obs表示样本量。（3）在差分DIF-GMM和SYS-GMM中，采用two-step法进行估计，以前定变量的滞后二期或三阶期，作为工具变量。

表4-7 农村生活垃圾治理服务供给绝对水平：SYS-GMM 估计结果

变量	模型（13）		模型（14）		模型（15）		模型（16）	
	SYS-GMM		SYS-GMM		SYS-GMM		SYS-GMM	
	系数	标准误	系数	标准误	系数	标准误	系数	标准误
财政收入分权	2.190***	0.553						
财政收入分权2	-2.258***	0.538						
财政支出分权			0.989***	0.328				
财政支出分权2			-0.858**	0.343				
财政自主度					0.455***	0.077		
财政自主度2					-0.005***	0.001		
金融分权							16.427***	3.203
金融分权2							-79.673***	27.203
晋升激励	0.066***	0.013	0.054***	0.009	0.009	0.012	-0.006	0.014
城市偏向	-0.787***	0.222	-0.614***	0.220	-1.817***	0.304	-1.329***	0.188
转移支付	-0.353***	0.052	-0.332***	0.050	0.012	0.053	0.366***	0.056
经济发展水平	0.046	0.149	0.128	0.151	-0.09	0.12	-0.318***	0.094
财政负担	0.224***	0.062	0.285***	0.071	0.285***	0.05	0.193***	0.05
农村人口密度	0.005	0.009	0.009	0.015	0.025**	0.011	0.045***	0.015
农村消费水平	0.083***	0.027	0.061*	0.035	0.039	0.031	0.026	0.039
Y1滞后一阶	0.743***	0.022	0.771***	0.022	0.783***	0.023	0.640***	0.019
常数项	0.221	0.162	0.260	0.237	1.237***	0.217	0.575***	0.165
AR（2）/p	0.901		0.753		0.814		0.788	
Sargan/p	0.763		0.865		0.830		0.907	
Obs	240		240		240		240	

注：同表4-6。

由表4-6、表4-7和表4-8的估计结果可知，Arellano-Bond二阶序列相关检验AR（2）的p值和Sargan过度识别检验的p值均大于0.10，说明无法拒绝模型没有二阶序列相关的假设，并且工具变量选择是有效的，不存在过度识别。考虑到SYS-GMM估计结果更有效，使用

SYS-GMM 的估计结果对财政收入分权、财政自主度和金融分权对农村生活垃圾治理服务供给的绝对水平的进一步分析见表 4－9。

由以上分析知，无论是采取消除序列相关、异方差和截面相关的静态面板模型，还是采取考虑内生性问题的动态面板模型，由表 4－4 至表 4－9 均可以发现，财政分权、金融分权与农村生活垃圾治理服务供给水平之间具有显著的倒 U 型关系，并且这种关系无论是在农村生活垃圾治理服务供给的绝对水平还是相对水平都成立。城市偏向对农村生活垃圾治理服务供给水平具有显著的负向影响，并且这种关系无论是在农村生活垃圾治理服务供给的绝对水平还是相对水平也都成立。充分验证了上文的理论分析。

表 4－8　**农村生活垃圾治理服务供给相对水平：GMM 估计结果**

变量	模型（17）		模型（18）		模型（19）		模型（20）	
	DIF-GMM	SYS-GMM	DIF-GMM	SYS-GMM	DIF-GMM	SYS-GMM	DIF-GMM	SYS-GMM
财政收入分权	0.011***	0.021***						
	0.003	0.004						
财政收入分权 2	－0.011***	－0.023***						
	0.003	0.003						
财政支出分权			0.009***	0.010***				
			0.002	0.001				
财政支出分权 2			－0.006**	－0.008***				
			0.003	0.001				
财政自主度					－0.001	0.004***		
					0.001	0.001		
财政自主度 2					－0.000***	－0.000***		
						0	0.000	
金融分权							0.262***	0.212***
							0.065	0.058
金融分权 2							－0.990*	－0.887*
							0.542	0.512

续表

变量	模型（17）		模型（18）		模型（19）		模型（20）	
	DIF-GMM	SYS-GMM	DIF-GMM	SYS-GMM	DIF-GMM	SYS-GMM	DIF-GMM	SYS-GMM
晋升激励	0.000	0.001***	−0.001**	0.000**	0.000	0.000	0.000	0.000
	0.000	0.000	0.000	0.000	0.000	0.000	0.000	0.000
城市偏向	−0.018***	−0.013***	−0.025***	−0.015***	−0.020***	−0.025***	−0.013***	−0.025***
	0.004	0.001	0.003	0.002	0.003	0.004	0.003	0.003
Y2滞后一阶	0.316***	0.561***	0.277***	0.569***	0.246***	0.534***	0.183***	0.399***
	0.034	0.026	0.045	0.03	0.041	0.017	0.04	0.035
控制变量	已控制	已控制	已控制	已控制	已控制	已控制	已控制	已控制
AR（2）/p	0.883	0.566	0.915	0.749	0.888	0.658	0.534	0.601
Sargan/p	0.0465	0.740	0.560	0.778	0.450	0.827	0.511	0.818
Obs	210	240	210	240	210	240	210	240

注：同表4－6。

表4－9　　核心变量与农村生活垃圾治理服务供给水平的关系

	与Y1的关系		与Y2的关系	
财政收入分权	0 < RR < 0.485	0.485 ≤ RR < 1	0 < RR < 0.457	0.457 ≤ RR < 1
	↗	↘	↗	↘
财政支出分权	0 < ER < 0.576	0.576 ≤ RR < 1	0 < ER < 0.625	0.625 ≤ ER < 1
	↗	↘	↗	↘
财政自主度	0 < FF < 45.500	FF ≥ 45.500	0 < FF < 20	FF ≥ 20
	↗	↘	↗	↘
金融分权	0 < BD < 0.103	0.103 ≤ BD < 1	0 < BD < 0.120	0.120 ≤ BD < 1
	↗	↘	↗	↘
城市偏向	↘		↘	

注：（1）表中数值是根据SYS－GMM估计结果，在控制其他变量不变的情况下，根据财政分权、金融分权一次项和二次项系数运算得来。（2）“↗”表示变量与Y1或者Y2之间具有显著的正向关系，随着变量数值的增加，农村生活垃圾治理服务供给水平不断增加，“↘”则反之。

由于财政分权、金融分权对农村生活垃圾治理服务供给水平的影响具有倒 U 型关系，进一步对提升财政分权、金融分权度的政策空间进行分析。一方面，对农村生活垃圾治理服务供给的绝对水平来说，2016 年有 16 个省份的财政收入分权度小于临界值，提高其财政收入分权水平，可以增加当地的农村生活垃圾治理服务供给绝对水平，而其他 14 个省份则反之；2016 年有 3 个省份（河北省、河南省、山东省）的财政支出分权度小于临界值，提高其财政支出分权水平，可以增加当地的农村生活垃圾治理服务供给绝对水平，而其他 27 个省份则反之；2016 年 30 个省份的财政自主度都小于临界值，提高各地的财政自主度水平，均可以增加当地的农村生活垃圾治理服务供给绝对水平；2016 年有 29 个省份的金融分权度都小于临界值，提高其金融分权水平，均可以增加当地的农村生活垃圾治理服务供给绝对水平，而仅有 1 个省份（广东省）的金融分权度大于临界值，提高其金融分权水平，会降低当地的农村生活垃圾治理服务供给绝对水平。另一方面，对农村生活垃圾治理服务供给的相对水平来说，2016 年有 12 个省份的财政收入分权度小于临界值，提高其财政收入分权水平，可以增加当地的农村生活垃圾治理服务供给相对水平，而其他 18 个省份则反之；2016 年有 10 个省份的财政支出分权度小于临界值，提高其财政支出分权水平，可以增加当地的农村生活垃圾治理服务供给相对水平，而其他 20 个省份则反之；2016 年 30 个省份的财政自主度都小于临界值，提高各地的财政自主度水平，均可以增加当地的农村生活垃圾治理服务供给相对水平；2016 年 30 个省份的金融分权度都小于临界值，提高其金融分权水平，均可以增加当地的农村生活垃圾治理服务供给相对水平。具体见表 4－10。

表 4－10　**提升财政分权、金融分权的政策空间分析**

省份个数	与 Y1 的关系为正	与 Y1 的关系为负	与 Y2 的关系为正	与 Y2 的关系为负
财政收入分权	16	14	12	18
财政支出分权	3	27	10	20
财政自主度	30	0	30	0
金融分权	29	1	30	0

财政收入分权主要反映“财权”的分离程度，财政支出分权主要反映“事权”的分离程度，财政自主度主要反映政府收入可以满足地方支出的程度[①]，金融分权反映金融资源配置权与控制权的分离程度[②]。由表4－10来看，就农村生活垃圾治理服务供给水平而言，政府“财权”不足，“事权”过重，财权和事权的不匹配，地方财政收入入不敷出，对金融资源又缺乏配置和控制权，是导致政府农村生活垃圾治理服务供给不足、城乡供给不均等的重要原因。

此外，对比模型（13）—模型（20）发现，晋升激励对农村生活垃圾治理服务供给水平的影响不显著，参考的研究，可以从公共品的可视性的视角进行理论解释[③]。一方面，政府的目标是最大化选民的支持，而农村居民在政府的政治支持中占有的地位微乎其微，因此，政府会忽视农村生活垃圾治理服务的供给；另一方面，随着地方环境问题越来越严重，中央政府对农村环境整治越来越重视，考虑到中央重视，而农村生活垃圾治理又是可视性比较高的农村环境整治项目，政府又可能会增加对农村生活垃圾治理项目的支持。因此，总体来看，晋升激励对农村生活垃圾治理服务供给的影响不显著。城市偏向对农村生活垃圾治理服务供给具有显著的负向影响，验证了前文的理论分析。

第四节　本章小结

本章在内生经济增长模型、政治支持模型的基础上，纳入财政分权、金融分权、晋升激励和城市偏向，构建了政府供给农村生活垃圾治理服务的激励机制分析模型，利用2007—2016年30个省份的数据，使用静态面板模型、DIF-GMM和SYS-GMM模型对政府的农村生活垃圾治理服

① 张芬、赵晓军：《中国财政分权度量指标的比较研究》，《经济研究参考》2016年第34期。

② 洪正、胡勇锋：《中国式金融分权》，《经济学》（季刊）2017年第2期。

③ 吴敏、周黎安：《晋升激励与城市建设：公共品可视性的视角》，《经济研究》2018年第12期；Mani，A.，Mukand，S.，“Democracy，Visibility and Public Good Provision”，*Journal of Development Economics*，Vol. 83，No. 2，2007，p. 506－529。

务供给绝对水平和相对水平的影响因素进行了分析。主要结论如下：

第一，政府的公共服务供给行为主要受政府的支付能力、支付意愿和支付结构的影响。由于政府“财权”不足，“事权”过高，财政收支不匹配，对金融资源配置权和控制权又较小，导致政府支付能力有限；而农村居民对政府的政治支持低，加之中央对农村环境整治服务的重视度不断提高，使得政府对农村生活垃圾治理服务的支付意愿不明晰；城市偏向的政策又导致政府支付结构偏向城市。从而导致农村生活垃圾治理服务供给绝对水平不足，相对供给水平较低。

第二，财政分权、金融分权与农村生活垃圾治理服务供给水平之间具有显著的倒 U 型关系，并且这种关系无论是在农村生活垃圾治理服务供给的绝对水平还是相对水平都成立。城市偏向对农村生活垃圾治理服务供给水平具有显著的负向影响，并且这种关系无论是在农村生活垃圾治理服务供给的绝对水平还是相对水平也都成立。

第三，进一步对提升财政分权、金融分权度的政策空间进行分析，发现 2016 年，提高 16 个省份的财政收入分权水平可以增加当地的农村生活垃圾治理服务供给绝对水平；提高 3 个省份（河北省、河南省、山东省）的财政支出分权水平，可以增加当地的农村生活垃圾治理服务供给绝对水平；提高 30 个省份的财政自主度水平，均可以增加当地的农村生活垃圾治理服务供给绝对水平；提高 29 个省份的金融分权水平，均可以增加当地的农村生活垃圾治理服务供给绝对水平。提高 12 个省份的财政收入分权水平可以增加当地的农村生活垃圾治理服务供给相对水平；提高 10 个省份的财政支出分权水平可以增加当地的农村生活垃圾治理服务供给相对水平；提高 30 个省份的财政自主度水平，均可以增加当地的农村生活垃圾治理服务供给相对水平；提高 30 个省份的金融分权水平，均可以增加当地的农村生活垃圾治理服务供给相对水平。说明提高财政自主度和金融分权以刺激地方农村生活垃圾治理服务供给水平的政策空间较大。

第五章　村“两委”供给生活垃圾治理服务的研究

生活垃圾治理服务供给不仅存在城乡差距，在村庄之间也存在巨大的差异，客观上必然是由于多种影响农村生活垃圾治理服务供给因素的异质性，导致了村庄生活垃圾治理服务供给的差异。其中，作为农村生活垃圾治理服务供给的重要主体之一，村“两委”行为对农村生活垃圾治理服务供给的异质性有较大的解释力①。为此，要想提高农村生活垃圾治理服务供给水平，除了对政府供给农村生活垃圾治理服务的激励机制进行研究外，还需要对村“两委”供给农村生活垃圾治理服务的激励机制进行研究。根据《全面推进农村垃圾治理的指导意见》，村“两委”在农村生活垃圾治理服务供给中有“组织动员村民，修订完善村规民约，做好村庄保洁”的职责，但是根据第三章的分析，村“两委”参与生活垃圾治理激励成本较高，而获得的经济激励或者社会激励收益较低，导致村“两委”缺乏参与生活垃圾治理的积极性。那么怎么才能激发村“两委”参与生活垃圾治理的积极性呢?

本章从委托代理的视角，通过共同代理模型和双向委托关系的分析，发现乡镇政府和村民需求、村“两委”的激励成本可能是激发村“两

---

① 姜利娜、赵霞：《农村生活垃圾分类治理：模式比较与政策启示——以北京市 4 个生态涵养区的治理案例为例》，《中国农村观察》2020 年第 2 期；郭正林：《卷入民主化的农村精英：案例研究》，《中国农村观察》2003 年第 1 期；叶春辉：《农村垃圾处理服务供给的决定因素分析》，《农业技术经济》2007 年第 3 期；谢迪、吴春梅：《村庄治理对公共服务效率的影响：解析鄂省 1098 份问卷》，《改革》2013 年第 11 期。

委”参与生活垃圾治理的重要影响因素。为此本章选择反映村“两委”生活垃圾治理服务供给水平的“村里乱扔（投放）垃圾情况”，反映村“两委”参与的生活垃圾治理服务供给效率的“街道清扫服务、垃圾收集服务、垃圾清运服务”的村民主观评价效率，分别使用村庄层面、村民层面的数据，运用OLS、GLS、Shapley值分解法、Mvprobit模型和PSM模型对村“两委”生活垃圾治理服务供给水平和村“两委”参与的农村生活垃圾治理服务供给效率的影响因素进行了实证分析。研究思路见图5－1。

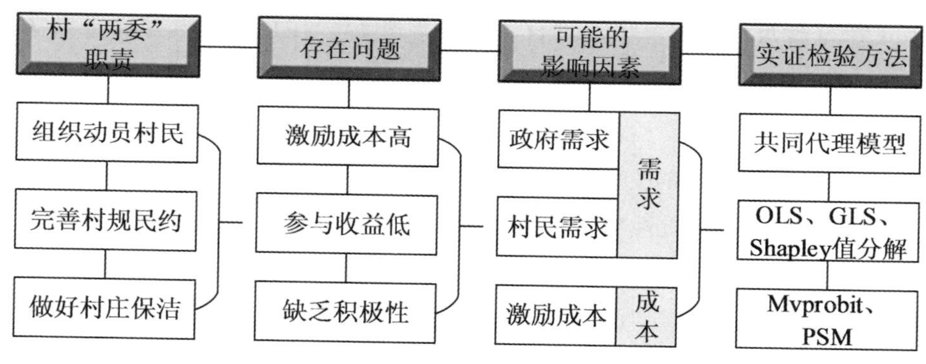

图5－1　村“两委”参与生活垃圾治理服务供给实证分析思路

第一节　村“两委”供给生活垃圾治理服务的激励机制分析

村“两委”参与村庄生活垃圾治理服务可以提高服务供给效率。农村生活垃圾治理是一项常态化工作，涉及生活垃圾的收运、处理（后端）和投放、收集（前端）。村“两委”作为农村公共服务的重要供给主体，在调动村民参与生活垃圾治理、制定村规民约监督村庄生活垃圾投放、收集中发挥了较大的作用。村“两委”积极参与生活垃圾治理服务供给可以极大地提高服务供给效率。假定，有两个村庄R1和R2，两个村庄居民对生活垃圾治理服务的需求曲线为D1、D2，他们需要承担生活垃圾治理的部分成本（比如时间成本、认知成本、到生活垃圾投放点的劳动成本、交付垃圾处理费用等），假定价格为P0。则对于R1、R2村而言，生活垃圾治理服务最佳供给量分别是Q1、Q2（供给量是垃圾投放服务、收集服务的集合），若完全由乡镇政府供给农村生活垃圾治理服务，由于信息不对称，乡镇难以掌握R1、R2村村民对生活垃圾治理服务的异质性需求，考虑到公平问题，给两个村统一提供Q3的生活垃圾治理服务，则对R1村而言，农村生活垃圾治理服务供过于求，边际收益>边际成本，造成了图5－2中ABC面积大小的福利损失，对于R2村而言，农村生活垃圾治理服务供给小于需求，边际收益<边际成本，造成了图5－2中BDE面积的福利损失。为此，乡镇政府在供给农村生活垃圾治理服务时，应该充分调动村“两委”参与村庄生活垃圾治理的热情，利用村“两委”的信息优势提高农村生活垃圾治理服务供给效率。

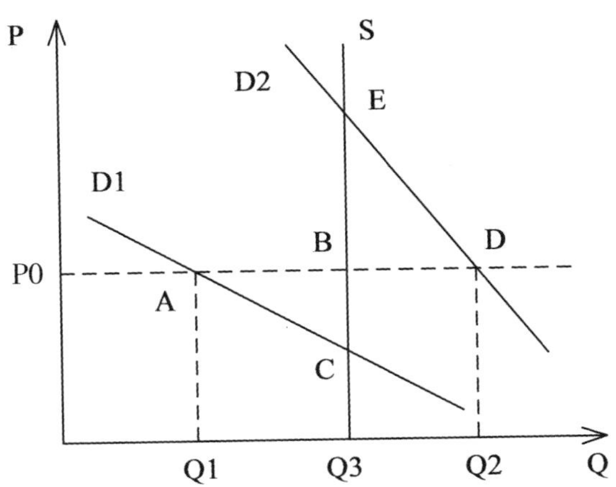

图5－2 村庄供给生活垃圾治理服务的合理性分析

那么，如何才能激发村“两委”积极参与到农村生活垃圾治理服务中来呢？基于委托代理关系的共同代理模型可以为村“两委”的行为提供一定的解释。

以下根据 Bemheim 等[①]开创的共同代理模型，并结合彭涛等[②]关于中国村民自治中委托代理关系的研究，构建农村生活垃圾治理服务供给中的共同代理模型如下：

假设严格按照《村委会组织法》和《行政诉讼法》执行村民自治制度[③]，并且不存在其他相关社会组织，村“两委”干部是村庄生活垃圾治理服务供给的唯一代理人，作为村庄生活垃圾治理服务共同委托人，乡镇政府和村民向村“两委”提供一个联合激励，委托村“两委”完成代理任务。

在共同代理模型中，假设乡镇政府和村民分别为委托人 A 和委托人 B，他们委托村“两委”提供村庄生活垃圾治理服务。用向量 t 代表村“两委”投入的努力，x 表示村庄生活垃圾治理服务供给水平。

$$x = t + \varepsilon \qquad \text{公式（5-1）}$$

其中，ε 表示误差项，服从均值为 0，对角方差矩阵为 Ω 的正态分布。

委托人 A、B 均为风险中性，共同从 x 中受益。假设委托人 A、B 可以无成本观测到产出 x，他们的收益是产出 x 的线性函数，假设两人的收益可以表示为 $b'_j x, j = 1,2, b' = b'_1 + b'_2$，则委托人的总收益为 $b'x$。b'_j 之间的差异反映了委托人之间的利益冲突，一方获利较多，会导致另一方获利受损。但总体来看，双方可以获得正收益，即村“两委”的产出对委托人群体是有利的，即 $b' > 0$。

代理人是风险厌恶的，代理人的效用函数可以表示为：

$$u(\omega) = -\exp(-r\omega) \qquad \text{公式（5-2）}$$

其中，$r > 0, \omega$ 表示代理人获得的激励与付出的成本之差，exp（·）表示指数函数。假设代理人投入的努力不可观测，但是每一个委托人可

---

① Bernheim, B. D., Whinston, M. D., "Common Agency", *Econometric Society*, Vol. 54, No. 4, 1986, pp. 923-942.

② 彭涛、魏建：《村民自治中的委托代理关系：共同代理模型的分析》，2010 年（第十届）中国制度经济学年会会议论文。

③ 王峰：《农村基层组织建设中的委托—代理关系》，《中国农村观察》2000 年第 3 期。

以观测到产出 x，根据 Holmstrom 等[①]的假设若一个委托人采取线性策略，另一个委托人也能利用线性策略达到最优。为此，代理人获得的激励是产出的线性函数。

假设代理人投入的成本是付出努力的二次函数 $\frac{1}{2}t'Ct$，假设 C 是正定矩阵，说明投入的努力越高，边际成本越高。令 Γ 是 C 的逆矩阵，也是一个正定矩阵。由于两个委托人的利益目标可能是一致的，也可能存在差异，这就需要从两个方面进行分析。

一　乡镇政府和村民目标一致：村“两委”行为分析

假设乡镇政府和村民的目标一致，都是提供良好的村庄生活垃圾治理服务，改善农村人居环境，乡镇政府和村民给村“两委”提供了一个总的激励 $\alpha'x+\beta$，则代理人的效用为：

$$u(\alpha,\beta,t,C) = -exp\left\{-r\left(\alpha'x+\beta-\frac{1}{2}t'Ct\right)\right\}$$

$$= -exp\left\{-r\alpha't+\frac{1}{2}r^2\alpha'\Omega\alpha-r\beta+\frac{1}{2}r\,t'Ct)\right\} \qquad \text{公式(5－3)}$$

令 $y=\alpha't+\beta-\frac{1}{2}r\alpha'\Omega\alpha-\frac{1}{2}t'Ct$，则公式（5－3）可以表达为 $u=-exp(-\gamma y)$。y 表示的确定性收入与公式（5－3）中的不确定收入，有同等效用，因此，可以将 y 作为村“两委”的确定性等价收入。则村“两委”的决策行为就变成最大化确定性收入，即：

$$\max_t \alpha't+\beta-\frac{1}{2}r\alpha'\Omega\alpha-\frac{1}{2}t'Ct \qquad \text{公式（5－4）}$$

对公式（5－4）求一阶导数得：

$$\alpha-Ct=0 \qquad \text{公式（5－5）}$$

或 $t=\Gamma\alpha$。

在存在乡镇政府和村民两个委托人的情况下，可以证明 Γ 对角线元

① Holmstrom, B., Milgrom, P., "Aggregation and Linearity in the Provision of Intertemporal Incentives", *Econometrica*, Vol. 55, No. 2, 1987, pp. 303－328.

素均为正值，非对角元素一般都为负值。所以，α 中任一元素增大，都会导致村“两委”增加该元素投入，而减少其他元素的投入。因此，公式（5－5）即是村“两委”的决策行为。将公式（5－5）代入公式 y，可以得到：

$$y = \alpha'\Gamma\alpha + \beta - \frac{1}{2}r\,\alpha'\Omega\alpha - \frac{1}{2}\alpha'\Gamma\alpha$$

$$= \frac{1}{2}\alpha'\Gamma\alpha - \frac{1}{2}r\,\alpha'\Omega\alpha + \beta \qquad \text{公式(5－6)}$$

两个委托人的期望收益为：

$$E[b'x - \alpha'x - \beta] = (b-a)'t - \beta = (b-a)'\Gamma\alpha - \beta$$

公式（5－7）

联合公式（5－6）和公式（5－7）发现，委托人通过选择最优激励 α 使得委托代理双方的总收益 R 最大，即：

$$R = (b-a)'\Gamma\alpha + \frac{1}{2}\alpha'\Gamma\alpha - \frac{1}{2}r\,\alpha'\Omega\alpha$$

$$= b'\Gamma\alpha - \frac{1}{2}\alpha'(\Gamma + r\Omega)\alpha \qquad \text{公式(5－8)}$$

公式（5－8）对 α 求一阶导数，得到村“两委”的行为约束条件：

$$\Gamma b - (\Gamma + r\Omega)\alpha = 0 \qquad \text{公式（5－9）}$$

两边同乘以 C 得：$b = \alpha + rC\Omega\alpha$。

不难发现，若村“两委”的投入可观测，委托人所得收益和代理人获得的等价收入之和为 $b't - \frac{1}{2}t'Ct > R$，达到理论上的最大值。但现实中由于村“两委”的投入无法被观测到，乡镇政府和村民只能在村“两委”效用最大化的条件下，根据自身收益最大化的原则，来选择最优的激励 α。进而实现委托代理中的激励相容。在此模型中，乡镇政府和村民目标一致，都为了治理农村生活垃圾，改善农村人居环境，但是村“两委”为此付出的努力无法观测，但由于乡镇政府和村民目标一致，即使与村“两委”之间存在信息不对称，也可以尽量避免代理问题，可以达到次优状态。

二　乡镇政府和村民目标不一致：村“两委”行为分析

国家税费改革之后，乡镇政府财权日趋“空壳化”，而国家治理任务却不断下移，在倒金字塔型的国家治理体制下，形成了上面“千条线”，下面只有乡镇干部这“一根针”，“事在下而权在上”的管理格局[①]，加之财力有限，人力不足，治理能力有限，导致乡镇政府在农村公共服务供给中“怠政”“懒政”现象时有发生[②]。而“乡财县管”的财政体制和中央政府项目制的转移支付体系使得乡镇政府以争取项目下乡为目的“跑步前进”，大大降低了乡镇干部工作的自主性[③]。在以精准扶贫为主线的农村工作中，乡镇政府在治理农村生活垃圾这一投入大、成效小的公共事务上，很难与村民目标一致，农村垃圾治理服务供给水平不足和“路边工程”并非个例，课题组在调研过程中也发现了部分乡镇还没有供给农村生活垃圾治理服务或者存在生活垃圾治理的“路边工程”。乡镇政府属于国家行政机关，拥有一定的公权力，相对于村民来说处于强势地位，给村“两委”带来的收益也更高。在共同代理问题中，若乡镇政府和村民的目标不一致，基于理性选择，村“两委”必将倒向乡镇政府这一强势委托人这边，乡镇政府与村“干部”合谋，必定损害村民利益，导致农村生活垃圾治理服务供给水平和供给效率低下。以下将分析乡镇政府和村民目标不一致时，村“两委”的行为。

假设乡镇政府为强势委托人 A，村民为弱势委托人，并且两个委托人目标不一致，不再联合对村“两委”产生激励，而是各自选择一种激励 $\alpha'_j x + \beta_j, j = 1,2$，分别表示乡镇政府和村“两委”。村“两委”作为共同代理，在平衡两个代理人的激励的基础上，使自身收益最大化。同委托人目标一致的情况一样，委托人无法观测到村“两委”的投入，代

① 张紧跟、周勇振：《以治理现代化深化基层政府机构改革》，《华南师范大学学报》（社会科学版）2018 年第 6 期。

② 李增元、李芝兰：《新中国成立七十年来的治理重心向农村基层下移及其发展思路》，《农业经济问题》2019 年第 11 期。

③ 杨磊：《返场、控制与捆绑：乡镇干部的压力源及其解释》，《公共管理与政策评论》2020 年第 1 期。

理人使其确定性等价收入最大化的一阶条件仍然为 $t = \Gamma\alpha$ 。若村“两委”单独与村民发生关系，代理人选择投入的努力为 $t = \Gamma\alpha_2$ ，其确定性等价收入与公式（5－6）类似，可以表示为：

$$y_2 = \frac{1}{2}\alpha'_2\Gamma\alpha_2 - \frac{1}{2}r\alpha'_2\Omega\alpha_2 + \beta_2 = \frac{1}{2}\alpha'_2(\Gamma - r\Omega)\alpha_2 + \beta_2$$

公式（5－10）

再加入政府的激励，村“两委”的确定性等价收入可以表示为：

$$Y = \frac{1}{2}(\alpha_1 + \alpha_2)'(\Gamma - r\Omega)(\alpha_1 + \alpha_2) + (\beta_1 + \beta_2)$$

公式（5－11）

村“两委”由于委托人 A 的加入，获得的额外收益可以用公式（5－11）减去公式（5－10）获得：

$$y_1 = \alpha'_2(\Gamma - r\Omega)\alpha_2 + \frac{1}{2}\alpha'_1(\Gamma - r\Omega)\alpha_1 + \beta_1$$

公式（5－12）

此时委托人 A 期望收益可以表示为：

$$b'_1t - a'_1t - \beta_1 = (b_1 - a_1)'\Gamma(\alpha_1 + \alpha_2) - \beta_1$$

公式（5－13）

若乡镇政府与村“两委”之间不存在合谋，则乡镇政府的收益为 $b_1\Gamma\alpha_2$ ，与存在合谋的情况相比，处于强势地位的乡镇政府希望获得尽可能多的收益。合谋情况与不合谋情况相比，政府获得的额外收益可以表示为：

$$b'_1\Gamma\alpha_1 - a'_1\Gamma\alpha_1 - a'_2\Gamma\alpha_1 - \beta_1$$ 公式（5－14）

将公式（5－12）和公式（5－14）联合起来，即得乡镇政府和村“两委”合谋获得的额外收益之和 R_0 。乡镇政府通过选择激励水平 α_1 ，使得其与村“两委”合谋获得的额外收益最大化，即：

$$\max_{\alpha_1}[b'_1\Gamma\alpha_1 + r\alpha'_2\Omega\alpha_1 - \frac{1}{2}\alpha'_1(\Gamma + r\Omega)\alpha_1 \cdots\cdots]$$ 公式（5－15）

由于乡镇政府与村民在农村生活垃圾治理中的目标不一致，他们给村“两委”的激励水平也不一样，作为强势地位的乡镇政府可以在村民

选择激励水平 α_2 既定的情况下，选择激励水平 α_1 ，以使得两者合谋获得的额外收益 R_0 最大化。则将公式（5－15）对 α_1 求导，即可得到使 R_0 最大化的条件：

$$\Gamma b_1 - r\Omega\alpha_2 - (\Gamma + r\Omega)\alpha_1 = 0 \qquad 公式（5-16）$$

由此可得乡镇政府的边际收益 b_1 为：

$$b_1 = \alpha_1 + rC\Omega(\alpha_1 + \alpha_2) \qquad 公式（5-17）$$

村民的边际收益 b_2 为：

$$b_2 = \alpha_2 + rC\Omega(\alpha_1 + \alpha_2) \qquad 公式（5-18）$$

则 b_1 与 b_2 之和 b 即为两个委托人总体激励机制均衡的条件：

$$b = a + 2rC\Omega a \qquad 公式（5-19）$$

对比公式（5－17）和公式（5－18）发现，乡镇政府和村民之间存在实力上的差异，并且与弱势的村民相比，强势的乡镇政府可以给村“两委”更大的边际激励，表现为 $\alpha_1 > \alpha_2$ ，导致两者所获得的边际收益也存在差异，村“两委”给乡镇政府带来的边际收益 b_1 要大于给村民带来的边际收益 b_2 。

由此可以发现，一旦委托双方存在实力差异，理性的村“两委”为了实现自身利益最大化的目的，必将会对乡镇政府分配的任务给予更大的投入，而对村民的需求采取忽视的态度。进一步对比委托人的总体边际收益 b 和代理人获得的边际激励 a 得：

$$b - \alpha = 2rC\Omega a > 0 \qquad 公式（5-20）$$

因为，$r > 0, a > 0$ ，C 是正定矩阵，因此 $b - \alpha > 0$ ，边际收益不等于边际成本。当乡镇政府和村民目标一致时，$b - \alpha = rC\Omega a$ ，同样不等于0。说明无论是乡镇政府与村民的目标一致，还是目标不一致，所达到的均衡均不是最优均衡，都存在帕累托改进。但是与乡镇政府和村民的目标一致相比，两者目标不一致时，会增加村“两委”的代理风险，使得委托人的总体边际收益和代理人获得的边际激励差值扩大了近一倍，激励机制的效果更差。说明在乡镇政府和村民存在实力差异和委托任务的不一致时，村“两委”从自身利益最大化的角度出发，会与乡镇政府达成合谋，而忽略村民的利益，共同代理中各方的收益都偏离了理想状态中收益最大化的结果。此时通过委托人收益最大化的激励机制设计虽然也可以达到纳什均衡，但是这个均衡较委托双方目标一致的状态来说是低效率的均衡，村“两委”也面临更大的代理风险。

三 基于共同代理和双向委托的村“两委”决策行为分析

以上分析了共同代理之下，村“两委”的行为决策。具体到农村生活垃圾治理问题，村委会作为基层自治组织，在供给农村生活垃圾治理服务时，最终还是要落实到每一个村民的积极参与，从这个角度来看，村民也是村委会的代理人①。在共同代理之下，乡镇政府和村民是实力悬殊的两个委托人，并且两个委托人的目标常常不一致，乡镇政府主要目的是委托村“两委”干部完成上级政府的项目任务②，而区别于水、电、路等生产性的公共服务，生活垃圾治理服务不属于乡镇政府优先投资的公共服务③。村民的主要目标是提供高效的生活垃圾治理服务，营造生态宜居的人居环境，作为共同代理人的村“两委”基于自身利益最大化的考虑，倾向于将更多的努力投入到乡镇政府的任务中，而忽略村民的利益诉求，不会供给高效的农村生活垃圾治理服务。站在村“两委”和村民双向委托关系视角来看，由于村“两委”长期倾向于乡镇政府的行为，村民的利益诉求得不到满足，就会导致村民作为代理人，在农村生活垃圾治理服务中懈怠，尽管参与农村生活垃圾治理可以给村民带来收益，但是由于收益的外部性和“搭便车”行为的普遍存在④，也并不能激发村民参与生活垃圾治理的积极性。综合来看，在共同代理和村民、村“两委”双向委托的情况下，在乡镇政府与村民的目标不一致的情况下，村“两委”和村民都不会积极参与到农村生活垃圾治理中

① 王峰：《农村基层组织建设中的委托—代理关系》，《中国农村观察》2000 年第 3 期。

② 杨磊：《返场、控制与捆绑：乡镇干部的压力源及其解释》，《公共管理与政策评论》2020 年第 1 期。

③ 王爱琴、高秋风、史耀疆等：《农村生活垃圾管理服务现状及相关因素研究——基于 5 省 101 个村的实证分析》，《农业经济问题》2016 年第 4 期。

④ 姜利娜、赵霞：《农村生活垃圾分类治理：模式比较与政策启示——以北京市 4 个生态涵养区的治理案例为例》，《中国农村观察》2020 年第 2 期。

来。根据该理论分析，以下将分别从农村生活垃圾治理的供给水平和供给效率两个维度，从村庄层面对农村生活垃圾治理的影响因素进行剖析。

通过以上分析，提出如下假设：

H5－1：乡镇政府和村民的需求是村“两委”供给农村生活垃圾治理的重要动力；

H5－2：对村民的激励成本越高，村“两委”参与生活垃圾治理的积极性越低。

第二节 村“两委”生活垃圾治理服务供给水平影响因素研究

研究村“两委”的农村生活垃圾治理服务供给时，需要综合考虑共同代理和双向委托问题。一方面，作为乡镇政府和村民的共同代理人，村“两委”在供给农村生活垃圾治理服务时，首先会考虑村民的需求和乡镇政府部门的支持，如果村民普遍感受到农村生活垃圾治理需要整治，而政府部门也有相关支持，则村“两委”作为共同代理人，就会积极供给村庄生活垃圾治理服务。另一方面，作为集体治理生活垃圾的委托人，村“两委”在供给农村生活垃圾治理服务时，也会考虑动员代理人的激励投入，如果村民的利益长期被忽视，普遍没有参与村庄公共事务的权利，村民会缺乏主人公意识，而不愿意参与村庄生活垃圾治理，这就导致村“两委”供给生活垃圾治理服务的成本比较高，村“两委”就不愿意供给生活垃圾治理服务。为此，动员村民的成本也是影响村“两委”决策行为的重要影响因素。也就是说村“两委”会基于需求侧和供给侧，综合考虑，来确定农村生活垃圾治理服务的供给水平[①]。以下，将从共同代理和双向委托的视角，结合前人的研究成果，对村庄生活垃圾治理服务供给水平影响因素进行实证研究。

① 叶春辉：《农村垃圾处理服务供给的决定因素分析》，《农业技术经济》2007年第3期。

一 数据说明与模型选取

（一）数据来源

本章所用到的实证分析数据来源于“推进农村人居环境整治研究”课题组于 2019 年 4—7 月在北京市密云区、延庆区、顺义区、房山区，天津市蓟州区和武清区，河北省廊坊市、保定市和张家口市，共 9 个市区的入户调研。京津冀地区是继“珠三角”“长三角”之后中国的第三大经济增长极，总面积近 22 万平方公里，常住人口超过 1 亿，其中大部分区域是农村，40% 以上的人口生活在农村，并且京津冀地区农村人居环境整治水平存在差异，能够在一定程度上代表中国农村人居环境整治的水平，其结论对于推进京津冀地区乃至中国的农村生活垃圾分类治理工作具有较大的借鉴意义。

为保证数据质量，调研数据通过训练有素的调研员以分层抽样的方法获得。在正式调研之前，课题组成员深入北京市数个乡镇和村庄开展了多次预调研。正式调研阶段，先后招募了近 140 名调研员，包括博士和硕士研究生、高年级本科生，并对调研员进行了系统培训。具体抽样包括以下四步：（1）参照 2018 年《北京统计年鉴》《河北农村统计年鉴》《天津统计年鉴》等资料，综合考虑农村发展情况、地区生产总值、生活垃圾无害化处理量、区域发展定位、地理位置与人口密度等情况，选择了北京市密云区等 9 个市区；（2）根据各市区统计资料，与相关部门商讨后，在每个市区选择 2—3 个乡镇，共选择了 23 个乡镇；（3）根据各乡镇反映的情况，依照乡镇大小，在每个乡镇选取 2—4 个行政村，共选择了 66 个村庄；（4）在与每个行政村村书记进行深入访谈后，根据村庄实际情况，在每个村庄随机选取 15—30 个村民进行一对一的问卷调研。最终回收村问卷 66 份，问卷有效率 100%。回收农户问卷 1531 份，剔除不合格问卷之后，剩余问卷 1485 份，问卷有效率 97.00%。

（二）变量设定

因变量。本部分因变量为村“两委”生活垃圾治理服务供给水平，用村庄生活垃圾投放监督服务的供给水平来衡量。主要原因是：区别于垃圾收集、运输和处理中可能存在政府直接参与的行为，难以准确表示村“两委”治理生活垃圾的产出水平，而监督村民的生活垃圾投放行为，是发生在村庄内部，政府难以介入的服务，更能准确反映村“两委”治理生活垃圾的产出水平。同时，为避免村“两委”对自身治理水平回答的偏误，采用对村民调研，然后将村民回复的均值作为村庄生活垃圾治理的产出水平。具体问题是“村里乱扔（投放）垃圾情况：1 = 非常严重→5 = 基本没有”，变量最小值为 3.36，最大值为 5，均值为 4.30。总体而言，大部分村民会定点投放生活垃圾。

核心变量。本章核心变量包括村民对生活垃圾治理服务的需求、乡镇政府对农村生活垃圾治理服务的需求、村“两委”动员村民参与生活垃圾治理的成本。（1）反映村民对生活垃圾治理服务需求的变量用村民对乱扔垃圾带来的健康危害感知的众数来衡量。主要原因是：直接衡量村民对生活垃圾治理服务的需求可能导致数据偏误，或者与因变量产生互为因果的关系，导致估计结果偏误，而众多研究发现，认知会对需求产生重要影响，为此使用村民对乱扔垃圾带来的健康危害感知来间接反映其对生活垃圾治理服务的需求。具体问题是“您认为随便扔垃圾对健康的影响？1 = 没危害→5 = 危害极大（共 5 个等级）”。该变量最小值为 3，最大值为 5，均值为 4.69，说明村民普遍都认识到了随便乱扔垃圾会对健康造成危害，有生活垃圾治理服务需求。（2）反映乡镇政府对村庄生活垃圾治理服务的需求的变量用村庄是否是乡镇政府所在地来表征。主要原因有二，一是乡镇政府对村庄生活垃圾治理服务的需求较难衡量，二是村庄是乡镇政府所在地，生活垃圾治理是可视性公共服务，乡镇政府出于晋升激励的考虑，对乡镇政府所在地的村庄生活垃圾治理服务有较高的需求，王爱琴等①研究发现距离乡镇政府越近，提供垃圾治理服务的概率越大。为此，设置了“村庄是否是乡镇政府所在地：0 = 否，1 = 是”来衡量。调研的样本村中，有 7 个村庄是乡镇政府所在地，占样

① 王爱琴、高秋风、史耀疆等：《农村生活垃圾管理服务现状及相关因素研究——基于 5 省 101 个村的实证分析》，《农业经济问题》2016 年第 4 期。

本总量的10.61%。（3）反映村“两委”动员村民参与生活垃圾治理的成本的变量以村民自治水平来表示。村庄村民自治制度发挥得越好，村民对村庄的认同感会更强，更能够以主人公的心态参与到村庄生活垃圾治理等公共事务中，谢迪等[①]研究发现，村庄民主程度越高，有利于村民的项目越容易被实施。考虑到由村干部评价村庄自治水平存在偏误，根据《中华人民共和国村民委员会组织法》，同时参考田北海等[②]关于农村基层自治组织信任的构建，本章设置了8个问题来对每个村的村民进行抽样调查，以村民回复的均值来衡量每个村的自治水平，这8个问题分别是“村委会成员是直接由选举产生的”“选举后真实公开了村民的选票数”“村里建设集体经济项目总是召开村民会议决定”“在村民开会决策过程中，总能做到少数服从多数”“村委会总是能按照村民反映实际经济情况决定低保名额”“村委会总是能及时向我们宣传各项惠农补贴政策”“村委会总是能及时公布涉及本村村民利益、村民普遍关心的事项”“村庄集体资产的使用公开透明”，村民根据村庄实际情况，对每个问题进行回复，选项为“1 = 完全不符合→5 = 完全符合”。针对回复数据，本章使用Stata软件对8个问题进行了信度和效度检验，结果显示Cronbach's α 信度系数为0.901，KMO值为0.899，说明所选变量的信度和结构效度都十分优秀。Bartlett球形检验的P值为0.000，表明观测变量之间有较高的相关性，适合做因子分析。为此，使用迭代主因子的方法进行了因子分析，根据特征值提取一个公因子，其累计方差贡献率为80.35%，且所有变量的标准因子载荷都大于0.5，说明量表收敛效度较好[③]。由于这8个指标分别反映了村民对民主选举的评价、民主决策的评价、民主管理的评价、民主监督的评价，因此，将该公因子定义为村民自治水平。该变量最小值为 -1.172，最大值为0.712，均值为

---

① 谢迪、吴春梅：《村庄治理对公共服务效率的影响：解析鄂省1098份问卷》，《改革》2013年第11期。

② 田北海、王彩云：《民心从何而来？——农民对基层自治组织信任的结构特征与影响因素》，《中国农村观察》2017年第1期。

③ 张化楠、葛颜祥、接玉梅等：《生态认知对流域居民生态补偿参与意愿的影响研究——基于大汶河的调查数据》，《中国人口·资源与环境》2019年第9期。

-0.013，说明不同村庄自治水平存在较大差异。

控制变量。结合前人的研究，将村庄集体资产、农民人均年收入、村庄人口规模、村庄人口密度和村庄共产党员的先进性作为控制变量。(1) 资金投入是解决农村生活垃圾治理问题的关键之一[①]，若村集体缺乏经济来源，村委会就会失去公共服务供给的能力，进而影响其公共服务供给[②]，为此可以假设村庄集体资产越高，村庄生活垃圾治理服务供给水平越高。具体在村庄问卷中设置问题：“2018 年，村庄集体资产____万元”来衡量。变量最小值为 15 万元，最大值为 13000 万元，均值为 747 万元。(2) 农村居民的家庭人均年收入对村庄生活垃圾治理服务供给有显著影响[③]。一方面农村居民人均年收入越高，村庄经济发展水平越高，村民就越有能力投入到生活垃圾治理服务中来[④]；但另一方面，农村居民人均年收入越高，产生的生活垃圾也越多，治理生活垃圾的难度也越大，会阻碍村“两委”供给农村生活垃圾治理服务的热情，因此，农村居民家庭人均年收入对村庄生活垃圾治理服务供给的影响不确定。具体在村庄问卷中设置问题：“2018 年村民年均纯收入____元/人”，变量最小值为 4000 元/人，最大值为 50000 元/人，样本均值为 16310.83 元/人。(3) 村庄人口规模和村庄人口密度对村庄生活垃圾治理服务供给也会产生显著影响[⑤]。村庄人口规模越大，居住越密集，垃圾产生量越大，垃圾随意倾倒的可能性越大，垃圾带来的环境问题会推动村“两委”供给农村生活垃圾治理服务，但同时人口越多，人口密度越大，村“两委”治理生活垃圾的难度越大，从而会阻碍村“两委”供

---

① 贾亚娟、赵敏娟、夏显力等：《农村生活垃圾分类处理模式与建议》，《资源科学》2019 年第 2 期。

② 方丽华、卢福营：《论集体经济式微对村民自治的钳制》，《浙江师范大学学报》（社会科学版）2012 年第 1 期。

③ 王爱琴、高秋风、史耀疆等：《农村生活垃圾管理服务现状及相关因素研究——基于 5 省 101 个村的实证分析》，《农业经济问题》2016 年第 4 期；高秀梅、史耀疆：《农村生活固体垃圾处置服务供给的影响因素分析》，《金融经济》2014 年第 10 期。

④ 李燕凌：《农村公共产品供给侧结构性改革：模式选择与绩效提升——基于 5 省 93 个样本村调查的实证分析》，《管理世界》2016 年第 11 期。

⑤ 叶春辉：《农村垃圾处理服务供给的决定因素分析》，《农业技术经济》2007 年第 3 期。

给农村生活垃圾治理服务。为此，村庄规模和人口密度对村“两委”供给农村生活垃圾治理服务的影响不确定。具体在村庄问卷中设置问题“2018 年村庄常住本地居民____人”来测度村庄规模，设置问题“全村辖区面积____平方公里”，通过两个变量相除得到村庄人口密度变量。村庄常住人口规模最小值为 30 人，最大值为 5084 人，平均为 1252. 24 人，村庄间人口规模存在较大差距。村庄人口密度最小值为 3. 91 人/平方公里，最大为 2000 人/平方公里，均值为 672. 81 人/平方公里，也存在较大差距。此外，村庄人口密度过大，村民之间基于熟人社会的监督力度会极大，可能会减少村“两委”监督管理的难度，因此，认为村庄人口密度与村“两委”生活垃圾治理服务供给可能存在 U 型关系。（4）基层党员在村庄公共事务治理中往往可以起到示范引领的作用[①]，可以降低村“两委”供给农村生活垃圾治理服务的动员成本，为此，将村庄党员先进性作为控制变量之一纳入模型分析，并认为村庄治理中，共产党员越是积极发挥作用，村“两委”越会供给农村生活垃圾治理服务。具体在村庄问卷中设置问题：“在村庄治理中充分体现了共产党员的先进性，1 = 非常不认可→5 = 非常认可”。该变量最小值为 1，最大值为 5，均值为 4. 23，说明不同村庄之间党员先进性存在差异。具体变量设置及描述见表 5 – 1。

表 5 – 1 **变量描述性统计分析**

变量	变量定义	均值	标准差	预期影响
因变量				
村庄生活垃圾治理服务供给水平（Y1）	村里乱扔（投放）垃圾情况：1 = 非常严重→5 = 基本没有（村民调研均值）	4. 302	0. 381	–

① 姜利娜、赵霞：《农村生活垃圾分类治理：模式比较与政策启示——以北京市 4 个生态涵养区的治理案例为例》，《中国农村观察》2020 年第 2 期。

续表

变量	变量定义	均值	标准差	预期影响
核心变量				
垃圾治理健康感知（WH）	您认为随便扔垃圾对健康的影响：1 = 没危害→5 = 危害极大（村民调研众数）	4.697	0.554	+
乡镇政府所在村（TG）	村庄是否是乡镇政府所在地：0 = 否，1 = 是（村书记/支委调研）	0.106	0.310	+
村庄自治水平（AU）	民主治理评价因子分析（村民调研均值）	-0.014	0.456	+
控制变量（均为村书记/支委调研）				
村庄集体资产（AT）	2018 年，村庄集体资产________百万元	7.477	20.738	+
村民家庭人均年收入（VI）	2018 年村民年均纯收入________千元/人	16.311	9.259	+/-
村庄人口规模（VP）	2018 年村庄常住本地居民________千人	1.252	1.030	-
村庄人口密度（PD）	2018 年村庄常住本地居民/全村辖区面积（千人/平方公里）	0.673	0.527	+/-
党员先进性（AP）	在村庄治理中充分体现了共产党员的先进性，1 = 非常不认可→5 = 非常认可	4.227	0.925	+

（三）模型选取

考虑到因变量为 3—5 之间的连续变量，使用最小二乘线性回归模型进行模型估计。

二　基础回归分析

在进行回归之前，对变量进行多重共线性检验，vif 值为 3.53 小于 10，说明变量之间不存在多重共线性。考虑到变量可能存在异方差，分别使用最小二乘法（OLS）和广义最小二乘法（GLS）进行模型估计，估计结果分别见模型5－1和模型5－2（见表5－2）。

表5－2　**基础回归结果**

变量	模型（5－1）：OLS		模型（5－2）：GLS	
	系数	标准误	系数	标准误
垃圾治理健康感知	0.155**	0.069	0.155**	0.073
乡镇政府所在村	0.285**	0.137	0.285*	0.156
村庄自治水平	0.257***	0.092	0.257***	0.083
村庄集体资产	－0.002	0.002	－0.002*	0.001
村民家庭人均年收入	0.000	0.004	0.000	0.004
村庄人口规模	－0.163***	0.049	－0.163***	0.043
村庄人口密度	－0.247	0.228	－0.247	0.238
村庄人口密度2	0.188*	0.112	0.188*	0.11
党员先进性	0.096**	0.039	0.096***	0.031
Cons	3.400***	0.356	3.400***	0.404
F	7.53***		9.16***	
R^2	0.548		0.548	
Obs	66		66	

注：*、**、***分别表示在10%、5%、1%的水平上显著。

从模型估计结果来看，首先模型估计的F值均在1%的水平上显著，说明模型设置合理。模型可决系数R^2为0.548，说明自变量解释了村庄生活垃圾治理水平总变异的54.77%，模型设置较为科学，比较F值来看，模型（5－2）的估计结果要优于模型（5－1）。以下将使用模型（5－2）的回归结果进行具体分析，（1）村民认识到随便乱扔垃圾的健康危害可以显著提高村“两委”的生活垃圾治理服务供给水平。村民的认知程度每提高一个单位，村庄生活垃圾治理服务供给水平提高约15.48%，这与叶春辉①的研究结论一致，村民对乱扔垃圾的危害认知越

① 叶春辉：《农村垃圾处理服务供给的决定因素分析》，《农业技术经济》2007年第3期。

高，越可能供给垃圾治理服务，验证了假设5－1。（2）村庄是乡镇政府所在村可以显著提高村“两委”的生活垃圾治理服务供给水平。与非乡镇政府所在村相比，村庄是乡镇政府所在村可以使村“两委”的生活垃圾治理服务供给水平提高约28.54%，说明乡镇政府需求的提高可以大大提高村“两委”的生活垃圾治理服务供给水平，农村生活垃圾治理服务供给中存在一定程度的“面子工程”，这与姚升等[①]的研究结论一致。验证了假设5－1。（3）村庄自治水平可以显著提高村“两委”的生活垃圾治理服务供给水平。村庄自治水平每提高1个单位，可以使村“两委”的生活垃圾治理服务供给水平提高约25.69%。村庄自治水平的提高，可以减少双向委托之间的代理成本，提高村庄生活垃圾治理服务供给水平。一方面，作为委托人，村民民主选举、民主决策、民主监督、民主管理，可以提高村“两委”治理村庄生活垃圾的激励水平；另一方面，作为代理人，村民以主人公的意识参与到村庄生活垃圾治理中，可以减少村“两委”治理生活垃圾的投入，综合来看，村庄自治水平越高，村“两委”的生活垃圾治理服务供给水平越高，验证了假设5－2。（4）此外，村庄集体资产和村庄人口规模会显著降低村“两委”的生活垃圾治理服务供给水平，村庄人口密度和村庄党员先进性会显著提高村“两委”的生活垃圾治理服务供给水平。可能的解释是：一是因为村庄生活垃圾治理是一个需要人人参与的公共事务，村“两委”治理能力有限，村庄集体资产越多，越可能因为处理不公开或者分配不合理造成干群矛盾，从而增加村“两委”动员村民参与生活垃圾治理的成本，进而会降低村“两委”的生活垃圾治理服务供给水平，这种情况在农村也较为普遍；二是村庄人口规模越大，村“两委”动员村民参与生活垃圾治理的成本越高，会降低村“两委”的生活垃圾治理服务供给水平；三是村庄人口密度越大，一方面缺乏公共空间随意堆放生活垃圾，另一方面由于人口密度大，村民之间基于面子观念的监督作用越强，会降低村

① 姚升、张士云、蒋和平等：《粮食主产区农村公共产品供给影响因素分析——基于安徽省的调查数据》，《农业技术经济》2011年第2期。

“两委”的监督成本，进而提高村“两委”的生活垃圾治理服务供给水平；四是村庄治理过程中党员发挥先进性可以协助村“两委”更好地开展工作，减少因人力不足带来的监管执行困难的问题，并且党员可以发挥示范带头作用，激发村民参与生活垃圾治理的主动性，减轻村“两委”的动员成本，进而提高村“两委”的生活垃圾治理服务供给水平。

三 稳健性检验

由于村民自治水平的高低也会影响到公共事务中村委对村民号召力和干群关系上①，为此，本章使用“在公共事务上，村委对村民的号召力：1 = 非常弱→5 = 非常强（AU2）”“村干部与村民的关系：1 = 非常不融洽→5 = 非常融洽（AU3）”作为村民自治水平的替代变量，进行模型的稳健性检验。考虑到由村支部书记回复问题可能存在数据偏误，使用村民问卷回复的均值来对两个变量进行衡量。具体稳健性检验结果见表 5 - 3。

表 5 - 3 **稳健性检验结果**

变量	模型（5 - 3）	模型（5 - 4）	模型（5 - 5）	模型（5 - 6）
	OLS	GLS	OLS	GLS
垃圾治理健康感知	0.113*	0.113*	0.139**	0.139**
	(0.064)	(0.061)	(0.065)	(0.064)
乡镇政府所在村	0.251*	0.251*	0.276**	0.276*
	(0.126)	(0.134)	(0.131)	(0.139)
村庄自治水平（AU2）	0.345***	0.345***		
	(0.078)	(0.064)		
村庄自治水平（AU3）			0.284***	0.284***
			(0.075)	(0.064)

① 刘燕玲：《村民自治条件下加强党的领导应突出重点》，《理论探索》2012 年第 5 期。

续表

变量	模型（5－3）	模型（5－4）	模型（5－5）	模型（5－6）
	OLS	GLS	OLS	GLS
村庄集体资产	－0.002	－0.002 *	－0.003 *	－0.003 *
	(0.002)	(0.001)	(0.002)	(0.001)
村民家庭人均年收入	－0.000	－0.000	－0.001	－0.001
	(0.004)	(0.003)	(0.004)	(0.003)
村庄人口规模	－0.112 **	－0.112 ***	－0.151 ***	－0.151 ***
	(0.048)	(0.039)	(0.047)	(0.041)
村庄人口密度	－0.344	－0.344	－0.211	－0.211
	(0.211)	(0.213)	(0.217)	(0.230)
村庄人口密度 2	0.210 **	0.210 **	0.165	0.165
	(0.102)	(0.097)	(0.107)	(0.111)
党员先进性	0.094 **	0.094 ***	0.107 ***	0.107 ***
	(0.035)	(0.030)	(0.037)	(0.032)
常数项	2.224 ***	2.224 ***	2.284 ***	2.284 ***
	(0.365)	(0.367)	(0.384)	(0.377)
F	10.09 ***	12.25 ***	8.93 ***	11.48 ***
R^2	0.619	0.619	0.589	0.589
Obs	66	66	66	66

注：*、**、*** 分别表示在 10%、5%、1% 的水平上显著。

从表 5－3 的估计结果来看，替换关键变量之后，表 5－3 与表 5－2 显示的模型回归结果具有一致性，说明模型设置具有一定的稳健性。进一步验证了上文的理论分析。说明共同代理模型和双向委托的分析可以用来解释村“两委”的生活垃圾治理服务供给水平。

四　基于回归方程 Shapley 值分解的变量贡献分析

囿于变量度量单位不同，以上回归系数估计仅能看出哪些因素显著影响了村“两委”生活垃圾治理服务供给水平及其影响方向，而无法对各变量的影响大小进行比较分析。Shapley 值分解法可以对各变量的贡献进行分解，以评估各变量对村“两委”生活垃圾治理服务供给水平影响的重要程度。具体而言，Shapley 值分解法将解释变量的贡献等同于其对判定系数 R^2 的边际效用。该方法的思想是去掉一个变量，若模型对村“两委”生活垃圾治理服务供给水平的解释程度上升（下降），则该变量就产生了一个负（正）的贡献，该变量即为降低（增加）村“两委”生活垃圾治理服务供给水平的因素①。通过该方法可以分解出不同变量对村“两委”生活垃圾治理服务供给水平的贡献。比较以上模型的可决系数，选择模型（5－4）为最优模型，并使用该模型对各变量的贡献进行分析，结果见表 5－4。

表 5－4 **村“两委”生活垃圾治理服务供给水平影响因素的 Shapley 值分解**

变量	解释度	比重（%）
村庄自治水平（AU2）	0.163	29.73
村庄人口规模	0.138	25.25
垃圾治理健康感知	0.084	15.34
党员先进性	0.061	11.13
村庄人口密度 2	0.038	6.91
村庄人口密度	0.026	4.73
乡镇政府所在村	0.022	3.99
村庄集体资产	0.021	3.78
村民家庭人均年收入	0.004	0.8

从 Shapley 值分解结果来看，在公共事务上，村委会对村民的号召力是影响村“两委”生活垃圾治理服务供给水平的第一大因素，分解了 R^2 值的 29.73%；村庄人口规模是第二大影响因素，分解了 R^2 值的 25.25%；村民认识到随便乱扔垃圾的健康危害是第三大影响因素，分解

① 吴静、白中科：《中国资源型城市城镇化发展差异的解释——基于 Shapley 值分解方法》，《中国土地科学》2019 年第 12 期。

了 R^2 值的 15.34%；村庄治理过程中党员发挥先进性是第四大影响因素，分解了 R^2 值的 11.13%。从双向委托关系可以看出，这四大因素皆反映了作为委托人，村“两委”动员村民参与生活垃圾治理的激励成本，村“两委”对村民参与生活垃圾治理的激励成本越高，供给生活垃圾治理服务的水平就越低，进一步印证了上述分析。

第三节　村“两委”参与的生活垃圾治理服务供给效率影响因素研究

公共服务供给水平侧重于投入端的考量，供给效率则是衡量公共服务供给绩效的重要维度①。考虑到村庄生活垃圾治理涉及政府、村“两委”和保洁员等主体的参与，存在更多的委托代理关系，涉及街道清扫服务、生活垃圾投放服务和生活垃圾清运服务，是一个多因变量的问题，为此，参考王峰②的研究，在上述共同代理和双向委托理论的基础上，进一步考虑村“两委”作为乡镇政府和村民代理人的同时，也是收运企业和保洁员的委托人，参与管理、监督、考核街道清扫服务、生活垃圾投放服务和生活垃圾清运服务，采用 Multivariate Probit 模型（Mvprobit）对村“两委”参与的农村生活垃圾治理服务供给效率进行进一步分析。

一　模型设定

（一）变量选择

因变量。本部分因变量为村庄生活垃圾治理服务供给效率。关于公共服务供给效率的衡量，常用的有投入产出法③，通过构建 DEA 模型、

① 李丽莉、张忠根：《农村公共产品供给的影响因素与经济效应——国内研究进展与深化》，《西北农林科技大学学报》（社会科学版）2019 年第 1 期。

② 王峰：《农村基层组织建设中的委托—代理关系》，《中国农村观察》2000 年第 3 期。

③ 王郁、赵一航：《区域协同发展政策能否提高公共服务供给效率？——以京津冀地区为例的研究》，《中国人口·资源与环境》2020 年第 8 期。

非径向模型对公共服务的供给效率进行衡量，类似的也有使用成本收益分析法，并且考虑到公共服务收益衡量较为困难，使用条件价值评估法来衡量居民的公共服务收益。还有学者根据公共服务被利用的情况来反映公共服务供给效率，比如使用过公共服务的农户占比、公共服务被使用总次数、累计使用次数等①。囿于公共服务供给的根本目的在于提高居民福利水平，也有不少学者使用居民评价、居民满意度来衡量公共服务供给效率②。鉴于农村生活垃圾治理服务涉及主体和环节众多，成本和收益测度较为困难，为此，本章使用村民生活垃圾治理评价来衡量村庄生活垃圾治理服务供给效率。具体来说，设置了"街道清扫服务效果：1 = 非常差→5 = 非常好"来反映村民对村庄生活垃圾清扫服务的评价，该变量最小值为1，最大值为5，均值为4.13；设置了"到指定投放点投放垃圾的便利程度：1 = 非常不便→5 = 非常方便"来反映村民对村庄生活垃圾投放服务的评价，该变量最小值为1，最大值为5，均值为4.19；设置了"本村垃圾清运效果：1 = 非常不及时→5 = 非常及时"来反映村民对生活垃圾清运服务的评价，该变量最小值为1，最大值为5，均值为3.93。总体来看，村庄生活垃圾治理服务供给效率较高。将各变量大于均值的取值赋值为1，小于均值的取值赋值为0，将三个因变量设置为二元变量。

核心变量。在共同代理模型和双向委托关系的理论分析的基础上，考虑到村庄生活垃圾治理服务供给中政府和村"两委"之间的双向委托代理关系③，本部分设置了核心变量村庄自治水平，是否是乡镇政府所在村。村庄生活垃圾治理服务是为村民提供的公共服务，村民最了解自己的需

---

① 李丽莉、张忠根：《农村公共产品供给的影响因素与经济效应——国内研究进展与深化》，《西北农林科技大学学报》（社会科学版）2019年第1期。

② 郑建君：《政治参与、政治沟通对公共服务满意度影响机制的性别差异——基于6159份中国公民调查数据的实证分析》，《清华大学学报》（哲学社会科学版）2017年第5期；陈硕、高琳：《央地关系：财政分权度量及作用机制再评估》，《管理世界》2012年第6期；寇垠、刘杰磊：《东部农村居民公共文化服务满意度及其影响因素》，《图书馆论坛》2019年第11期；朱玉春、唐娟莉、罗丹：《农村公共品供给效果评估：来自农户收入差距的响应》，《管理世界》2011年第9期。

③ 王峰：《农村基层组织建设中的委托—代理关系》，《中国农村观察》2000年第3期。

求，村庄自治水平越高，村民越能充分参与到村庄生活垃圾治理中，发挥自己委托人的权利，则村庄生活垃圾治理的绩效会越高。该变量设置与第五章第二节部分一致，是反映村庄民主选举、民主决策、民主管理、民主监督水平的8个指标的因子分析；是否是乡镇政府所在村的设置与第五章第二节也一致。

同时，将各项生活垃圾治理服务供给质量和供给水平也作为核心变量纳入模型分析中。对公共服务的评价是村民的主观感知，与公共服务的供给质量和供给水平有重要关系①，易承志②研究发现环保绩效体验对城市居民环境公共服务满意度具有显著的正向影响，金莹等③研究发现服务滞后于需求是村民对村庄公共服务评价低的重要原因。服务供给质量方面，设置村民对乡镇政府、村干部和保洁员的评价这三个变量，主要是考虑村民作为委托人，委托乡镇政府、村干部和保洁员共同供给村庄生活垃圾治理服务，乡镇干部主要负责生活垃圾的运输处理，村干部主要负责生活垃圾治理的监督管理，保洁员则提供了最直接的清扫和收集生活垃圾的工作，若这三个主体对村庄事务比较重视，付出了较多的努力，会增加村民对村庄生活垃圾治理服务绩效的感知。这三个变量设置的问题分别为“尽管对政府的监督不够，但政府做的事往往对大部分人是有益的”“村干部在治理村庄居住环境方面很有热情”“我相信环卫企业会按照规定参与村庄环境整治”，选项均为“1 = 完全不认可→5 = 完全认可”。具体变量统计分析见表5 –5。服务供给水平方面，根据各项服务特点，具体问题设置为“村里街道清扫频率：一天____次”“您家距最近垃圾收集点____米”“村里垃圾清运频率：多少天____次”。样本数据显示，村庄街道清扫频率最小为0次/天，说明村庄没有提供街道清扫服务，最大值为6次/天；村民距最近垃圾点距离最近为0米，最远

① 张青、周振：《公众诉求、均衡性感知与公共服务满意度——基于相对剥夺理论的分析》，《江海学刊》2019年第6期。

② 易承志：《环保绩效体验、政府信任与城市环境公共服务满意度——基于上海市的实证调研》，《软科学》2019年第7期。

③ 金莹、闫博文：《基于文化治理视角的公共文化服务公众满意度研究》，《重庆大学学报》（社会科学版）2020年第3期。

为1000米；个别村庄没有提供生活垃圾清运服务，提供村庄生活垃圾清运服务的村庄最小频率为一天一次，最大频率为60天一次，说明不同村庄生活垃圾治理服务供给水平存在较大差异。另外，村庄街道清扫频次为正向指标，街道清扫频率越大，服务供给水平越高，村民的评价越高。村民距垃圾收集点的距离和村庄生活垃圾清运频率为负向指标，指标值越大，服务供给水平越低，村民的评价越低，考虑到研究结果的清晰度，将这两项指标进行取倒数处理。

控制变量。根据前人的研究将村民性别、年龄、受教育程度、家中是否有党员、家庭收入水平、身体健康状况作为村庄生活垃圾治理服务绩效评价的控制变量。具体变量设置及描述性分析见表5－5。

表5－5 **变量设置及描述性分析**

变量	变量定义	均值	标准差	预期影响
因变量				
街道清扫服务供给效率（Y1）	街道清扫服务效果：1＝非常差→5＝非常好	4.127	1.033	－
收集服务供给效率（Y2）	到指定投放点投放垃圾的便利程度：1＝非常不便→5＝非常方便	4.192	1.127	－
清运服务供给效率（Y3）	本村垃圾清运效果：1＝非常不及时→5＝非常及时	3.929	1.323	－
核心变量				
村庄自治水平（AU）	民主治理评价因子分析	0	1	＋
乡镇政府所在村（TG）	村庄是否是乡镇政府所在地：0＝否，1＝是	0.140	0.347	＋
政府服务（GS）	尽管对政府的监督不够，但政府做的事往往对大部分人是有益的：1＝完全不认可→5＝完全认可	4.458	0.777	＋
村干部服务（VS）	村干部在治理村庄居住环境方面很有热情：1＝完全不认可→5＝完全认可	4.110	1.108	＋

续表

变量	变量定义	均值	标准差	预期影响
核心变量				
保洁员服务（CS）	我相信保洁员会按照要求，及时收集村庄生活垃圾：1 = 完全不认可→5 = 完全认可	4. 397	0. 887	+
街道清扫服务供给水平（Y1S）	村里街道清扫频率一天________次	1. 665	0. 933	+
收集服务供给水平（Y2S）	您家距最近收集点________米	94. 668	155. 367	+
清运服务供给水平（Y3S）	村里垃圾清运频率________天一次	1. 785	2. 224	+
控制变量				
性别（Sex）	0 = 男，1 = 女	0. 506	0. 500	+/-
年龄（Age）	周岁	57. 364	13. 370	+/-
受教育程度（Edu）	年	7. 131	3. 930	+/-
家中有党员（CPC）	0 = 否，1 = 是	0. 335	0. 472	+/-
家庭收入水平（Inc）	您家收入在村中所处水平：1 = 非常低→5 = 非常高	2. 542	0. 891	+/-
健康状况（Heal）	您身体健康状况：1 = 非常不健康→5 = 非常健康	3. 745	1. 265	+/-

（二）模型选择

农村生活垃圾治理涉及街道清扫服务、垃圾收集服务和清运服务，各服务供给效率可能存在相互关系，某些不可观测因素比如村庄的文化、习惯、生活垃圾治理模式等可能会同时决定三个治理服务的供给效率，单独分析其影响因素，结果不具有可比性，为此，选择可以同时处理多个二元选择问题的 Mvprobit 模型进行估计分析。模型的具体形式表示如下：

$$\begin{cases} Y_{ij}^{*} = X_{ij}^{*}\beta_j + \varepsilon_{ij}, i,j = 1,2,3,\cdots \\ \varepsilon_{ij} \sim MVN(0,\phi) \end{cases} \qquad 公式(5-21)$$

$$Y_{ij}=\begin{cases}1, 如果 Y^{*}{}_{ij}>0\\0, 其他\end{cases}$$ 公式（5－22）

式中 Y_{ij}^{*} 表示第 i 个样本对服务 j 的供给效率的评价，可由观测变量向量 X_{ij}^{*} 的线性组合表示，β_j 为模型的待估参数向量，ε_{ij} 为误差项，ϕ 为 ε_{ij} 的方差－协方差矩阵。β_j 和 ϕ 可以通过最大似然估计法求得。若 ε_{ij} 为服从独立同分布的随机变量，则不同服务评价之间是相互独立的，即第 i 项服务的供给效率评价不会影响第 j 项服务的供给效率评价，则多变量 Probit 模型等价于多个二元 Probit 模型；但如果 ε_{ij} 是遵循零条件均值与变异值的多元正态分布，即样本对多项服务供给效率的评价是相关的，某些不能观测到的因素可能会同时决定生活垃圾治理服务供给效率。如果忽略内生性问题，采用多个二元 Probit 模型来进行研究，则估计结果会产生偏误，此时应该采用 Multivariate Probit 模型。Multivariate Probit 模型包括多个二元被解释变量，能够更好地考虑不同方案之间的内在关联性，允许不同方程的误差项之间存在相关性，此外，能同时分析采用不同方案的影响因素，从而能够更好地分辨出不同特征样本的选择行为。

二　基础回归分析

根据上述分析，采用 Mvprobit 模型研究村庄生活垃圾治理服务供给效率的影响因素，结果见模型（5－6），考虑到因子分析可能会损失一部分样本信息，使用 8 个指标的均值构建村民自治水平（AU）指标的替代变量进行模型回归，结果见模型（5－7）（见表 5－6）。

表 5－6　村庄生活垃圾治理服务供给效率影响因素的基础回归结果（Mvprobit）

变量	模型（5－7）：Mvprobit			模型（5－8）：Mvprobit		
	清扫服务	收集服务	清运服务	清扫服务	收集服务	清运服务
村庄自治水平	0.122**	0.081*	0.113**	0.182***	0.133***	0.139***
	(0.048)	(0.046)	(0.048)	(0.046)	(0.044)	(0.046)
乡镇政府所在村	－0.098	0.109	0.326***	－0.090	0.113	0.323***
	(0.104)	(0.102)	(0.112)	(0.104)	(0.102)	(0.112)

续表

变量	模型（5－7）：Mvprobit			模型（5－8）：Mvprobit		
	清扫服务	收集服务	清运服务	清扫服务	收集服务	清运服务
政府服务	0.176***	0.185***	－0.041	0.162***	0.174***	－0.051
	(0.056)	(0.052)	(0.054)	(0.056)	(0.053)	(0.055)
村干部服务	0.163***	0.128***	0.113***	0.123***	0.096**	0.089**
	(0.043)	(0.041)	(0.042)	(0.045)	(0.042)	(0.044)
保洁员服务	0.371***	0.255***	0.312***	0.357***	0.244***	0.304***
	(0.051)	(0.045)	(0.046)	(0.052)	(0.046)	(0.046)
街道清扫服务供给水平	0.174***			0.179***		
	(0.038)			(0.038)		
收集服务供给水平		1.361***			1.356***	
		(0.205)			(0.204)	
清运服务供给水平			0.547***			0.550***
			(0.112)			(0.112)
性别	0.222***	0.157**	－0.007	0.229***	0.162**	－0.003
	(0.072)	(0.070)	(0.075)	(0.072)	(0.070)	(0.075)
年龄	0.011***	0.007**	－0.000	0.011***	0.007**	－0.000
	(0.003)	(0.003)	(0.003)	(0.003)	(0.003)	(0.003)
受教育程度	0.020*	0.003	－0.009	0.019*	0.002	－0.010
	(0.011)	(0.011)	(0.011)	(0.011)	(0.011)	(0.011)
家中有党员	0.074	0.048	0.059	0.052	0.031	0.045
	(0.077)	(0.076)	(0.081)	(0.077)	(0.076)	(0.082)
家庭收入水平	－0.008	0.025	0.053	－0.011	0.021	0.052
	(0.042)	(0.041)	(0.044)	(0.042)	(0.041)	(0.044)
健康状况	0.078**	0.078***	－0.017	0.076**	0.076**	－0.018
	(0.031)	(0.030)	(0.032)	(0.031)	(0.030)	(0.032)
常数项	－4.688***	－3.367***	－1.424***	－5.109***	－3.647***	－1.784***
	(0.411)	(0.379)	(0.383)	(0.398)	(0.365)	(0.368)
atrho21	0.366***（0.044）			0.358***（0.044）		
atrho31	0.199***（0.046）			0.192***（0.046）		

续表

变量	模型（5－7）：Mvprobit			模型（5－8）：Mvprobit		
	清扫服务	收集服务	清运服务	清扫服务	收集服务	清运服务
atrho32	0.256***（0.047）			0.250***（0.047）		
Wald chi2	532.80			517.88		
Prob > chi2	0.0000			0.000		

注：*、**、***分别表示在10%、5%、15的水平上显著。

从模型回归结果来看，各模型 Wald chi2 整体显著性检验值表明模型整体显著，模型设置较为合理，无论使用村庄治理水平的因子分析值，还是指标平均值，得出的结果具有一致性。模型回归的 atrho21、atrho31、atrho32 均显著为正，说明村庄街道清扫服务供给效率、生活垃圾收集服务供给效率和生活垃圾清运服务供给效率之间存在显著的正相关关系，验证了村庄生活垃圾治理是一个系统工程，每一个环节都做到位才能真正达到有效治理生活垃圾的目的。

在控制村民个人和家庭特征的基础上，村庄自治水平、生活垃圾治理服务供给质量、生活垃圾治理服务供给水平对村庄生活垃圾治理服务供给效率有显著正向影响。（1）村庄自治水平有显著正向影响，说明村民有充分的参与生活垃圾治理的决策权、管理权和监督权，村庄生活垃圾治理服务供给效率越高。一方面，作为代理人，村民自治水平越高，村民越可能充分参与到生活垃圾治理项目决策中，而村民是最了解自己的需求的，村民的充分参与可以提升生活垃圾治理服务供给效率；另一方面，作为委托人，并且是生活垃圾治理服务的直接受益者，村民监督村庄生活垃圾治理的成本最小，村民能够充分监督村庄生活垃圾治理服务供给，也可以提升生活垃圾治理服务供给效率。这与众多关于公众参与、民主参与、制度因素可以提高公众满意度的研究结果一致①。

① 官永彬：《民主与民生：分权体制下公众参与影响公共服务效率的经验研究》，《经济管理》2016 年第 1 期；廖媛红：《制度因素与农村公共品的满意度研究》，《经济社会体制比较》2013 年第 6 期；张青、周振：《公众诉求、均衡性感知与公共服务满意度——基于相对剥夺理论的分析》，《江海学刊》2019 年第 6 期。

（2）政府、村干部和保洁员的服务质量有显著正向影响，说明作为代理人的政府越是重视农民利益，村干部越是重视农村人居环境整治，保洁员越是富有责任心，村庄生活垃圾治理服务供给效率越高，这是因为农村生活垃圾治理服务供给需要政府以资金和政策支持、村干部以监督管理支持、保洁员以认真工作支持，当政府重视农村生活垃圾治理工作，村干部有治理生活垃圾的热情，保洁员能按照规定参与生活垃圾治理的时候，村庄生活垃圾治理服务供给效率就会大大提高，这与朱玉春等农户对乡镇政府评价，政府对中央政策的执行效果会影响农户评价农村公共品供给效果的结论一致①，与易承志政府信任影响城市环境公共服务满意度的研究结论一致②。生活垃圾治理服务供给水平对村民的生活垃圾治理服务供给效率评价具有显著正向影响，这可能与当下农村生活垃圾治理服务供给水平较低，滞后于村民的生活垃圾治理服务需求有关，农村生活垃圾治理服务供给滞后于村民需求，从而导致村民对生活垃圾治理服务供给效率的评价较低，这与前人关于公共服务质量、公共服务绩效感知影响居民的公共服务绩效评价的研究结论一致③。

三　稳健性检验

（一）基于替换核心自变量的模型稳健性检验

为保障估计结果的稳健性，根据上文的研究，将村民自治水平分别替换为村委号召力（AU2）和村干部与村民的关系进行模型的稳健性检验，见表5－7。

---

①　朱玉春、唐娟莉：《农村公共品投资满意度影响因素分析——基于西北五省农户的调查》，《公共管理学报》2010年第3期。

②　易承志：《环保绩效体验、政府信任与城市环境公共服务满意度——基于上海市的实证调研》，《软科学》2019年第7期。

③　明承瀚、徐晓林、陈涛：《公共服务中心服务质量与公民满意度：公民参与的调节作用》，《南京社会科学》2016年第12期；金莹、闫博文：《基于文化治理视角的公共文化服务公众满意度研究》，《重庆大学学报》（社会科学版）2020年第3期。

表5－7　村庄生活垃圾治理服务供给效率影响因素的稳健性检验（Mvprobit）

变量	模型（5－9）：Mvprobit			模型（5－10）：Mvprobit		
	清扫服务	收集服务	清运服务	清扫服务	收集服务	清运服务
村庄自治水平（AU2）	0.280***	0.168***	0.182***			
	（0.043）	（0.042）	（0.044）			
村庄自治水平（AU2）				0.304***	0.160***	0.148***
				（0.043）	（0.041）	（0.043）
乡镇政府所在村	－0.066	0.125	0.342***	－0.036	0.141	0.349***
	（0.105）	（0.103）	（0.113）	（0.105）	（0.103）	（0.113）
政府服务	0.181***	0.182***	－0.048	0.184***	0.180***	－0.047
	（0.057）	（0.053）	（0.055）	（0.057）	（0.053）	（0.055）
村干部服务	0.077*	0.079*	0.067	0.061	0.080*	0.079*
	（0.045）	（0.042）	（0.044）	（0.046）	（0.042）	（0.044）
保洁员服务	0.382***	0.259***	0.317***	0.374***	0.258***	0.318***
	（0.052）	（0.045）	（0.046）	（0.052）	（0.045）	（0.046）
街道清扫服务供给水平	0.179***			0.177***		
	（0.039）			（0.039）		
收集服务供给水平		1.365***			1.349***	
		（0.206）			（0.205）	
清运服务供给水平			0.553***			0.549***
			（0.112）			（0.112）
性别	0.229***	0.160**	－0.009	0.213***	0.150**	－0.018
	（0.072）	（0.071）	（0.075）	（0.073）	（0.071）	（0.075）
年龄	0.011***	0.007**	－0.000	0.010***	0.007**	－0.001
	（0.003）	（0.003）	（0.003）	（0.003）	（0.003）	（0.003）
受教育程度	0.020*	0.002	－0.009	0.018*	0.001	－0.010
	（0.011）	（0.011）	（0.011）	（0.011）	（0.011）	（0.011）
家中有党员	0.073	0.050	0.064	0.078	0.052	0.068
	（0.082）	（0.077）	（0.076）	（0.082）	（0.077）	（0.076）

续表

变量	模型（5-9）：Mvprobit			模型（5-10）：Mvprobit		
	清扫服务	收集服务	清运服务	清扫服务	收集服务	清运服务
家庭收入水平	-0.002	0.028	0.058	-0.004	0.029	0.059
	(0.042)	(0.042)	(0.044)	(0.042)	(0.041)	(0.044)
健康状况	0.072**	0.075**	-0.021	0.076**	0.075**	-0.020
	(0.031)	(0.030)	(0.032)	(0.031)	(0.030)	(0.032)
Cons	-5.565***	-3.849***	-1.966***	-5.509***	-3.778***	-1.852***
	(0.415)	(0.373)	(0.375)	(0.412)	(0.370)	(0.371)
atrho21	0.349***（0.044）			0.347***（0.044）		
atrho31	0.182***（0.046）			0.185***（0.046）		
atrho32	0.240***（0.047）			0.245***（0.047）		
Wald chi2	557.83			560.11		
Prob > chi2	0.0000			0.0000		

注：*、**、***分别表示在10%、5%、15的水平上显著。

比较模型（5-7）—模型（5-10）的估计结果可以看出，模型设置比较稳健，回归估计结果具有一致性。

（二）基于PSM的模型稳健性检验

考虑到公共服务供给效率也可能影响到村庄自治水平和村民对政府、村干部和保洁员服务质量的评价，这种反向因果可能带来内生性问题，从而导致估计结果偏误。为排除这种可能存在的内生性问题，进一步使用倾向得分匹配法（PSM）进行模型的稳健性检验。将核心自变量进行标准化处理，将标准化处理后数值小于0的变量赋值为0，数值大于0的变量赋值为1，将村民分为干预组和控制组，并计算特定特征Z的村民进入干预组的概率P。以村庄自治水平为例，数值为0表示村庄自治水平低，数值为1表示村庄自治水平高，将村庄自治水平低的村民作为控制组，将村庄自治水平高的村民作为干预组，根据村民所在村是否是乡镇政府所在村、对政府服务、村干部服务和保洁员服务评价、村庄生活垃圾治理服务供给水平和村民的个人和家庭特征，计算村民进入干预组

的概率 P。具体见公式（5-23）：

$$P(Z) = \Pr(Treat = 1 \mid Z) = E[Treat \mid Z] \quad 公式（5-23）$$

公式（5-23）中，$Treat=1$ 代表个体属于干预组。对于任意村民 i 来说，核心自变量对其生活垃圾分类参与意愿的平均影响 ATT 为：

$$\begin{aligned} ATT &= E(Y_{i1} \mid Treat = 1) - E(Y_{i0} \mid Treat = 1) \\ &= E(Y_{i1} - Y_{i0} \mid Treat = 1) \\ &= E\{E[Y_{i1} - Y_{i0}] \mid Treat = 1, P(Z_i)\} \\ &= E\{E[Y_{i1} \mid Treat = 1, P(Z_i)]\} - E\{E[Y_{i0} \mid Treat = 1, P(Z_i)]\} \end{aligned} \quad 公式(5-24)$$

在进行 PSM 分析之前，首先进行协变量的平衡性检验，发现匹配后变量标准化偏差的绝对值均小于 20%，满足平衡性要求，两组样本匹配后的差异基本达到了随机试验的效果。在此基础上，为保障结果稳健性，本书使用核匹配法进行匹配，并采用马氏匹配法进行稳健性检验。匹配后干预组和控制组两组样本的共同支撑区域基本相同，满足共同支撑假设条件。用 PSM 法估计核心自变量对村民生活垃圾治理服务供给效果评价的平均处理效应，见表 5-8。

表 5-8　**村庄生活垃圾治理服务供给效率影响因素的稳健性检验**（PSM）

变量	匹配方法	清扫服务	收集服务	清运服务
		ATT（*se*）	*ATT*（*se*）	*ATT*（*se*）
村庄自治水平	核匹配	0.179***（0.036）	0.157***（0.033）	0.102***（0.036）
	马氏匹配	0.192***（0.037）	0.174***（0.036）	0.104***（0.038）
政府服务	核匹配	0.196***（0.028）	0.209***（0.029）	0.068***（0.024）
	马氏匹配	0.185***（0.029）	0.229***（0.029）	0.057***（0.024）
村干部服务	核匹配	0.148***（0.043）	0.187***（0.045）	0.077*（0.042）
	马氏匹配	0.183***（0.036）	0.197***（0.050）	0.066**（0.029）
保洁员服务	核匹配	0.246***（0.035）	0.140***（0.045）	0.142***（0.037）
	马氏匹配	0.304***（0.033）	0.145***（0.051）	0.127***（0.031）

续表

变量	匹配方法	清扫服务	收集服务	清运服务
		ATT（se）	ATT（se）	ATT（se）
街道清扫服务供给水平	核匹配	0.108*** （0.026）		
	马氏匹配	0.072*** （0.028）		
收集服务供给水平	核匹配		0.218*** （0.027）	
	马氏匹配		0.211*** （0.030）	
清运服务供给水平	核匹配			0.056*** （0.024）
	马氏匹配			0.028*** （0.024）

注：*、**、*** 分别表示在10%、5%、1%的水平上显著。

从估计结果来看，各核心自变量对村民生活垃圾治理服务供给效率评价均具有显著的正向影响，并且两种匹配方法下，估计结果具有稳健性。根据估计结果，对村民对街道清扫服务供给效率评价影响最大的因素为保洁员服务质量，这与现实情况也比较符合，保洁员负责日常道路清扫活动，保洁员按照规定认真清扫街道可以大大提高村民对街道清扫服务供给效率的评价，具体而言，与保洁员服务质量差相比，保洁员服务质量好可以使村民对街道清扫服务供给效率的评价提高24.64%—30.42%。其次是村民自治水平和政府服务质量，这可能与大部分保洁员是本村居民，由政府发放工资有关。与村庄自治水平低相比，村庄自治水平高可以使村民对街道清扫服务供给效率的评价提高17.86%—19.17%；与政府服务质量差相比，政府服务质量好可以使村民对街道清扫服务供给效率的评价提高18.48%—19.64%。然后是村干部服务质量，与村干部服务质量差相比，村干部服务质量好可以使村民对街道清扫服务供给效率的评价提高14.84%—18.30%。最后是村庄街道清扫服务供给水平，与村庄街道清扫服务供给水平低相比，村庄街道清扫服务供给水平高可以使村民对街道清扫服务供给效率的评价提高7.22%—10.83%。可以看出，虽然街道清扫服务供给水平的提高可以满足村民的生活垃圾治理需求，进而提高村民对街道清扫服务供给效率的评价，但是治理过程的参与和服务体验对村民服务供给效率评价的影响更大。这可能与街道清扫服务带来的村民不公平体验有关，调研过程中发现，村庄街道清扫保洁员多为本村居民，对于村民来说这是一个很好的在地就业的就会，如果保洁员选择不能做到公平、公开、透明，就会引来部分村民的不满，进而表现在对村庄街道清扫服务的不满上来。

对村民对垃圾收集服务供给效率评价影响最大的因素为生活垃圾收集服务供给水平和政府服务质量，这与每天村民都要付出劳动参与到生活垃圾收集服务中有关。投放生活垃圾距离比较远，需要村民投入更大的努力到生活垃圾收集服务中来，会大大降低村民对生活垃圾收集服务供给效率的评价，而投放生活垃圾的距离很大程度上取决于政府配备的生活垃圾收集设施，如果设施配置合理，会降低村民的投入，进而提高村民对生活垃圾收集服务的评价。具体来说，与生活垃圾收集服务供给水平低相比，生活垃圾收集服务供给水平高可以使村民生活垃圾收集服务供给效率评价提高 21.07%—21.80%；与政府服务质量差相比，政府服务质量好可以使村民生活垃圾收集服务供给效率评价提高 20.87%—22.85%；其次是村干部服务，这可能与村庄生活垃圾收集设施的布局大多需要村干部参与有关，而生活垃圾收集设施的建设或者布局具有“邻避效应”，大家都希望有便利的生活垃圾收集服务，但是却不希望生活垃圾收集设施建设或者摆放在自家门口，面对这样的阻碍，如果村干部消极怠工，势必会引起村民对生活垃圾收集服务的不满，进而降低其对生活垃圾收集服务供给效率的评价。与村干部服务质量差相比，村干部服务质量好可以使村民生活垃圾收集服务供给效率评价提高 18.69%—19.70%。最后是村庄自治水平和保洁员服务，与村庄自治水平低相比，村庄自治水平高可以使村民生活垃圾收集服务供给效率评价提高 15.74%—17.39%，与保洁员服务差相比，保洁员服务好可以使村民生活垃圾收集服务供给效率评价提高 14.00%—14.50%。可以看出，与街道清扫服务相比，村民自治制度和保洁员服务在村庄生活垃圾收集服务供给效率评价中所发挥的作用相对较小。

对村民对垃圾清运服务供给效率评价影响最大的因素为保洁员服务，村民与生活垃圾清运最直接的接触就是保洁员，保洁员按照规定按时、按要求清运生活垃圾可以显著提高村民对生活垃圾清运服务供给效率的评价。与保洁员服务差相比，保洁员服务好可以使村民生活垃圾清运服务供给效率评价提高12.70%—14.17%。其次是村民自治水平和村干部服务，村民自治水平高，村民能够有效地参与到生活垃圾清运规则的制定中来，可以大大提高村民对生活垃圾清运服务供给效率的评价，与村民自治水平低相比，村民自治水平高可以使村民生活垃圾清运服务供给效率评价提高10.19%—10.43%；村干部积极参与到生活垃圾治理服务中来，可以为村民争取到更大的权益，并且课题组调研发现，很多村庄的生活垃圾清运都是垃圾收集设备满了，由村干部联系环卫车辆来清运的，村干部治理生活垃圾的积极性越高，可以为村民提供更及时的生活垃圾清运服务，与村干部服务质量差相比，村干部服务质量好可以使村民生活垃圾清运服务供给效率评价提高6.56%—7.68%。最后是政府服务质量和生活垃圾清运服务供给水平，与政府服务质量差相比，政府服务质量好可以使村民生活垃圾清运服务供给效率评价提高5.66%—6.85%；与生活垃圾清运服务供给水平低相比，生活垃圾清运服务供给水平高可以使村民生活垃圾清运服务供给效率评价提高2.77%—5.58%。这与农村生活垃圾清运服务需求有关，课题组在调研过程中发现，大多村庄都是垃圾收集设备满了再清运走，而非日产日清，并且大部分村民认为垃圾满了就清运走就很及时，所以以频率衡量的清运水平对村民生活垃圾清运服务供给效率的评价要低于前四个核心变量。

第四节　本章小结

本章在共同代理模型和双向委托关系的基础上构建了村“两委”供给生活垃圾治理服务的激励机制的理论分析模型，在此基础上，利用京津冀三个省市66个村支部书记和1485个村民的调研数据，使用OLS、

GLS 估计对村“两委”的生活垃圾治理服务供给水平的影响因素进行了分析，并使用 Shapley 值分解法对变量的贡献进行了分析；使用 Mvprobit 模型和 PSM 模型对村“两委”的生活垃圾治理服务供给效果的影响因素进行了分析和稳健性检验。主要研究结论如下：

第一，根据理论分析，村“两委”作为乡镇政府和村民的共同代理人，在两个委托人目标一致时，可以实现委托代理中的激励相容，达到村庄生活垃圾治理的次优状态；在两个委托人目标不一致时，囿于乡镇政府和村民之间存在实力差异，村“两委”会与乡镇政府达成合谋，忽视村民对生活垃圾治理服务的需求，这种情况下，虽然也可以达到纳什均衡，但是这个均衡是低效率的，村“两委”也面临更大的代理风险。此外，农村生活垃圾治理服务供给最终还是要落实到每个村民的参与，从这个角度来看，村民与村“两委”之间存在双向委托关系，农村生活垃圾治理也需要村“两委”投入动员村民的激励成本。

第二，村庄自治水平（村委会号召力、村干部与村民的关系）是影响村“两委”生活垃圾治理服务供给水平的第一大因素，村庄人口规模是第二大影响因素，村民认识到随便乱扔垃圾的健康危害是第三大影响因素，村庄治理过程中党员发挥先进性是第四大影响因素。从双向委托关系可以看出，这四大因素皆在一定程度上反映了作为委托人，村“两委”动员村民参与生活垃圾治理的激励成本，村“两委”对村民参与生活垃圾治理的激励成本越高，生活垃圾治理服务的供给水平就越低。

第三，村庄各项生活垃圾治理服务供给效率的影响因素存在差异。对村庄街道清扫服务供给效率有显著影响的因素，从大到小排列依次为保洁员服务质量、村民自治水平、政府服务质量、村干部服务质量、村庄街道清扫服务供给水平，说明较之于街道清扫服务供给水平来看，参与治理过程和服务供给质量对街道清扫服务供给效率的影响更大；对垃圾收集服务供给效率有显著影响的因素，从大到小排列依次为收集服务供给水平、政府服务质量、村干部服务质量、村民自治水平和保洁员服务质量，说明较之于参与治理过程，服务供给水平对收集服务供给效率的影响更大，这与村民付出的投放生活垃圾的成本有关；对垃圾清运服务供给效率有显著影响的因素，从大到小排列依次为保洁员服务质量、村民自治水平和村干部服务质量、政府服务质量和生活垃圾清运服务供给水平，说明较之于清运服务供给水平来说，参与治理过程和服务供给质量对垃圾清运服务供给效率的影响更大。

第六章　村民生活垃圾分类参与意愿研究

村民自觉参与生活垃圾分类是垃圾分类的基础和关键性因素。村民是农村的主人，是生活垃圾的产生者和投放者，是生活垃圾治理的直接受益者，最了解自己的利益需求，只有奠定雄厚的群众基础，让村民以主人公的责任感积极参与到生活垃圾分类治理中来，才能达到生活垃圾分类治理长效持续的目标。但是大多数研究者认为居民自觉参与生活垃圾治理，尤其是生活垃圾分类很难执行，那么如何才能激发居民自觉参与生活垃圾治理呢？国内外学者对该问题进行了大量研究，发现居民的内在动机和外在环境是影响居民参与生活垃圾治理的重要因素，但行为发生在制度环境中，制度环境会改变个人偏好及行为，但当前关于村民参与生活垃圾分类的研究对制度环境的重视不够。

鉴于此，本章以京津冀三省市、66 个村庄、1485 个村民为研究对象，尝试构建涉及政府、企业、村“两委”、村民等相关利益主体的环境整治制度环境，涉及村庄民主决策、民主管理、民主监督的村民自治制度环境，基于多中心治理理论、理性选择理论、社会认同理论、新制度经济学等相关理论，构建“制度环境—村民生活垃圾分类参与意愿”的分析框架，采用逐步法实证分析“制度环境—村民生活垃圾分类参与意愿”的传导路径，并运用非参数百分位 Bootstrap 法、KHB 模型对结果进行稳健性检验。以期从不同的视角为推进农村生活垃圾分类工作提供借鉴。分析思路见图 6 - 1。

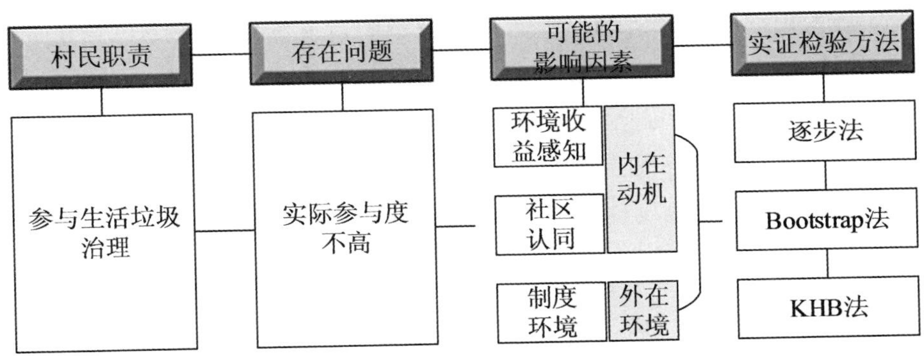

图6-1　参与生活垃圾治理服务供给实证分析思路

第一节　村民参与生活垃圾分类治理的机制分析

一　制度环境影响村民生活垃圾分类参与意愿

制度环境影响村民生活垃圾分类参与意愿可以用多中心治理理论进行分析。农村生活垃圾治理属于农村公共服务的一部分，由于大多数村庄缺乏有效的激励约束机制，农村生活垃圾分类治理普遍陷入了集体行动的困境，垃圾乱堆乱放的情况屡禁不止。要解决这一问题，应该把公共事务决策权分配给多个主体，在共同的制度框架下，平等、有效、可持续地供给公共品①。一方面，在国家出重拳整治农村环境，出台了《农村人居环境整治三年行动方案》等一系列法规文件和指导政策的宏观背景下，如果政府等相关主体真抓实干、及时落实中央及上级政府相关政策，下大力气整治农村环境，在当地营造出良好的制度环境氛围，那么村民对垃圾分类制度的实施就会有较高的预期，更愿意参与生活垃圾分类②；反之，若整个制度环境氛围较差，村民认为当下环境整治只是做“表面文章”，各相关主体缺乏治理热情，那么村民对垃圾分类制

① 姜利娜、赵霞：《农村生活垃圾分类治理：模式比较与政策启示——以北京市4个生态涵养区的治理案例为例》，《中国农村观察》2020年第2期。

② 马国栋：《农村面源污染的社会机制及治理研究》，《学习与探索》2018年第7期。

度实施的预期会较低，参与生活垃圾分类的意愿随之降低。另一方面，对于村庄治理的小环境来说，生活垃圾分类投放和分类收集主要发生在村庄内部，如果村民自治制度能够有效发挥作用，生活垃圾分类项目实施过程中，村民能够民主决策、民主管理、民主监督，同样可以增加村民对生活垃圾分类制度落实的预期，从而提高村民参与生活垃圾分类的意愿①；反之则参与意愿也随之降低。

二　制度环境影响村民生活垃圾分类参与意愿的传导路径分析

新制度经济学派认为制度环境会改变个人偏好、信念和目标，使其行为考虑道德要求，并非完全自利。行为发生在制度环境中，制度通过提供认知模板、范畴和模式影响个体偏好和自我身份认同来对个体行为产生影响②。通过理论分析和文献梳理，发现制度环境不仅能够直接影响村民的生活垃圾分类参与意愿，还可以通过提高村民的环境收益感知和社区认同间接影响村民的生活垃圾分类参与意愿。

（一）环境收益感知

环境收益感知是指居民对环境改善获得的综合收益的感知，包括环境改善带来心情的愉悦，身体的健康，收入的提高，幸福感、获得感、安全感的提升等方面。在《农村人居环境整治三年行动方案》等法规性文件的指导下，各地陆续开展了农村环境卫生整治工作，环境卫生整治制度落实得越好，村民对环境改善带来的收益感知越强烈。而村民自治制度运行顺畅的话，村民在环境卫生整治中充分发挥民主决策、民主监督和民主管理的权利，也会增加村民对环境改善的收益感知。根据理性选择理论，理性人会根据自己的主观偏好，选择使自

① 沈费伟：《农村环境参与式治理的实现路径考察——基于浙北荻港村的个案研究》，《农业经济问题》2019 年第 8 期。

② Immergut, E. M., "The Theoretical Core of the New Institutionalism", *Politics & Society*, Vol. 26, No. 1, 1998, pp. 5 - 34.

己收益最大或者代价最小的最优策略[①]，垃圾分类是改善居住环境的一项措施，环境改善给村民带来的收益感知较高，村民越会自愿参与生活垃圾分类。

（二）社区认同

社区认同是指一个社区的成员拥有共同的信仰、价值和行动取向，成员之间由于共同信念与需求，彼此协作，形成集体行动力，来达成共同承诺与目标[②]。社区认同会受到社区环境的影响，主要包括社区居住环境、民主制度环境、社区经济环境、社区人际关系环境等[③]。良好的环境整治制度会改善社区居住环境，从而提高村民的社区认同；良好的民主制度环境，可以保障村民民主决策、民主监督、民主管理的权利，提高村民的主人公意识，从而提高村民的社区认同。社区认同本质上指一种集体观念，是增强社区内聚力的必要条件[④]，根据社会认同理论，个体的社区认同是集体行为发生的基础[⑤]。社区认同可以通过重塑居民的社会偏好，增强个体的社会偏好水平，提高个体的合作意识[⑥]，进而促进村民自愿参与公共事务。

制度环境会直接正向作用于村民的生活垃圾分类参与意愿（见路径1），同时，也会通过环境收益感知和社区认同两个中介变量来间接作用于村民的生活垃圾分类参与意愿（见路径2和路径3）。综上所述，本章构建了制度环境影响村民参与生活垃圾分类意愿的理论分析框图（见图6－2）。

---

① 孙璐：《利益、认同、制度安排——论城市居民社区参与的影响因素》，《云南社会科学》2006年第5期。

② Mcmillan, D. W., Chavis, D. M., "Sense of Community: A Definition and Theory", *Journal of Community Psychology*, Vol. 14, No. 1, 1986, pp. 6－23.

③ 孙璐：《利益、认同、制度安排——论城市居民社区参与的影响因素》，《云南社会科学》2006年第5期。

④ 李友梅：《《重塑转型期的社会认同》，《社会学研究》2007年第2期。

⑤ Kelly, C., "Social Identity and Intergroup Perceptions in Minority-Majority Contexts", *Human Relations*, Vol. 43, No. 6, 1990, pp. 583－599.

⑥ 周业安、王一子：《社会认同、偏好和经济行为——基于行为和实验经济学研究成果的讨论》，《南方经济》2016年第10期。

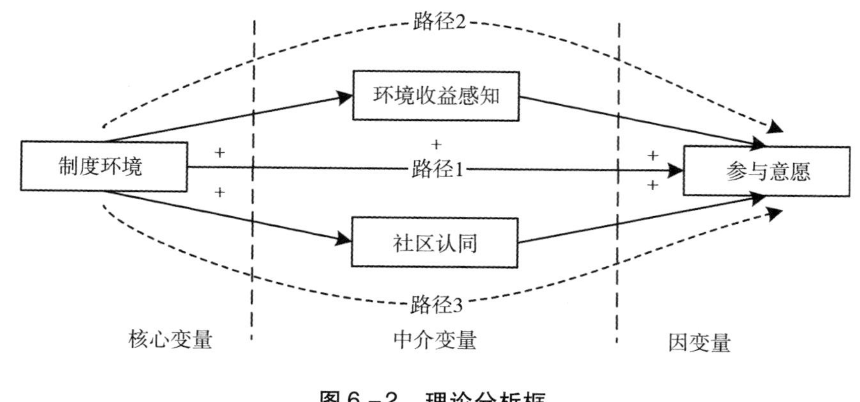

图6-2　理论分析框

第二节　数据说明与模型设置

一　数据来源

同第五章。

二　样本特征

问卷调研发现，81.36%的村民都愿意参与生活垃圾分类。在愿意参与生活垃圾分类的村民中，18.50%的村民愿意将生活垃圾最多分为两类，51.81%的村民愿意将生活垃圾最多分为三类，21.03%的村民愿意将生活垃圾最多分为四类，只有8.21%的村民愿意将生活垃圾分为四类以上（主要是分为五类），说明在农村实行垃圾分类时，最好不要超过三类。这也在一定程度上解释了"干湿分类法"和"二次四分法"在垃圾分类初始阶段容易推行的现象。

表6-1报告了样本农户和样本村的基本特征。由表6-1可知，受访者男女比例相近，女性稍多，以中老年人为主。受教育程度以小学和初中为主，高中及以上受教育水平者仅占17.31%，受教育水平偏低。家中常住人口以3—5人为主，占比48.42%。家庭总收入以3万元及以

下为主，占比 47.81%，其中有 21.14% 的农户家庭年收入不超过 1 万元。只有少数村民家中有共产党员。总体来看，样本反映了京津冀三省市农村地区常住居民文化程度偏低、农村人口老龄化、收入差距大的基本特征。

京津冀三省市农村区域差距比较大，就村庄集体资产而言，有 46.33% 的村庄，集体资产不超过 50 万元，但也有 15.62% 的村庄，集体资产超过千万。就村庄规模而言，有 46.67% 的村庄，人口不超过 1000 人，但也有 6.87% 的村庄人口超过 3000 人。就垃圾分类宣传而言，有 56.70% 的村民反映，村庄没有开展任何形式的垃圾分类宣传工作，将这些样本并入到垃圾分类宣传效果非常差的样本中，可以看到整体而言，农村生活垃圾分类还处于试点阶段，大部分村庄都还没有开展有效的垃圾分类宣传工作。整体来看，样本较好地反映了京津冀三省市农村的基本特征。

表 6－1　**样本农户和样本村基本特征**

基本特征	类别	样本数（个）	占比（%）	基本特征	类别	样本数（个）	占比（%）
性别	男	733	49.36	家有党员	否	988	66.53
	女	752	50.64		是	497	33.47
年龄（周岁）	30 岁及以下	60	4.04	村庄集体资产（万元）	50 万元及以下	688	46.33
	（30，50］	366	24.65		（50，100］	210	14.14
	（50，60］	419	28.22		（100，500］	211	14.21
	61 岁及以上	640	43.10		（500，1000］	144	9.70
受教育程度	文盲	170	11.45	村庄常住居民（千人）	1000 人及以上	232	15.62
	小学	474	31.92		1000 人及以下	693	46.67
	初中	584	39.33		（1000，2000］	379	25.52
	高中/中专	188	12.66		（2000，3000］	311	20.94
	大学/大专及以上	69	4.65		3000 人及以上	102	6.87

续表

基本特征	类别	样本数（个）	占比（%）	基本特征	类别	样本数（个）	占比（%）
家中常住人口（人）	2 人及以下	482	32.46	村庄垃圾分类宣传效果	非常差	853	57.44
	(3，5]	719	48.42		比较差	107	7.21
	(5，7]	254	17.10		一般	198	13.33
	8 人及以上	30	2.02		比较好	178	11.99
家庭总收入（万元）	1 万元及以下	314	21.14		非常好	149	10.03
	(1，3]	396	26.67				
	(3，5]	261	17.58				
	(5，8]	220	14.81				
	8 万元以上	294	19.80				

三　变量选取

（一）因变量

由于京津冀农村地区普遍未开展生活垃圾分类工作，难以准确界定村民的生活垃圾分类行为，而所有可能影响行为的因素都是经由行为意向来间接影响行为的①，为此，本章通过研究制度环境对村民生活垃圾分类意愿的影响来为将来农村地区真正开展生活垃圾分类工作提供政策借鉴。将村民是否愿意参与生活垃圾分类作为因变量，愿意赋值为 1，不愿意赋值为 0。

（二）核心变量

制度环境是本章的核心变量，根据上文的分析，制度环境包括环境整治制度环境和村民自治制度环境。对环境整治制度环境的衡量，因为环境整治涉及政府、企业、村委、村民等多个相关利益主体，环境整治制度环境与各主体的表现都有关系，为此，选择了 6 个表征各主体环境

① Fishbein, M., Ajzen, I., "Belief, Attitude, Intention, and Behavior: An Introduction to Theory and Research", *Philosophy and Rhetoric*, Vol. 10, No. 2, 1977, pp. 130－132.

整治情况的指标（见表6－3）。为确保量表的可靠性，使用Stata15软件进行了信度和效度检验，结果显示，Cronbach's α 信度系数为0.822，KMO值为0.838，说明量表信度和结构效度较好。赋予每个指标相同的权重，求得指标的加权得分为4.299，整体来看，环境整治制度环境良好，有开展生活垃圾分类的制度条件。对村民自治制度环境的衡量，因为村民自治制度环境涉及村民民主决策、民主监督、民主管理等，根据《中华人民共和国村民委员会组织法》，同时参考田北海等①的研究，选择了6个表征村民自治制度环境的指标（见表6－3），Cronbach's α 信度系数为0.900，KMO值为0.888，量表信度和结构效度较好。赋予每个指标相同的权重，求得指标的加权得分为3.977，整体来看，村民自治制度环境较为良好，但仍有部分村庄村民自治制度环境较差。

（三）中介变量

环境收益感知和社区认同是本章的中介变量。鉴于环境改善可以影响居民的心情、身体健康、收入水平、幸福感、获得感和安全感等多个方面，本章综合考虑居民对环境改善收益的感知，构建了环境收益感知指标体系（见表6－3），其中Cronbach's α 信度系数为0.822，KMO值为0.817，量表信度和结构效度较好。赋予每个指标相同的权重，求得指标的加权得分为3.708，整体而言，大部分样本村民都认为环境改善可以给自己带来一定的收益。对村民社区认同的衡量，借鉴Calvin等②等的做法，选择了6个表征村民社区认同感和归属感的指标（见表6－3），Cronbach's α 信度系数为0.801，KMO值为0.825，量表信度和结构效度较好。赋予每个指标相同的权重，求得指标的加权得分为4.285，作为熟人社会，村民对所在村庄大多都有较高的社区认同。

（四）控制变量

综合前人的研究，将可能影响村民生活垃圾分类参与意愿的控制变

① 田北海、王彩云：《民心从何而来？——农民对基层自治组织信任的结构特征与影响因素》，《中国农村观察》2017年第1期。

② Calvin, W., Geoffrey, Q. S., Stella, C., "Understanding Public Support for Recycling Policy: To Unveil the Political Side of Influence and Implications", *Environmental science & policy*, Vol. 82, 2018, pp. 30－43.

量分为三类：一是生活垃圾治理相关变量（生活垃圾分类成本、分类设施、垃圾治理认知、垃圾分类宣传）；二是村民社会信任、社会参与和村庄基本特征变量（村庄集体资产、村庄总人口）；三是村民个人及家庭特征变量（性别、年龄、受教育程度、家中有党员、家中常住人口、家庭总收入）。各变量界定及描述性分析见表6-2。

表6-2　**变量界定及描述性分析**

变量	变量定义及赋值	平均值	标准差
参与意愿（*Will*）	是否愿意参与生活垃圾分类：0=否；1=是	0.815	0.389
环境整治制度（*EIE*）	对相关主体环境整治力度的认同程度：1=完全不认可→5=完全认可（综合得分）	4.299	0.686
村民自治制度（*InsE*）	村民自治制度主观评价：1→5（综合得分）	3.977	1.005
环境收益感知（*WCB*）	环境改善带来的收益：1→5（综合得分）	3.708	0.898
社区认同（*ComI*）	社区认同：1→5（综合得分）	4.285	0.762
时间成本（*WCC*1）	我无足够时间参与垃圾分类：1=完全不认可→5=完全认可	2.510	1.595
认知成本（*WCC*2）	我感觉垃圾分类太复杂了：1=完全不认可→5=完全认可	2.633	1.527
分类设备（*WCE*）	政府提供了足够的设备支持我进行垃圾分类：1=完全不认可→5=完全认可	2.376	1.469
垃圾治理认知（*WMK*）	您了解中国农村的生活垃圾后端处理情况吗?：1=不关心；2=了解较少；3=大概了解；4=非常清楚	1.980	0.692
垃圾分类宣传（*WCP*）	村里垃圾分类宣传效果：1=非常差→5=非常好	2.100	1.443
社会信任（*SB*）	当我外出的时候，我会很信任地把孩子（贵重物品）交给邻居让他们帮忙照看：1=完全不认可→5=完全认可	3.931	1.284
社会参与（*SP*）	村庄活动参与程度：1=不参加；2=偶尔参加；3=经常参加；4=每天都参加	1.998	0.609

续表

变量	变量定义及赋值	平均值	标准差
集体资产（*Asset*）	村庄人均集体资产：万元/人	3.362	18.728
村庄总人口（*TP*）	2018 年村庄常住居民：千人	1.395	1.137
性别（*Sex*）	性别：0 = 男；1 = 女	0.506	0.500
年龄（*Age*）	年龄：周岁	57.364	13.370
受教育程度（*Edu*）	受教育程度：年	7.131	3.930
家中有党员（*CPC*）	家中是否有中国共产党党员：0 = 否；1 = 是	0.335	0.472
常住人口（*Pop*）	您家中常住人口：人	3.792	1.787
家庭总收入（*Inc*）	2018 年家庭总收入所处的水平：1→10	3.042	1.829

表 6 – 3　**相关指标构建**

综合指标	测量指标	赋值	均值	标准差
环境整治制度环境	中央政府出台的农村人居环境整治的政策肯定能够得到实施	1 = 完全不认可→5 = 完全认可	4.178	1.019
	政府做的事往往对大部分人是有益的		4.458	0.777
	村干部在治理村庄居住环境方面很有热情		4.110	1.108
	我相信环卫企业会按照规定参与村庄环境整治		4.158	1.010
	我相信保洁员会按照要求，及时收集村庄生活垃圾		4.397	0.887
	若政府在财力和物力上大力支持，我相信大部分村民会做好垃圾分类		4.491	0.813
村民自治制度环境	村里建设集体经济项目总是召开村民会议决定	1 = 完全不符合→5 = 完全符合	3.835	1.300
	在村民开会决策过程中，总能做到少数服从多数		4.205	1.080
	村委会总是能按照实际经济情况确定低保名额		4.057	1.187
	村委会总是能及时向我们宣传各项惠农补贴政策		3.975	1.280
	村委会总是能及时公布村民普遍关心的事项		3.951	1.236
	村庄集体资产的使用公开透明		3.837	1.291

续表

综合指标	测量指标	赋值	均值	标准差
社区认同	我很认同村里的文化习俗	1 = 完全不认可→5 = 完全认可	4.314	1.009
	我村被评上美丽乡村，我会感觉很有面子		4.389	1.024
	村里举办大型活动，作为本村人，我会感觉很骄傲		4.394	0.974
	移居到其他地方会令我不舒服		3.847	1.393
	在村里生活有一种幸福感		4.380	0.941
	当我离开一段时间，我会很怀念这个村子		4.385	1.051
环境收益感知	居住环境改善对您心情的影响	1 = 影响非常小→5 = 影响非常大	4.197	1.102
	居住环境改善对您身体健康的影响		4.007	1.213
	居住环境改善对您收入的影响		2.192	1.447
	居住环境改善对您幸福感提升的影响		4.059	1.137
	居住环境改善对您获得感提升的影响		3.902	1.255
	居住环境改善对您安全感提升的影响		3.890	1.231

四　模型选择

村民生活垃圾分类参与意愿研究是典型的二元选择问题，可以采用Logit或Probit模型进行分析。同时，考虑到环境收益感知、社区认同在制度环境与村民生活垃圾分类参与意愿中可能发挥中介作用，为此，本章选择能够通过Logit或者Probit方法测算总效应、直接效应和间接效应的模型——KHB模型。其基本思路是通过估计系数的比较，将总效应分解为直接效应和间接效应[①]。KHB模型的一般形式如下：

$$Y^* = \propto_F + \beta_F X + \gamma_F Z + \delta_F C + \varepsilon \qquad \text{公式}(6-1)$$

$$Y^* = \propto_R + \beta_R X + \delta_R C + \mu \qquad \text{公式}(6-2)$$

① Karlson, K. B., Holm, A., "Decomposing Primary and Secondary Effects: A New Decomposition Method", *Research in Social Stratification & Mobility*, Vol. 29, No. 2, 2011, pp. 221 - 237.

$$\begin{cases} Y=1, \text{ if } Y^* \geqslant \tau \\ Y=0, \text{ if } Y^* < \tau \end{cases}$$ 公式（6-3）

其中 Y 代表生活垃圾分类参与意愿，Y^* 为不可观测潜变量，X 为核心自变量，包括环境整治制度环境和村民自治制度环境，Z 为中介变量，包括环境收益感知和社区认同，C 为控制变量。$\propto_F$、β_F、γ_F、δ_F、$\propto_R$、β_R 为待估计参数，ε、μ 为残差项，τ 为门槛值。以二元 Logit 模型为例，模型的直接效应 b_F 和总效应 b_R 为：

$$b_F = \frac{\beta_F}{\sigma_F}, b_R = \frac{\beta_R}{\sigma_R}$$ 公式（6-4）

其中，σ_F 和 σ_R 为规模参数，是公式（6-1）和公式（6-2）的残差标准误，并且 $\sigma_F < \sigma_R$。则 Logit 模型中的间接效应可以表示为：

$$b_R - b_F = \frac{\beta_R}{\sigma_R} - \frac{\beta_F}{\sigma_F}$$ 公式（6-5）

由公式（6-4）知，总效应和间接效应由 σ_F 和 σ_R 两个规模参数决定，通过计算 Z 在 X 中的线性回归残差，提取出 Z 中不包含 X 的信息，可以求得这两个规模参数，进而求得总效应和间接效应。为此，构建回归残差 R 如下：

$$R = Z - (a + bX)$$ 公式（6-6）

其中，a、b 为线性回归系数。用 R 表示 Z 代入公式（6-2）可得：

$$Y^* = \widetilde{\propto_R} + \widetilde{\beta_R}X + \widetilde{\gamma_R}R + \widetilde{\delta_R}C + \mu$$ 公式（6-7）

由于 R 和 Z 的差别主要在于 Z 与 X 相关的部分，因此，公式（6-1）与公式（6-7）在估计时没有区别，也就是说 $\widetilde{\sigma_R} = \sigma_F$，$\widetilde{\sigma_R}$ 为公式（6-7）的残差标准差，进一步地有 $\widetilde{\beta_R} = \beta_R$，因此，间接效应、间接效应占总效应的比重分别可以用公式（6-8）和公式（6-9）表示：

$$\widetilde{b_R} - b_F = \frac{\widetilde{\beta_R}}{\widetilde{\sigma_R}0} - \frac{\beta_F}{\sigma_F} = \frac{\beta_R - \beta_F}{\sigma_F}$$ 公式（6-8）

$$\frac{\widetilde{b_R} - b_F}{\widetilde{b_R}} = \frac{\dfrac{\beta_R}{\sigma_F} - \dfrac{\beta_F}{\sigma_F}}{\dfrac{\beta_R}{\sigma_F}} = \frac{\beta_R - \beta_F}{\beta_R}$$ 公式（6-9）

检验中介效应，只需要检验假设 $H_0:\beta_R=\beta_F$，也就是检验 $\widetilde{b_R}=b_F$，由于

$$\widetilde{b_R}-b_F=\frac{\gamma_F}{\sigma_F}b \qquad \text{公式（6-10）}$$

要使中介效应不为0，则必须有 $\frac{\gamma_F}{\sigma_F}\neq 0$，并且 $b\neq 0$。基于Sobel的delta模型[①]，可以求得间接效应的检验统计量为：

$$Z=\frac{\sqrt{N}(\widetilde{b_R}-b_F)}{\sqrt{\alpha'\sum\alpha}}\sim N(0,1) \qquad \text{公式（6-11）}$$

其中，α 代表向量 $(\gamma_F/\sigma_F,b)'$，$\sum$ 代表 γ_F 和 b 的方差—协方差矩阵。

第三节　制度环境对村民生活垃圾分类参与意愿影响的实证分析

考虑到变量之间可能存在多重共线性，在回归分析之前，使用Stata15软件对变量之间的相关性进行了检验，发现环境整治制度环境与村民自治制度环境之间相关系数高达0.623，为减少共线性问题对结果造成的估计偏误，本章将分开研究两个制度环境变量对村民生活垃圾分类参与意愿的影响。

一　逐步检验回归系数法实证分析

逐步检验回归系数法（简称逐步法）是检验中介效应最常用的方法。本章首先采用逐步法检验制度环境对村民生活垃圾分类参与意愿的作用。第一步，检验制度环境对参与意愿的影响（见模型6-1、模型6-5）；第二步，检验制度环境对中介变量的影响（见模型6-2、模型

① Sobel, E., "Asymptotic Confidence Intervals for Indirect Effects in Structural Equation Models", *Sociological methodology*, No. 13, 1982, pp. 290-312.

6－3、模型6－6、模型6－7）及制度环境、中介变量对参与意愿的影响（见模型6－4、模型6－8）。分别以环境整治制度环境、村民自治制度环境为核心变量，以环境收益感知、社区认同为中介变量，以参与意愿为因变量进行逐步回归分析的结果见表6－4。

模型6－1至模型6－4显示的是用逐步法检验环境整治制度环境对村民生活垃圾分类参与意愿影响的回归结果。由模型6－1至模型6－4可知，环境整治制度环境对村民生活垃圾分类参与意愿、环境收益感知、社区认同均具有显著的正向影响，环境收益感知对参与意愿也具有显著的正向影响，而社区认同对参与意愿的影响不显著。说明环境收益感知在环境整治制度环境中发挥了中介作用，环境整治制度环境不仅可以直接影响村民的生活垃圾分类参与意愿，还可以通过环境收益感知，间接影响村民的生活垃圾分类参与意愿。而社区认同在环境整治制度环境和参与意愿之间没有发挥中介作用。由逐步法得到的“环境整治制度环境—参与意愿”的传导路径见图6－3。

模型6－5至模型6－8显示的是用逐步法检验村民自治制度环境对村民生活垃圾分类参与意愿影响的回归结果。由模型6－5至模型6－8可知，村民自治制度环境对参与意愿、环境收益感知、社区认同均具有显著的正向影响，在模型6－8中，环境收益认知、社区认同对参与意愿也具有显著影响，但是村民自治制度环境对参与意愿的影响不显著。说明村民自治制度是通过环境收益认知、社区认同两个中介变量来间接作用于村民生活垃圾分类参与意愿的，而不能直接影响该变量。由逐步法得到的“村民自治制度环境—参与意愿”的传导路径见图6－4。

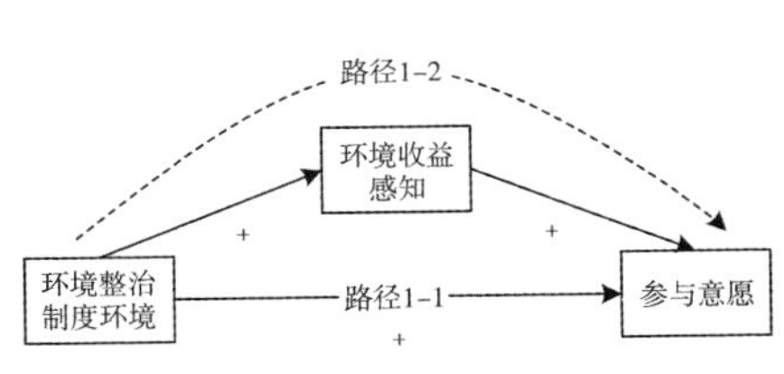

图6－3　逐步法：环境整治制度环境传导路径

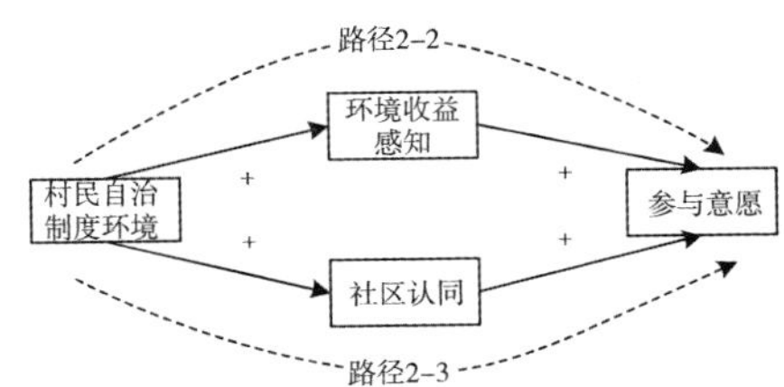

图6－4　逐步法：村民自治制度环境传导路径

表 6－4 逐步法回归结果

变量	模型 6－1（Probit）	模型 6－2（OLS）	模型 6－3（OLS）	模型 6－4（Probit）	模型 6－5（Probit）	模型 6－6（OLS）	模型 6－7（OLS）	模型 6－8（Probit）
	Will	*WCB*	*ComI*	*Will*	*Will*	*WCB*	*ComI*	*Will*
环境整治制度	0. 339***	0. 260***	0. 564***	0. 269***				
	(0. 064)	(0. 036)	(0. 028)	(0. 073)				
村民自治制度					0. 152***	0. 188***	0. 309***	0. 080
					(0. 044)	(0. 027)	(0. 022)	(0. 049)
环境收益感知				0. 171***				0. 167***
				(0. 051)				(0. 051)
社区认同				0. 071				0. 155**
				(0. 066)				(0. 063)
垃圾分类时间成本	－0. 126***			－0. 128***	－0. 129***			－0. 130***
	(0. 027)			(0. 027)	(0. 027)			(0. 027)
垃圾分类认知成本	－0. 252***			－0. 256***	－0. 266***			－0. 264***
	(0. 029)			(0. 030)	(0. 029)			(0. 030)
分类设备	－0. 022			－0. 020	－0. 019			－0. 018
	(0. 032)			(0. 032)	(0. 031)			(0. 032)
垃圾治理认知	0. 268***			0. 248***	0. 283***			0. 257***
	(0. 072)			(0. 072)	(0. 072)			(0. 072)

续表

变量	模型 6－1 (Probit)	模型 6－2 (OLS)	模型 6－3 (OLS)	模型 6－4 (Probit)	模型 6－5 (Probit)	模型 6－6 (OLS)	模型 6－7 (OLS)	模型 6－8 (Probit)
	Will	*WCB*	*ComI*	*Will*	*Will*	*WCB*	*ComI*	*Will*
垃圾分类宣传	0.115***			0.108***	0.124***			0.116***
	(0.037)			(0.037)	(0.037)			(0.037)
社会信任	0.006	0.072***	0.104***	－0.019	0.021	0.069***	0.117***	－0.016
	(0.034)	(0.02)	(0.016)	(0.035)	(0.034)	(0.020)	(0.016)	(0.035)
社会参与	－0.027	0.125***	0.090***	－0.048	－0.028	0.112***	0.090***	－0.050
	(0.079)	(0.039)	(0.028)	(0.079)	(0.078)	(0.039)	(0.030)	(0.079)
集体资产	0.000	－0.001	0.001	0.000	0.000	－0.001	0.000	0.000
	(0.002)	(0.001)	(0.001)	(0.002)	(0.002)	(0.001)	(0.001)	(0.002)
村庄总人口	－0.133***	－0.052**	－0.030**	－0.127***	－0.139***	－0.048**	－0.032**	－0.131***
	(0.038)	(0.022)	(0.015)	(0.039)	(0.038)	(0.022)	(0.015)	(0.039)
性别	－0.039	0.005	0.022	－0.051	－0.039	0.014	0.040	－0.054
	(0.088)	(0.047)	(0.033)	(0.089)	(0.088)	(0.046)	(0.035)	(0.088)
年龄	－0.008**	0.003	0.002	－0.008**	－0.009**	0.002	0.001	－0.009**
	(0.004)	(0.002)	(0.002)	(0.004)	(0.004)	(0.002)	(0.002)	(0.004)
受教育程度	0.041***	－0.001	－0.011**	0.044***	0.040***	－0.002	－0.011**	0.044***
	(0.014)	(0.007)	(0.005)	(0.014)	(0.014)	(0.007)	(0.006)	(0.014)

续表

变量	模型 6－1（Probit）	模型 6－2（OLS）	模型 6－3（OLS）	模型 6－4（Probit）	模型 6－5（Probit）	模型 6－6（OLS）	模型 6－7（OLS）	模型 6－8（Probit）
	Will	*WCB*	*ComI*	*Will*	*Will*	*WCB*	*ComI*	*Will*
家中有党员	0. 183 *	0. 066	0. 050	0. 175 *	0. 180 *	0. 044	0. 027	0. 172 *
	（0. 099）	（0. 048）	（0. 033）	（0. 100）	（0. 100）	（0. 048）	（0. 037）	（0. 100）
常住人口	－0. 001	0. 028 **	0. 019 *	－0. 005	0. 000	0. 027 **	0. 018 *	－0. 005
	（0. 026）	（0. 014）	（0. 010）	（0. 026）	（0. 026）	（0. 014）	（0. 011）	（0. 026）
家庭总收入	0. 006	0. 009	－0. 003	0. 008	0. 003	0. 007	－0. 005	0. 007
	（0. 027）	（0. 014）	（0. 010）	（0. 028）	（0. 027）	（0. 014）	（0. 011）	（0. 028）
常数项	0. 288	1. 828 ***	1. 209 ***	－0. 136	1. 117 ***	2. 264 ***	2. 406 ***	0. 370
	（0. 457）	（0. 226）	（0. 180）	（0. 470）	（0. 421）	（0. 207）	（0. 174）	（0. 454）
卡方值/F	220. 75 ***	13. 30 ***	61. 40 ***	242. 15 ***	209. 03 ***	12. 76 ***	35. 16 ***	233. 98 ***
$PseudoR^2/R^2$	0. 223	0. 091	0. 369	0. 233	0. 210	0. 094	0. 281	0. 226

注：（1） *** $p<0.01$，** $p<0.05$，* $p<0.1$。（2）括号内为稳健标准误。（3）使用“您了解《农村人居环境整治三年行动方案》吗：1 = 完全不了解→5 = 完全了解”、“村干部与村民的关系：1 = 完全不了解→5 = 完全了解”分别作为环境整治制度环境、村民自治制度环境的替代变量，进行稳健性检验，发现回归结果与表 6－4 基本一致，回归结果具有稳健性。囿于篇幅，不详细汇报。

此外，垃圾分类成本、村庄总人口、年龄对村民的生活垃圾分类参与意愿具有显著的负向影响，垃圾治理认知、垃圾分类宣传、受教育程度和家中有党员对村民的生活垃圾分类参与意愿具有显著的正向影响。在控制其他变量的情况下，参与生活垃圾分类的时间成本、认知成本的提高会降低村民参与生活垃圾分类的意愿。说明生活垃圾分类越是节约时间、越是简单易操作，居民自愿参与的概率越高，再次印证了村民对“干湿分类”“二次四分法”这类简单、便捷的生活垃圾分类方法的偏好；村庄总人口越多，村民越不愿意参与生活垃圾分类，这与奥尔森集团行动困境中阐述的，组织规模越大，越不易达成共识，开展集体行动的研究结论一致；年龄越小，受教育程度越高，村民越愿意参与生活垃圾分类，这与 Song 等①的研究结论一致。对生活垃圾治理的认知度的提升会提高村民参与生活垃圾分类的意愿，目前，农村生活垃圾后端处理压力比较大，有部分地区还存在随意堆放的情况，了解农村生活垃圾后端处理情况，会增加人们对生活垃圾分类紧迫性的认知，敦促村民自愿参与生活垃圾分类；生活垃圾分类宣传效果越好，村民越愿意参与生活垃圾分类，这与 Ghani 等②的研究结论一致；与家中没有党员相比，家中有党员的村民更愿意参与生活垃圾分类，在一定程度上印证了共产党员的先进性。

二　非参数百分位 Bootstrap 法实证分析

逐步检验回归系数法是最常用的间接检验中介效应的方法，却存在检验力弱的问题，为此学者们又推出了乘积分步法、Sobel 检验法、马尔科夫链蒙特卡罗法（MCMC）和 Bootstrap 法等直接检验中介效应的方法。其中，乘积分步法、Sobel 检验法对相关统计量有严格的正态分布假设，

① Song, Q., Wang, Z., Li, J., “Residents' Attitudes and Willingness to Pay for Solid Waste Management in Macau”, *Procedia Environmental Sciences*, Vol. 31, 2016, pp. 635－643.

② Ghani, W. A. K., Rusli, I. F., Biak, D. R. A., Idris, A., “An Application of the Theory of Planned Behaviour to Study the Influencing Factors of Participation in Source Separation of Food Waste”, *Waste Management*, Vol. 33, No. 5, 2013, pp. 1276－1281.

而现实情况往往难以满足，这就容易导致估计偏误。MCMC 方法的先验分布通常也无法得到。所以，Bootstrap 法是公认的直接检验中介效应的较好的估计方法①。并且 Imai 等②开发的非参数百分位 Bootstrap 法适用于任何函数形式和分布，为此，以下将采用非参数百分位 Bootstrap 法对“制度环境—村民生活垃圾分类参与意愿”的传导路径进行进一步研究，估计结果见表 6－5。

由表 6－5 可知，环境整治制度环境对村民生活垃圾分类参与意愿的影响，既有直接效应，又有间接效应，并且以直接效应为主。通过路径 1－2（环境整治制度环境→环境收益感知→参与意愿），环境整治制度环境每提升 1 个单位，村民生活垃圾分类参与意愿提高 10.98%，其中，通过直接效应提高了 9.60%，通过间接效应提高了 1.39%，间接效应占总效应的比重为 12.21%；通过路径 1－3（环境整治制度环境→社区认同→参与意愿），环境整治制度环境每提升 1 个单位，村民生活垃圾分类参与意愿提高 10.90%，其中，通过直接效应提高了 8.67%，而间接效应不显著。由 Bootstrap 法得到的“环境整治制度环境—参与意愿”的关系图见图 6－5。

表 6－5　　Bootstrap 法检验结果

传导路径	总效应	直接效应	间接效应	间接效应占比（%）
环境整治制度环境→环境收益感知→参与意愿	0.110 [0.064，0.137]	0.096 [0.050，0.127]	0.014 [0.005，0.024]	12.21 [10.14，21.83]
环境整治制度环境→社区认同→参与意愿	0.109 [0.062，0.136]	0.087 [0.032，0.129]	0.022 [－0.002，0.046]	19.83 [16.35，36.18]

① 温忠麟、叶宝娟：《中介效应分析：方法和模型发展》，《心理科学进展》2014 年第 5 期。

② Imai，K.，L. Keele，Tingley，D.，“A General Approach to Causal Mediation Analysis”，*Psychological Methods*，Vol. 15，No. 4，2010，pp. 309－334.

续表

传导路径	总效应	直接效应	间接效应	间接效应占比（%）
村民自治制度环境→环境收益感知→参与意愿	0.046 [0.017，0.077]	0.037 [0.011，0.065]	0.010 [0.004，0.018]	20.95 [12.74，57.05]
村民自治制度环境→社区认同→参与意愿	0.047 [0.017，0.078]	0.030 [−0.000，0.062]	0.018 [0.007，0.029]	36.85 [22.45，1.00]

注："［ ］"内数值为估计参数的95%置信区间，置信区间不包含0，说明有显著影响；反之，则影响不显著。

村民自治制度环境对村民生活垃圾分类参与意愿的影响，既有直接效应，又有间接效应，并且以直接效应为主。通过路径2－2（村民自治制度环境→环境收益感知→参与意愿），村民自治制度环境每提升1个单位，村民生活垃圾分类参与意愿提高4.64%，其中，通过直接效应提高了3.67%，通过间接效应提高了0.98%，间接效应占总效应的比重为20.95%；通过路径2－3（村民自治制度环境→社区认同→参与意愿），村民自治制度环境每提升1个单位，村民生活垃圾分类参与意愿提高4.74%，其中，通过间接效应提高了1.76%，间接效应占总效应的比重为36.85%，而直接效应不显著。由Bootstrap法得到的"村民自治制度环境—参与意愿"的关系图见图6－6。

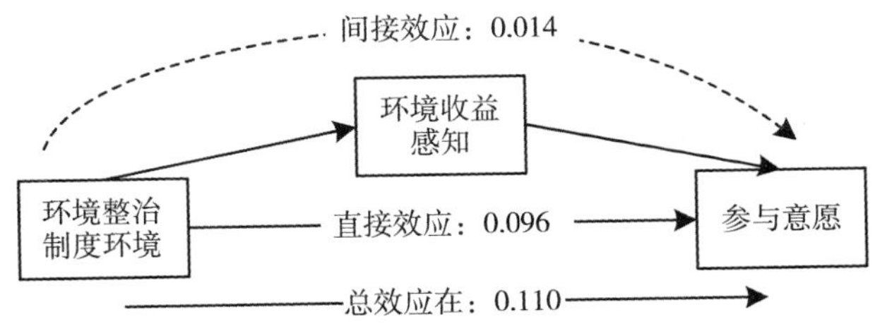

图6－5　Bootstrap法：环境整治制度环境传导路径

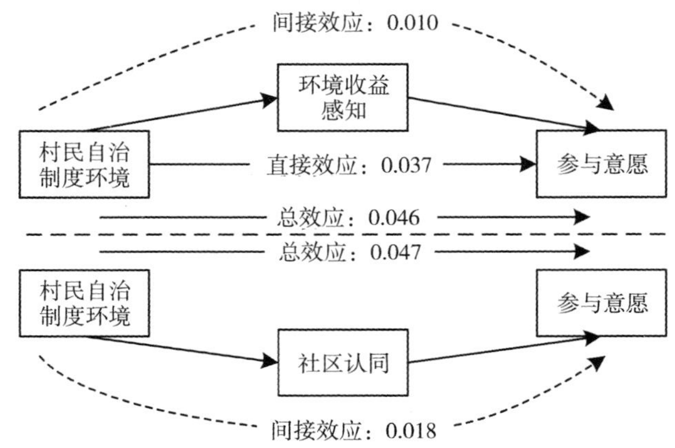

图6－6　Bootstrap 法：村民自治制度环境传导路径

对比 Bootstrap 法与逐步法的实证结果，发现既有共同之处，也存在差异。共同之处在于：证实“环境整治制度环境—参与意愿”只能通过路径1－1和路径1－2两条传导路径，“村民自治制度环境—参与意愿”能通过路径2－2和路径2－3两条传导路径。不同之处在于，使用 Bootstrap 法发现“村民自治制度环境—参与意愿”之间还存在路径2－1这条直接传导路径。并且，与间接效应相比，直接效应在两种制度环境对村民生活垃圾分类参与意愿的影响中都发挥了更重要的作用。

三　KHB 法实证分析

KHB 法是一种适用于线性、非线性回归模型的中介效应分析方法，可以通过线性回归、Logit、Probit 等方法对中介效应进行检验，也可以解决多重中介效应问题。自 Karlson① 提出以来，得到了广泛的应用。鉴于 Bootstrap 法检验中介效应时，无法对多重中介效应的贡献进行分解，采用 KHB 法对“制度环境—村民生活垃圾分类参与意愿”的传导路径进行更进一步的研究。估计结果见表6－6、表6－7。

① Karlson，K. B.，Holm，A.，“Decomposing Primary and Secondary Effects：A New Decomposition Method”，*Research in Social Stratification & Mobility*，Vol. 29，No. 2，2011，pp. 221－237.

表 6－6　　制度环境影响村民生活垃圾分类参与意愿的效应

效应	环境整治制度环境参与意愿		村民自治制度环境参与意愿	
	系数	标准误	系数	标准误
总效应	0.622***	0.114	0.285***	0.083
直接效应	0.483***	0.129	0.156*	0.089
间接效应	0.139*	0.072	0.129**	0.051

注：（1）表中系数为对数概率（log odds）；（2）***　$p<0.01$，**　$p<0.05$，*　$p<0.1$。

就制度环境对村民生活垃圾分类参与意愿的影响来看（表 6－6），既有直接效应，又有间接效应，并且以直接效应为主，这与 Bootstrap 法得到的结论一致。环境整治制度环境提升对村民生活垃圾分类参与意愿的总效应为 0.622，在控制中介变量的情况下，环境整治制度环境的直接效应为 0.483，间接效应为 0.139，直接效应占总效应的比重为 77.65%。村民自治制度环境提升对村民生活垃圾分类参与意愿的总效应为 0.285，在控制中介变量的情况下，村民自治制度环境直接效应为 0.156，间接效应为 0.129，直接效应占总效应的比重为 54.74%。

表 6－7　　制度环境影响村民生活垃圾分类意愿的间接效应分解

传导路径	系数	标准误	间接效应贡献（%）	间接效应占比（%）
路径 1－2	0.066***	0.023	47.01	10.54
路径 1－3	0.074	0.066	52.99	11.87
路径 2－2	0.047***	0.017	36.49	16.55
路径 2－3	0.082**	0.034	63.51	28.80

注：（1）表中系数为对数概率（log odds）；（2）***　$p<0.01$，**　$p<0.05$，*　$p<0.1$。

就间接效应的构成来看（见表 6－7），再次印证了 Bootstrap 法的回归结果，只有路径 1－3 的影响不显著，其他三条传导路径的影响均显著。在有显著影响的间接传导路径中，路径 2－3 产生的间接效应最大，为 0.082，占“村民自治制度环境—参与意愿”总效应的 28.80%，间接效应的 63.51%；路径 1－2 的间接效应次之，为 0.066，占“环境整治制度环境—参与意愿”总效应的10.54%，间接效应的47.01%；路径2-2的间接效应最小，为0.047，占“村民自治制度环境—参与意愿”总效应的16.55%，间接效应的36.49%。间接效应影响大小的排序也与Bootstrap法的回归结果一致，再次说明估计结果具有稳健性。良好的制度环境不仅可以直接提高村民的生活垃圾分类参与意愿，还可以通过环境收益感知、社区认同间接提高村民的生活垃圾分类参与意愿。

第四节 本章小结

本章综合多中心治理理论、新制度主义学派理论、理性选择理论、社会认同理论构建了制度环境影响村民生活垃圾分类参与意愿的理论分析框架，基于京津冀3省市66个村庄，1485个村民的实地调研数据，利用逐步法、非参数百分位Bootstrap法、KHB法对“制度环境—村民生活垃圾分类参与意愿”的传导路径进行了实证分析。主要结论如下：

第一，制度环境是激发村民参与生活垃圾分类的重要支撑力。良好的环境整治制度环境和村民自治制度环境不仅可以直接激发村民自愿参与生活垃圾分类，还可以通过提升村民的环境收益感知和社区认同，间接促进村民自愿参与生活垃圾分类。为此，在推动农村生活垃圾分类工作中，各相关主体应该上下联动，营造“全体重视”“村民主体”的制度环境。中央政府应该继续完善相关法律法规和政策，激励政府推动生活垃圾分类的热情；地方政府应该完善垃圾分类制度的激励和约束机制，通过通报表扬、资金补助、责任约束等措施，统筹协调市场、村“两委”和村民之间的利益关系；村“两委”应该充分发挥好村民自治制度的优势，通过邀请村民代表共同参与生活垃圾分类项目的标准和规章制度的制定，让农村生活垃圾分类项目因地制宜，有章可循。

第二，“收益驱动”和“认同驱动”是居民自愿参与生活垃圾分类的重要驱动力。村民的环境收益感知越高、社区认同感越高，越愿意参与生活垃圾分类。为此，推行农村生活垃圾分类制度，一方面应该以改善居民生活环境为重要考核指标之一。通过生活垃圾分类为村民提供更加干净、宜居的生活环境，让村民真切感受到生活垃圾分类带来的收益，不能做“面子工程”。另一方面应该通过有效的乡村治理，提高村民的村庄认同感，激励村民自愿参与村庄生活垃圾分类。

第三，垃圾分类成本越低、村庄总人口越少、年龄越小，村民越愿意参与生活垃圾分类；垃圾治理认知度越高、垃圾分类宣传效果越高、受教育程度越高、家中有党员的村民越愿意参与生活垃圾分类。为此，推行农村生活垃圾分类制度，应该建立便捷、易于村民接受的标准，切实考虑村民的时间便利性和认知程度。推广前期，生活垃圾分类标准以不超过三类为宜。同时，推行农村生活垃圾分类制度应该加大宣传力度，通过多种渠道提高村民对生活垃圾分类的迫切性的认知。综合考虑各村实际情况，以规模小、老龄化程度低、党员积极性高的村庄为试点，打造一批农村生活垃圾分类示范村，循序渐进推进农村生活垃圾分类工作。

本章的贡献在于，提出了“制度环境—村民生活垃圾分类参与意愿”传导路径假说并进行了实证检验，有利于从制度环境层面进一步审视农村生活垃圾分类工作。农村居民自古以来就有对生活垃圾分类处理的传统，加上“垃圾围村”带来的环境压力日益加剧，农村居民也认识到了环境保护的重要性[①]，有治理生活垃圾的需求，而县区垃圾处理能力有限，扩建处理厂/场又面临财政和“邻避效应”的双重阻力[②]，要有效治理农村生活垃圾必然要走垃圾分类的道路。但在关键主体缺失、避责心理、畏难情绪的共同作用下[③]，垃圾分类中“上有政策，下有对策”的现象常有发生，“明检亮点不少，暗访问题多多”“挪用垃圾分类经费，拿新垃圾桶摆样子”，分类设施配套及运输处理跟不上、智能垃圾分类设备变“垃圾”，劳民伤财的垃圾分类“形象工程”没有给居民带来环境改善收益，必然会严重打击居民参与生活垃圾分类的热情。笔者

① 王德鑫：《制度介入对村民环境治理支付意愿的影响研究——以农村生活污染为例》，硕士学位论文，华中农业大学，2015 年。

② 姜利娜、赵霞：《农村生活垃圾分类治理：模式比较与政策启示——以北京市 4 个生态涵养区的治理案例为例》，《中国农村观察》2020 年第 2 期。

③ 庞明礼、于珂：《“齐抓共管”的绩效偏差及其变通策略——基于 W 市生活垃圾分类试点的案例研究》，《理论与改革》2020 年第 4 期。

在对部分乡镇干部访谈和蹲点调研的过程中也发现了如下现象：（1）A乡镇一方面生活垃圾无处运输（垃圾处理厂满负荷运行，给每个乡镇定有处理指标，超出部分只能自行处理）；另一方面乡镇干部畏难情绪严重，直言“在农村没法做分类”，关键主体缺乏行动，必然无法激励村民开展垃圾分类工作。（2）B乡镇干部有急切开展垃圾分类的意愿，但是由于缺乏激励和约束，无法调动村“两委”的工作热情，也就无法激励村民开展垃圾分类工作。（3）C村村“两委”在第三方志愿组织推动下，被动开展生活垃圾分类工作，缺乏发动村民的热情，村民因“面子观念”参与垃圾分类，项目并没有持续下去。生活垃圾治理过程中呈现的种种现象，进一步印证了良好的制度环境才是激发村民参与生活垃圾分类的重要前提，而当前研究多忽视了该重要因素。

需要指出的是，囿于当前农村地区普遍未开展生活垃圾分类，村民生活垃圾分类行为难以界定，并且所有可能影响行为的因素都是经由行为意向来间接影响行为的①，所以本章未对村民的生活垃圾分类行为展开研究，但本章的目的在于解释制度环境在推广农村生活垃圾分类治理中的重要性，可通过本章的实证检验得到一些启示性的结论。未来在普遍推行农村生活垃圾分类制度的背景下，可以进一步探讨制度环境对村民生活垃圾分类行为的影响路径，验证本章研究结论的稳健性。

① Fishbein, M., Ajzen, I., "Belief, Attitude, Intention, and Behavior: An Introduction to Theory and Research", *Philosophy and Rhetoric*, Vol. 10, No. 2, 1977, pp. 130 - 132.

第七章　农村生活垃圾治理的国内外经验研究

“他山之石，可以攻玉。”中国农村生活垃圾治理起步较晚，发展水平较低，剖析国内外农村生活垃圾治理的成功经验，可以为中国农村生活垃圾治理提供借鉴。国外尤其是发达国家在农村生活垃圾治理方面走在前列，涌现出了众多成功的典范。其中，最早开展垃圾分类的德国、垃圾回收利用率最高的瑞典、垃圾分类最严格的日本，生活垃圾治理都是城乡融合的治理体系，城乡生活垃圾治理基本没有什么区别，其生活垃圾治理都走的是多主体协同治理的道路，在这三个国家中，各主体都采取了什么样的行为保障了农村生活垃圾治理工作的有效实施，值得我们深入剖析和学习。国内生活垃圾治理工作开展得比较晚，尤其是农村生活垃圾治理，近几年才被高度重视。但也有部分地区在农村生活垃圾治理领域走在前列，值得学习推广。其中无论是经济发展水平较高的东部浙江省金东区（盆地、财政收入较高），还是经济发展水平一般的中部河南省兰考县（平原、财政收入一般），抑或是经济发展水平较低的西部四川省丹棱县（丘陵、财政收入较低），都在农村生活垃圾治理中取得了不错的成绩。以下将以德国、瑞典、日本、金东区、兰考县、丹棱县为例，从多主体参与的角度对国内外农村生活垃圾治理的成功经验进行深入剖析。

第一节　国外农村生活垃圾治理的经验研究

根据第四章的内容，政府在农村生活垃圾治理中发挥主导作用，既要制定生活垃圾治理的目标、标准、方向等宏观框架，又要通过行政、经济、法律等手段明确各主体责任和分工，激发各主体的责任感和参与积极性，综合各主体的资源优势，协调各主体利益，协同治理农村生活垃圾；村庄社区作为村庄公共事务的组织引领者，在地方政府和村民的内外在激励下，在农村生活垃圾治理中既要对接外部资源，又要监督、指导村民的生活垃圾投放行为；居民作为农村生活垃圾的产生者和受害者，在政府和村“两委”等的组织引领下，发挥主人翁意识，按照规定投放生活垃圾，并按规定支付一定的生活垃圾处理费；市场则推动了生活垃圾治理服务生产和供给的分离，在资源配置中起决定性作用，根据成本收益的分析，为农村生活垃圾治理提供技术和服务，在保证生活垃圾治理服务供给效率的前提下，实现自身利益最大化；其他社会组织则根据自身资源优势，在各主体积极推动农村生活垃圾治理的大环境下，参与生活垃圾治理的宣传、信息沟通和交流等工作。据此，从政府参与行为、村庄社区参与行为、居民参与行为、市场参与行为、其他社会组织参与行为等方面对各国家和地区农村生活垃圾治理经验进行分析。

一　德国农村生活垃圾治理经验研究

（一）德国生活垃圾治理的基本情况介绍

德国生活垃圾治理可以简要概括为政府主导，社会参与的协同治理模式。德国生活垃圾治理的基本理念是“垃圾分类回收和垃圾环保处理”。

德国农村生活垃圾治理是融入城市垃圾管理体系当中的，但不同于城市生活垃圾治理，德国对农村生活垃圾治理的开放比较审慎。德国70%以上的居民生活在10万人口以下的“城市”，多数生活在1000—

2000人口规模的村镇，由于担心难以有效控制私营企业的商业行为，德国农村生活垃圾治理主要采取政府主导的模式。生活垃圾的收集、运输和处理费用主要由政府负担，相关基础设施也主要由政府投资建设。同时政府鼓励社会组织和公众积极参与到农村生活垃圾治理中来[①]。

除了政府主导，社会参与的基本模式之外，德国生活垃圾治理还有一大特色就是推行生活垃圾分类和资源化利用。就人口和国土面积来看，德国不是一个大国，却制造了大量的生活垃圾。德国人均制造617公斤/年的生活垃圾，远高于欧盟平均水平（481公斤/年），面对数量庞大的生活垃圾，政府将垃圾运输和处理技术提升、修建垃圾填埋场和焚烧厂提上了日程[②]。但对于人口稠密、国土面积较小的德国来说，依靠焚烧或填埋的传统手段处理这么多垃圾是不合适的，垃圾治理的压力迫使德国于1904年就开始推行生活垃圾分类治理和资源化利用，成为推行生活垃圾分类最早的国家。德国也是推行生活垃圾分类最成功的国家之一，2013年时，德国的生活垃圾回收率就达到了83%，生活垃圾循环利用率达到65%，通过焚烧回收能源18%。

（二）德国农村生活垃圾治理的主要做法

作为联邦制国家，德国每个州垃圾分类的标准不一样，但通常都将生活垃圾分为六大类：生物垃圾（指厨余垃圾和植物类垃圾）、废纸、包装类垃圾、废旧玻璃、剩余垃圾（无法回收利用的其他垃圾）和有毒废物。以下从政府、居民、市场三个层面对德国农村生活垃圾治理的具体做法进行分析（见图7－1）。

（1）政府的参与行为

第一，加大资金投入，建设完善的生活垃圾分类处理体系。不仅是前端分类，德国还很重视生活垃圾的后端处理。据统计，德国有垃圾处理厂15586座，包括垃圾分选厂、焚烧厂、能源发电厂、机械—生物处

① 鲁圣鹏、李雪芹、杜欢政：《农村生活垃圾治理典型模式比较分析与若干建议》，《世界农业》2018年第2期。

② 张莹、康翘楚、管梳桐：《德国生活垃圾的处理方法及其对沈阳市的启示》，《理论界》2020年第2期。

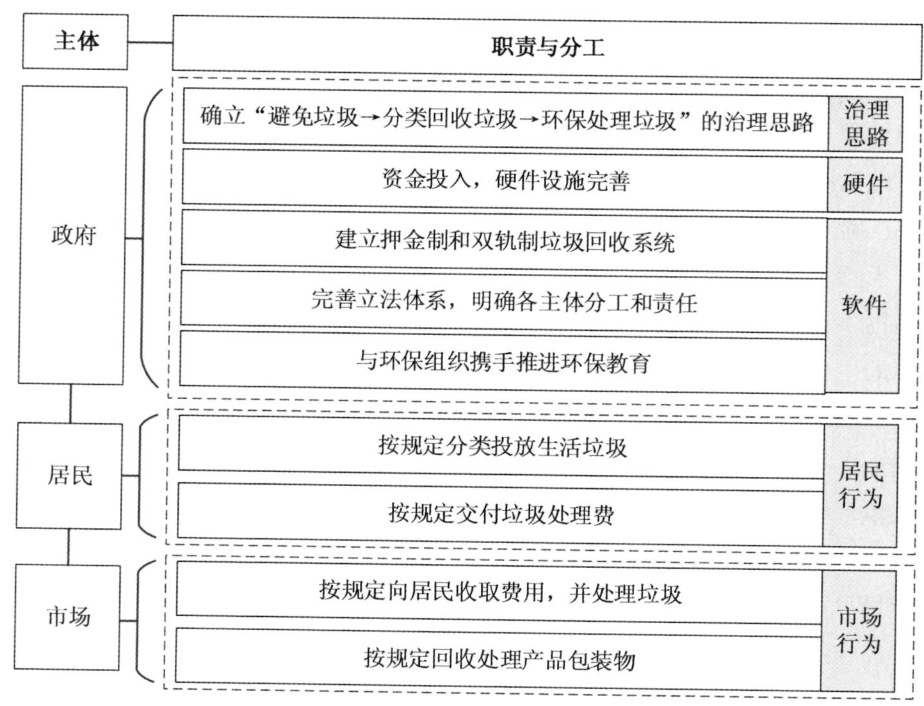

图7-1 德国农村生活垃圾治理各主体职责与分工

理厂、生物处理厂、建筑垃圾处理厂等 。充足的终端分类处理能力为垃圾分类提供了重要的支撑。同时，德国在农村生活垃圾处理中，还重视与农业的结合。村民使用特定的设备将生物垃圾切碎，然后与黑水收集管道一并流入村庄处理中心，经处理后，这些营养物质被储存起来，用于村庄绿化或者卖给邻近的农业联合作组织，用于农业生产。在处理生物质垃圾的同时，还为农业绿色发展做出了贡献。

第二，建立押金制和双轨制垃圾回收系统，以经济激励调节市场行为。通过发挥市场机制和财政补贴的作用，德国政府建立了押金制和双轨制垃圾回收系统，以经济杠杆的调节作用调动了居民和企业参与垃圾分类的积极性。具体措施有垃圾分类计量收费制度、押金制度、建立“黄袋子体系”（又叫双轨回收系统、DSD 系统）、对再生资源行业进行补贴、对居民的“非法”投放处以高额罚金。

第三，完善立法体系，明确各主体分工和责任。德国是当之无愧的“法治国家”。德国联邦政府和联邦环境部是最高级的垃圾治理部门，二者制定相关法律条文之后，各地方在根据实际需求建立具体的垃圾管理法律法规进行补充[①]。至今，德国环保法律法规多达8000多部，有世界上最完善、最健全的环保法律体系。对德国关于垃圾治理相关重要法律法规进行梳理见表7－1。

通过对德国垃圾治理法律法规的梳理发现，德国生活垃圾治理走过了一条重视后端处理到重视前端分类，从重视技术再到重视制度的一条发展道路。并且通过立法明确了生产企业和居民的责任与义务，为生活垃圾治理工作的顺利推进提供了重要保障。

表7－1　**德国有关生活垃圾治理的重要法律梳理**

年份	法律文件	主要内容
1972	《废弃物处理法》	重视垃圾末端处理
1986	《废弃物避免及处理法》	将分类、减量和回收利用的理念引入垃圾治理中
1991	《废弃物分类包装条例》	确立“生产者责任制”，生产企业要在产品设计阶段避免废弃物产生，并对产品包装进行回收利用
1996	《循环经济与废弃物处理法》	引入循环经济理念，规定垃圾处理次序为“避免产生、循环利用、末端处理”；确立“生产者付费”和“污染者付费”制度
2000	《可再生资源法》	为促进垃圾回收利用，政府支持从事资源再生的企业
2005	《填埋法案》	废弃物在填埋前必须经过处理厂的处理
2016	《电器回收法案》	电器零售商要免费回收废弃的小型家电，对于废弃的大型家电，商家应该采用“以旧换新”的方式回收

注：根据环联资讯《垃圾分类水平全球第一！这个国家走过了怎样的百年垃圾分类史?》一文梳理而得，https://mp.weixin.qq.com/s/IyS6ha0IgYwUv5RBlUwjAA。

① 严陈玲：《德国柏林市生活垃圾分类经验及启示》，《中国环保产业》2020年第4期。

第四，与环保组织携手推进环保教育。环保教育是德国生活垃圾治理的重要环节。德国政府通过几十年的宣传教育，培养了居民重视环境保护的意识。德国的环保教育贯穿整个教育阶段，从幼儿园到大学都有环保教育，同时，垃圾治理培训也为行业培养了众多专业人才。此外，德国拥有上千家环境保护公益组织、200 多万从事环境保护的工作人员。这些环保组织工作人员大多为兼职的志愿者，他们经常到各地宣讲环保知识，为提高德国居民的环保意识做出了重要贡献。

（2）居民的参与行为

依据《循环经济法》的规定，德国居民必须将生活垃圾投放到指定地点，如居民不按规定投放生活垃圾，将会被处以高额罚金。以巴登-符腾堡州为例，非法投放一件电器要处以 50—200 欧元的罚金，而在拜仁州要处以 80—240 欧元的罚金[①]。

（3）市场的参与行为

市场的参与性行为体现在以下几个方面：①按规定向居民收取费用，并处理垃圾。垃圾处理企业根据居民产生垃圾的类别和重量，向居民收取一定费用。其中，对于可回收利用的垃圾，居民无须缴费，而对于无回收价值的垃圾，按重量向居民收取垃圾处理费。②按规定收集处理产品包装物。根据“生产者责任制”，生产企业根据《废弃物分类包装条例》的规定，回收产品包装物，若回收率没有达到政府要求，需要向政府部门交付巨额罚金。为此，德国近百家企业自发成立了一家非营利性企业（“绿点公司”），以帮助成员企业回收处理废弃的包装物。据德国威斯特法伦州经济研究所研究发现，得益于“黄袋子体系”，2014 年德国家庭生活垃圾量减少了近 16%，碳排放减少 272 万吨，同时还创造了近万个就业岗位[②]。

---

① 张莹、康翘楚、管梳桐：《德国生活垃圾的处理方法及其对沈阳市的启示》，《理论界》2020 年第 2 期。

② 康玲、祝铠：《日本、德国垃圾分类管理经验对我国的启示》，《中国环境管理干部学院学报》2019 年第 6 期。

二　瑞典农村生活垃圾治理经验研究

（一）瑞典农村生活垃圾治理的基本情况介绍

瑞典的生活垃圾治理可以简单概括为多主体协同治理，“减量、分类、回收、处理、利用”的系统性治理模式。瑞典生活垃圾治理的基本理念是“垃圾减量（减少垃圾产生）、再利用（二次使用，延长产品寿命）、资源再生利用（原材料再生利用）、能源化利用（焚烧发电）、填埋”①。

瑞典是世界上垃圾回收率最高、垃圾处理最成功的国家之一，城乡生活垃圾治理没有明显的差别。瑞典是一个高度发达的国家，是全球最早倡导环境保护的国家，一直致力于提高能源利用效率，增加可再生能源供应。可持续发展已经成为瑞典居民的行为准则。环保主义的理念贯穿于生活垃圾治理领域，使得瑞典的生活垃圾回收利用率一直处于全球领先水平。在瑞典，垃圾也是资源和财富，早在 2011 年，瑞典的垃圾回收利用率就高达 99%，其中，34.6% 的垃圾被循环利用，16.2% 的垃圾被转化为肥料，48.5% 的垃圾被转化为热能和电能，最终只有 0.7% 的垃圾被填埋处理②。为了增加垃圾处理能化效应，填补垃圾焚烧厂日常运营的经费缺口，为居民提供更多廉价能源，瑞典每年还要从英国、荷兰等欧洲国家进口 200 多万吨垃圾③。

（二）瑞典农村生活垃圾治理的主要做法

瑞典不同区域垃圾分类的标准不同，但总体来看，分类标准都较为严格和精细。以下将从政府、居民、市场、其他机构和组织四个层面对瑞典农村生活垃圾治理的具体做法进行分析（见图 7－2）。

（1）政府的参与行为

第一，制定治理目标，明确部门分工。瑞典的生活垃圾由政府主导进行治理，其中，国家议会负责制定生活垃圾治理目标，环境保护部门负责制定相关政策法规，并对垃圾焚烧厂的排放情况进行实时监测，环

① 郭燕：《瑞典生活垃圾处理方式及效果分析》，《再生资源与循环经济》2020 年第 2 期。
② 贾明雁：《瑞典垃圾管理的政策措施及启示》，《城市管理与科技》2018 年第 6 期。
③ 陆纾文：《瑞典 99% 的垃圾回收利用率是怎么做到的》，《资源再生》2019 年第 4 期。

境法庭负责给大型企业发放许可证，地方政府负责制定地方生活垃圾管理目标和法规，负责垃圾收集，并通过行政指导购买相关服务，给本地企业发放许可证。

第二，配置便捷的垃圾分类收集设施。瑞典的垃圾分类设施不完全由政府配备，各单位和机构也可自行配置，不仅网络密集，系统完善，而且标识清晰，形象易懂。比如瓶（罐）垃圾收集桶投放处设计成圆孔状，纸类垃圾收集桶投放处设计成扁平状等，管理部门根据社区规模，在社区设置回收站或者回收中心，并安排咨询人员引导市民分类放置垃圾。此外还在不同场合配备不同的垃圾桶，大学走廊的垃圾桶有圆孔、长槽及大开口样式的，分别投放瓶子、纸类和其他垃圾，写字楼内的咖啡屋，设置有抽屉式的垃圾桶，以标签形式标明纸杯、不同颜色的瓶子、残余食品等垃圾，旅游地设置有较大的，颜色、图案、文字醒目的垃圾桶①。以人为本、简洁适用的垃圾分类设计理念，提高了公众垃圾分类成功率，也更加简单便捷。

第三，以法律为保障建立严格的约束制度。瑞典的生活垃圾治理有严格的约束制度，包括生产者责任制、生态环保标志制度、押金回收制度等，并且通过立法保障了各项制度的顺利实施。为落实可持续的生产方式，瑞典是第一个推出“生产者责任制”的国家，并陆续出台一系列法令对生产者责任和消费者义务进行了明确规定。为了落实“谁生产、谁负责”的原则，瑞典政府还对生产者和消费者实行严格的“押金回收”制度和按量收取生活垃圾处理费的差异化收费制度。为限制垃圾不合理填埋，瑞典政府也出台了一系列法令。环保税是经济和法律手段在瑞典环境治理中的重要体现，目前，瑞典有70多种环保税，通过向家庭征收环保税的方式鼓励家庭少产生垃圾，并分类投放生活垃圾。并且早在2011年，瑞典国家检察院就宣布对不按规定投放垃圾的行为，警察有权直接罚款，情节严重的甚至会获刑②。众多法律法规文件和政策的出

① 贾明雁：《瑞典垃圾管理的政策措施及启示》，《城市管理与科技》2018年第6期。

② 高广阔、魏志杰：《瑞典垃圾分类成就对我国的借鉴及启示》，《物流工程与管理》2016年第9期。

台，保障了各项制度措施的严格执行，对强制企业履行环保责任，强制居民履行环保义务发挥了重要作用①。

第四，注重垃圾分类教育和培训。瑞典的垃圾分类同样经历了举步维艰的起始阶段。起初，瑞典人没有垃圾分类的习惯，为监督居民分类投放，瑞典政府直接派人在垃圾投放点监督，不按规定投放的予以重罚，但收效甚微。瑞典政府意识到教育和培训的重要性，于是从学前教育开始培养儿童的垃圾分类意识和习惯，并让孩子回家监督家长的垃圾分类行为，通过学校教育和家庭教育使得垃圾分类意识深入人心。同时，社区、垃圾回收中心、垃圾处理企业也为居民提供了常态化的垃圾分类培训，提高了居民参与垃圾分类的主动性。垃圾分类已成为瑞典的家庭传统和环保文化②，这为瑞典垃圾分类工作的持续发展提供了源源不断的动力。

（2）居民的参与行为

居民首先要根据规定分类投放生活垃圾，其次还要按规定缴纳垃圾处理费。具体来说，在购买饮料时，除了要支付饮料费用外，还要支付饮料瓶押金（一般为0.5—2克朗，约合人民币0.4—1.6元），消费者将饮料瓶投放到指定地点后，可以获得一张小票，再次购物时可直接抵扣购物款。此外，居民还可以通过多种渠道对垃圾焚烧厂的运行情况进行监督。

（3）市场的参与行为

产品生产环节，生产企业一要在产品包装上明确标注废弃包装应该如何分类，以方便消费者分类。二要对强制回收的包装物，向环保部门预交押金，待废弃包装物回收合格之后再退还押金，对于无法自行组建回收利用体系的企业，可向相关非营利性组织缴纳会费，将回收利用义务转移给这些非营利性组织，这一经济激励使得生产者从根本上实现了垃圾的减量化③。

---

① 贾明雁：《瑞典垃圾管理的政策措施及启示》，《城市管理与科技》2018年第6期。

② 高广阔、魏志杰：《瑞典垃圾分类成就对我国的借鉴及启示》，《物流工程与管理》2016年第9期。

③ 陆纾文：《瑞典99%的垃圾回收利用率是怎么做到的》，《资源再生》2019年第4期。

垃圾收集环节，生活垃圾的收集主要由政府部门委托给私营企业。为避免运输过程造成的二次污染，瑞典发明了生活垃圾自动收集系统。瑞典首都的滨海新城汉马北地下，有全世界最大的密封式垃圾自动收集系统。这套系统，可以对有机垃圾、可燃垃圾和纸张这三类垃圾实行全自动化处理，改变了垃圾收集人力投入大、耗时长、二次污染的弊端，有效提高环境服务水平。对于餐厨垃圾，瑞典餐馆的地下都安装有由瑞典科技部门研发的隔油器，将餐厨垃圾的油脂和残渣分离后，油脂可用于提炼油料产品，残渣经市政生物能反应器后可以被转化为甲烷、二氧化碳和有机肥，做到物尽所用。

废弃物回收环节，在部分城市，政府主导建立了家庭废旧物品回收再利用企业。以 Retuna 中心为例，居民可以免费将家中淘汰的旧物品拿到回收中心，回收中心对居民送来的物品进行修复或处理后，在 Retuna 的 14 家商店进行出售。Retuna 中心于 2015 年成立，在政府减免了 2 年的租金后，2018 年已经实现了收支平衡。除了实现废旧物品的重复利用，Retuna 中心还成立了废旧品加工处理培训班，为当地居民提供新的就业空间①。

生活垃圾处理环节，生活垃圾的处理主要由政府委托给公有制企业。1901 年，瑞典建造了世界首批垃圾焚烧厂，以消化不可回收垃圾。如今，瑞典的垃圾焚烧技术已经相当成熟，焚烧厂清洁无异味，二噁英排放量也近乎为 0。为了防止 PM2. 5 带来的空气污染，瑞典垃圾焚烧厂排放的空气都要经过层层净化，达到欧盟标准之后再排放到大气中。为了避免建设垃圾焚烧厂带来的“邻避效应”，瑞典政府环保部门对焚烧厂的排放情况进行实时监测，并且通过在垃圾焚烧厂建设市民景观、聚会和健身的公共空间，增加了社会融入，化解了居民对垃圾焚烧的刻板印象。通过垃圾分类和资源化利用，瑞典每年实际需要焚烧的垃圾量只占焚烧厂处理能力的两成左右，为增加垃圾能化效应，瑞典不得不进口垃圾。2016 年，垃圾焚烧产生的能源可以满足 20% 的城市居民供暖需求，并为 5% 的家庭提供廉价电力。

① 贾明雁：《瑞典垃圾管理的政策措施及启示》，《城市管理与科技》2018 年第 6 期。

（4）其他机构和组织的参与行为

除了以上机构和个人，在生活垃圾治理领域，瑞典还注重发挥科研机构、行业协会的作用，注重各主体间的协同治理。研究机构与企业紧密合作，推动新技术、新产品的不断升级。行业协会则在不同机构、群体间交流、共享信息，以促进整个领域协调、健康、可持续发展。在政府主导下，各相关主体各司其职，协同合作共同推进了瑞典生活垃圾治理的高效、可持续发展。

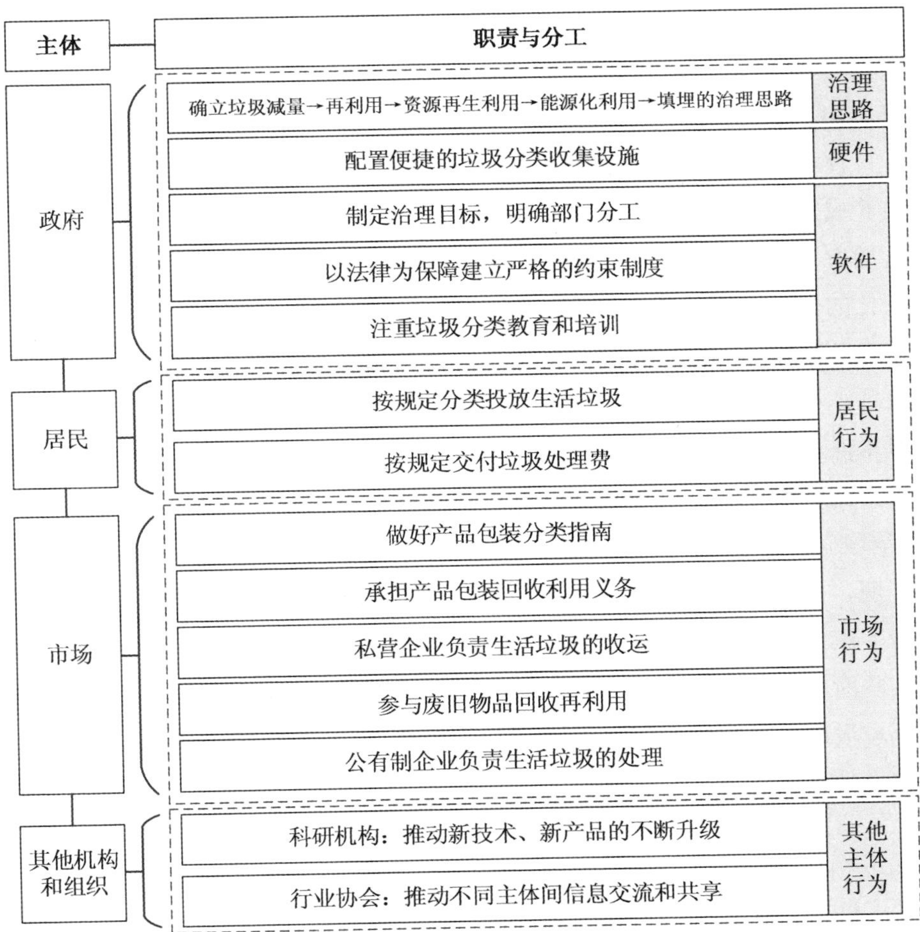

图7－2　瑞典农村生活垃圾治理各主体职责与分工

三 日本农村生活垃圾治理经验研究

（一）日本农村生活垃圾治理的基本情况介绍

日本的生活垃圾治理在经历了20世纪50—60年代的自上而下、重视末端处理的阶段，20世纪80年代提倡垃圾“减量化、再使用与循环利用（3R）”的源头治理阶段，再到21世纪重视资源再利用，构建“最适量生产、最适量消费、最小量废弃”的资源循环利用阶段，如今已成为世界上垃圾分类最成功的典范之一[①]。日本生活垃圾治理强调多主体协同的绿色治理。日本生活垃圾治理的基本理念由“3R”原则进一步深入到“垃圾零排放”“可持续发展、生态与经济协同发展”，追求生产与环境相平衡的新阶段[②]。

日本生活垃圾治理的重要特点就是极其严格。投放环节，为了让居民养成自己的垃圾自己处理的意识，街道旁的垃圾桶少之又少，只有公共场所才会有一组分类垃圾桶。而投放垃圾时，一方面要将垃圾进行精细化的分类，比如喝完水的矿泉水瓶，要把瓶盖、包装纸和瓶子分开，并且瓶子要洗干净、踩扁之后才能分类投放到垃圾桶中；用完的食用油油桶，要用抹布擦干净，并且用报纸堵住瓶口；过长的木棒，要砍成50厘米左右的长度捆起来投放；电池、灯管要带到超市或便利店里统一回收；打碎的玻璃、陶器制品、剃须刀片等危险物品要用报纸包好，写上“危险”二字才能投放……；另一方面每类垃圾的投放都规定有具体的日期，不在规定日期，不允许投放，如果投放错误，可能要受到经济处罚。收运环节，对于非法丢弃垃圾的监管也是常态化、制度化的，由日本政府相关省厅和都道府县参与，检查结果在环境省网站公开，非法丢弃垃圾的，可判处5年以下有期徒刑或者20万—5000万日元不等的罚款。处理环节，对于资源的再利用，颁布了《循环型社会形成推进基本

---

① 吕维霞、杜娟：《日本垃圾分类管理经验及其对中国的启示》，《华中师范大学学报》（人文社会科学版）2016年第1期。

② 李维安、秦岚：《绿色治理：参与、规则与协同机制——日本垃圾分类处置的经验与启示》，《现代日本经济》2020年第1期。

法》《食品再生利用促进法》《建设工程资材再利用法》《家用电器再利用法》等一系列法律来明确资源化利用细则。对于垃圾焚烧方面，出台了《二噁英对策推进基本指针》《二噁英类对策特别措施法》等，严格管理焚烧厂的二噁英排放，1996 年，厚生省颁布的《垃圾处理二噁英类紧急削减对策》要求超过排放标准的焚烧设施立即关停改造，并且对二噁英减排措施、飞灰处理、温度设置、一氧化碳排放等都有详细描述，并明确指出市、町、村要每年召开一次二噁英环境调查。调查数据齐全也作为考核地方二噁英控制成果的依据。而对于不按规定处理生活垃圾最高判处 5 年以下有期徒刑或者 5000 万日元（相当于 320 万元人民币）以下罚款。为了严格监督、透明管理，日本每年发布的《环境白皮书》都会公布“一般废弃物排出量”“一般废弃物循环率”和“不法投弃件数及数量”等信息[①]，以便居民了解垃圾治理情况。

日本的城乡差别很小，农村和城市有相同的社会福利和基础设施，城乡在垃圾治理方面是一样的，甚至某些农村生活垃圾处理的细致化程度比城市还要高，而日本的生活垃圾治理也不是一蹴而就的。1964 年之前，垃圾乱扔、随地小便的现象在日本较为普遍，给日本带来了严重的环境问题，直到奥运会的召开，该问题才开始得到重视，但起初，政府也只是提出了“垃圾入桶”“统一收集”等基本要求。随着垃圾排放量的激增，简单填埋带来了一系列环境污染问题，加上土地资源有限，日本开始推动垃圾焚烧，而由于垃圾焚烧引起的抵制性的“邻避”运动，才迫使日本政府开始探索垃圾分类，并随着绿色经济的发展，开始进一步探索垃圾的循环利用[②]，这是绝大多数国家垃圾治理走过的道路，也是我国农村生活垃圾治理当下正在走的道路。从 1989 年到 2017 年，日本生活垃圾分类的类别不断增多，而垃圾排放总量由 1989 年的 4997 万吨，逐步减少到 2017 年的 4289 万吨，人均生活垃圾产生量从 1989 年的

① 田亚静、裴晓菲、孙阳昭：《日本生活垃圾管理及其对我国的启示》，《环境保护》2016 年第 19 期。

② 吕维霞、杜娟：《日本垃圾分类管理经验及其对中国的启示》，《华中师范大学学报》（人文社会科学版）2016 年第 1 期。

1.11 千克/天，逐步减少到2017 年的0.92 千克/天，成为世界上垃圾排放量最少的国家之一①。日本政府制定的垃圾循环利用指标，2010 年接近60%，到2020 年达到80%。通过废弃物的绿色治理，不仅实现了废弃物资源化水平的提升，更重要是的其经济发展与自然负荷增长出现了反向关系，意味着日本经济社会发展或已跨过了环境库兹涅茨曲线的拐点。我国农村生活垃圾治理的现状与日本20 世纪50—60 年代类似，剖析日本生活垃圾治理的经验，对于推动我国农村生活垃圾治理工作具有重要借鉴意义。

（二）日本农村生活垃圾治理的主要做法

与德国、瑞典生活垃圾治理的成功经验如出一辙，日本生活垃圾治理也是制度、技术、文化的综合体，离不开多元主体的协同治理、经济激励和完善的基础设施、以法律为保障的严格监管、多样化的宣传教育。为更详细地剖析日本的生活垃圾治理工作，为推进我国农村生活垃圾治理工作提供建议，以下将以日本鹿儿岛县的大崎町、志布志市和德岛县上胜町为例，深入剖析日本农村生活垃圾治理工作。

（三）大崎町、志布志市生活垃圾治理案例分析

大崎町、志布志市农村生活垃圾治理的基本情况介绍。大崎町位于日本鹿儿岛县东南部，面积100 平方公里左右，人口约1.3 万人。志布志市位于鹿儿岛东部，面积290 平方公里左右，人口约3.2 万人。两地采取联合治理生活垃圾的做法（见图7－3），具体如下：

（1）政府的参与行为

第一，制定并推广垃圾分类标准。1998 年开始推行垃圾分类工作以来，大崎町垃圾分类工作不断细化，目前已将垃圾细化为27 类。若要新增加一个垃圾分类项目，主管部门会多次召开说明会详细讲解各种细节，相关负责人还要参加相关研修会。在实施新的垃圾分类标准后3 个月内，相关政府职员还要与“环境卫生协调员”一同现场指导居民的垃圾分类

① 李维安、秦岚：《绿色治理：参与、规则与协同机制——日本垃圾分类处置的经验与启示》，《现代日本经济》2020 年第1 期。

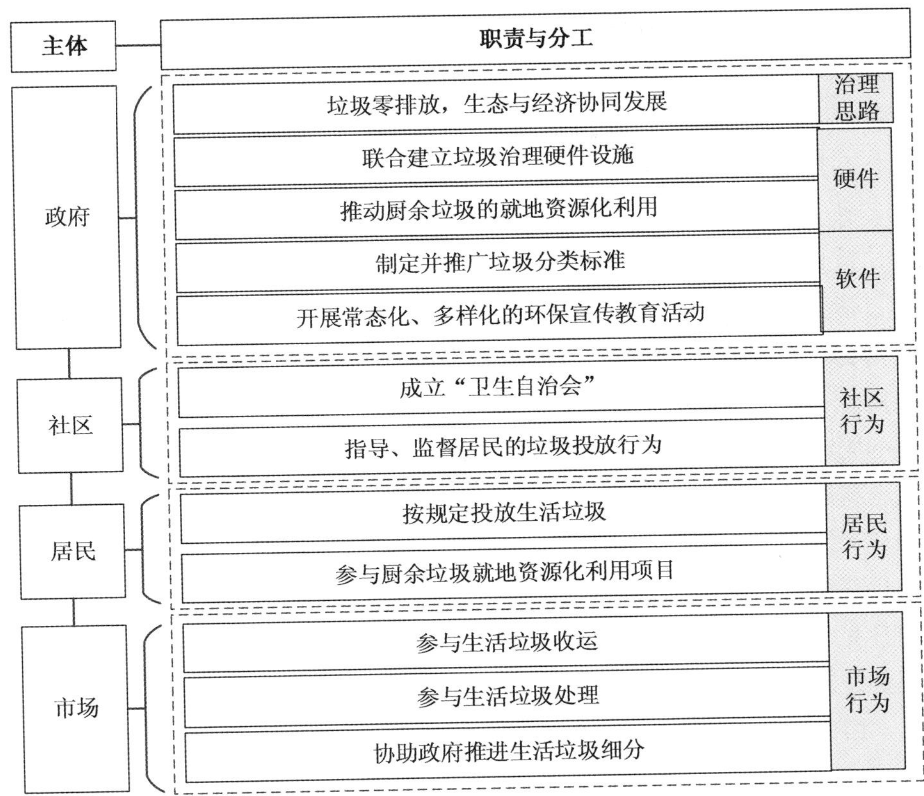

图7－3　大崎町、志布志市农村生活垃圾治理各主体职责与分工

投放，以保障居民习惯新的分类标准。自2006年以来，大崎町生活垃圾资源化利用率连续11年在市町村中排名第一，2016年高达83.4%①。

第二，联合建立垃圾治理硬件设施。1990年，为了解决垃圾问题，大崎町与志布志市联合成立了曾于南部卫生事务管理中心，并建设了库容72万立方米的填埋场对生活垃圾进行填埋处理。起初，当地并未实施垃圾分类，随着垃圾量的不断增长，预计2004年填埋场就会被填满。而地方财政又无力建设垃圾焚烧厂，为此，地方政府考虑推行垃圾分类政

① 鞠阿莲：《日本生活垃圾处理实践经验对我国农村垃圾处理的启示——以日本大崎町及志布志市为例》，《再生资源与循环经济》2018年第9期。

策，以对垃圾进行资源化利用，减少垃圾填埋量。两地政府又于1999年建设了曾于回收再利用中心，以提供垃圾分类的设施保障，并将垃圾收运服务委托给该中心，开始正式推行垃圾分类和资源化利用工作。1998年，在推行垃圾分类之前，大崎町与志布志市的垃圾填埋量高达1.70万吨，到2005年，垃圾填埋量减少为0.34万吨，减少了80%，到2015年，减少为0.30万吨，减少了83%①。

第三，推动厨余垃圾的就地资源化利用。在大崎町，由于下水道净化槽普及率较低，家庭排出的厨房污水对河流造成了严重污染，为解决该问题，大崎町实施了“菜花生态循环项目”，将厨余垃圾进行堆肥，制成的肥料用于种植菜花，菜籽制成油供食用，回收的废弃食用油再制作成肥皂或燃料，燃料用于垃圾收集车或柴油机，实现了生活垃圾的资源化和循环利用。在志布志市，则开展了“阳光向日葵计划”，给每家每户发放向日葵种子，同时给农户发放厨余垃圾制成的肥料，用于种植向日葵，而向日葵成熟后被制成食用油供市民食用，最终厨余垃圾被全部堆肥再利用。经过再利用和资源化，最终需要填埋的生活垃圾减少了近八成②。

第四，开展常态化、多样化的环保宣传教育活动。在学校里，由小学4—6年级的学生组成学习团，开展各类环保教育宣传活动；在家庭中，开展了“自带购物袋”“合理设定空调温度”等55项节能环保活动，培养全民节约资源、保护环境的意识。

（2）社区的参与行为

为了保障居民能够按规定分类投放生活垃圾，大崎町成立了一个居民自治组织“卫生自治会”，町内所有家庭都是自治会成员，同时町内所有垃圾回收点都安排有一个“环境卫生协调员”来指导和监督居民的垃圾投放行为。每个家庭的垃圾袋上都贴有名字，没有按照规定投放的生活垃圾不予收集，并会被贴上警示条，对没写名字的垃圾，则由“环

① 鞠阿莲：《日本生活垃圾处理实践经验对我国农村垃圾处理的启示——以日本大崎町及志布志市为例》，《再生资源与循环经济》2018年第9期。

② 鞠阿莲：《日本生活垃圾处理实践经验对我国农村垃圾处理的启示——以日本大崎町及志布志市为例》，《再生资源与循环经济》2018年第9期。

境卫生协调员”负责。居民自治的方式保障了生活垃圾的准确投放。

（3）居民的参与行为

居民按照政府规定的分类标准，分类投放生活垃圾，并且积极参与到政府推动的厨余垃圾就地资源化利用项目中。

（4）市场的参与行为

志布志市在生活垃圾的收运和中间处理环节，普遍实行市场化运作。资源垃圾有 500 多个回收点，由回收企业收运、中间处理后卖给资源化企业进行再利用。普通垃圾有 600 多个回收点，由收运企业每周收集一次，回收后直接填埋。鉴于普通垃圾中纸尿裤占比高，2016 年，志布志市又开始分类回收纸尿裤，并与企业合作对纸尿裤进行资源化利用。大件垃圾采用预约回收的方法收集，对可重复利用的大件垃圾，于每月第二个星期一举行义卖会进行义卖，不可重复利用的，将其破碎后制成固体燃料。厨余垃圾，由政府委托给企业制成肥料后发放给居民使用。

（四）上胜町生活垃圾治理案例分析

上胜町农村生活垃圾治理的基本情况介绍。日本德岛县上胜町位于四国岛中间的山地，以农林生产为主。截至 2018 年 5 月，町内总人口 1577 人，老龄人口占比 52.2%，是一个人口过疏和严重老龄化的地区。与其他地区一样，20 世纪 90 年代，上胜町的生活垃圾主要通过野外焚烧来处理，在日本法律的禁止下，1998 年，上胜町政府购买了两台小型焚烧炉来焚烧垃圾，随着政府的排污管制越发严格，当地政府不得不重新为垃圾处理寻找出路。山地地形加之老龄化的人口，使得上胜町垃圾运输比较困难。2000 年开始，政府开始推行生活垃圾分类和就地资源化利用，2003 年，上胜町政府发布了“零垃圾”的宣言，顾名思义从源头上尽量减少垃圾的产生，成为日本第一个发布“零垃圾”运动的地方政府。在自然环境约束和社会规则引导的情况下，上胜町开启了“零垃圾”治理运动①。“零垃圾”运动使得町内生活垃圾回收利用率高达

① 贾小梅、陈颖：《上胜町“零垃圾”运动对中国农村生活垃圾治理的启示》，《世界环境》2018 年第 6 期。

81%，厨余垃圾则100%就地堆肥处理。这不仅减少了町政府治理生活垃圾的支出，也给地方带来了巨大的环境效益和经济效益。同时，由于“零垃圾”运动的成功实施，不仅大大提升了上胜町居民的环保意识，也让上胜町成为参观学习的胜地，每年接待约2000名游客来此参观学习，带动了当地餐饮、住宿业的发展。当地原生态的鲜花和树叶发展起的“彩产业”，每月也可以给当地老人带来100多万日元的收入。上胜町生活垃圾治理的具体做法如下（见图7-4）：

（1）政府的参与行为

第一，由于人力有限，上胜町政府将全町的垃圾管理及设施配备委托给了Zero Waste Academy（一个非营利性组织）。政府负责监督、考核Zero Waste Academy的行为。

第二，为“零垃圾”运动提供资金支持。据政府测算，若全町的生活垃圾全部焚烧，2016年政府需要投入1600万日元，而由于“零垃圾”运动的实施，政府仅需支付资源化利用收支缺口的420万日元，为政府节约了1180万元的财政开支。

第三，对参与“零垃圾”的商店、旅馆进行认证。政府鼓励商店、旅馆积极参与“零垃圾”运动，截至2018年初，町内有7家商店、旅馆获得了零垃圾认证。

（2）Zero Waste Academy的参与行为

第一，Zero Waste Academy承担了垃圾分类和资源化利用方案的制定、垃圾分类的宣传教育、运营町内唯一的垃圾站，协作政府完成相关工作。

第二，为鼓励居民的垃圾分类行为，Zero Waste Academy给参与垃圾分类的家庭发放一张积分卡，每月通过摇号对10个家庭给予1000日元的奖励。

第三，为了方便居民准确投放垃圾，垃圾站全年开放，并且每个垃圾桶标识清晰，不仅标注要放置什么，还标注了每一类垃圾的后续利用过程。

（3）居民的参与行为

第一，按规定对垃圾进行精细化分类。由于地处偏僻，上门回收垃圾成本较高，为了吸引回收业者主动上门回收，在 Zero Waste Academy 的指导下，居民需要对垃圾进行清洗整理，比如将玻璃瓶洗净晒干，用纸制的绳子捆绑纸类垃圾，以便回收的垃圾可以直接再利用。截至 2018 年初，上胜町已将生活垃圾分出了 45 类。

第二，按规定投放、处理垃圾。由于上胜町实行“零垃圾”运动，町内不设置垃圾回收车，需要居民自行将垃圾送至垃圾站，并且由于垃圾站不回收厨余垃圾，需要居民自行将厨余垃圾堆肥处理。而不回收厨余垃圾，加上垃圾的干净处理，使上胜町垃圾站非常干净，成为町内人气最旺的地方，也成为垃圾分类宣传教育的重要窗口。

图 7－4　上胜町农村生活垃圾治理各主体职责与分工

四　国外农村生活垃圾治理经验小结

总结德国、瑞典和日本的生活垃圾治理道路，走的都是多元主体协同治理的道路（具体见表7－2）。具体来说，就治理思路而言基本都走过了重视末端技术的初级阶段、提倡“减量化、再使用和循环利用（3R）”的源头治理阶段，再到重视资源循环利用，追求零废弃的高级阶段，都经历了几十年甚至上百年的发展才取得如今的成就。就分类品种来看，都经历了由粗分类到精细化分类的发展阶段。各国在生活垃圾治理中的做法既有相同，又存在差异。

表7－2　　**国外农村生活垃圾治理的主要做法与经验启示**

国别	主要做法
德国	政府 （1）加大资金投入，建设完善的生活垃圾分类处理体系；（2）以经济激励调节市场行为；（3）完善立法体系，明确各主体分工和责任；（4）与环保组织携手推进环保教育。 居民：（1）定点分类投放生活垃圾；（2）按规定付费。 市场：（1）按规定向居民收取费用，并处理垃圾；（2）按规定收集处理产品包装物。
瑞典	政府 （1）制定治理目标，明确部门分工；（2）配置便捷的垃圾分类收集设施；（3）以法律为保障建立严格的约束制度；（4）注重垃圾分类教育和培训。 居民：（1）定点分类投放生活垃圾；（2）按规定付费。 市场 （1）做好产品包装分类指南；（2）承担产品包装回收利用义务；（3）私营企业负责生活垃圾的收运；（4）参与废旧物品回收再利用；（5）公有制企业负责生活垃圾的处理。 其他机构和组织 （1）科研机构负责推动新技术、新产品不断升级；（2）行业协会负责不同主体间消息交流与共享。
日本	政府 （1）明确生活垃圾治理目标和任务；（2）联合建立垃圾治理硬件设施；（3）推动厨余垃圾就地资源化利用；（4）制定并推广垃圾分类标准；（5）开展常态化、多样化的环保宣传教育活动；（6）为生活垃圾治理项目提供资金和认证支持。 社区：（1）成立“卫生自治会”；（2）指导、监督居民的垃圾投放行为。 居民：（1）定点分类投放生活垃圾；（2）参与厨余垃圾就地资源化利用。 市场：（1）参与生活垃圾收运、处理；（2）协助政府推进生活垃圾细分。 社会组织：代理农村生活垃圾治理项目。

续表

启示：(1) 农村生活垃圾治理应该采取多元主体协同治理的模式。(2) 政府部门：建设完善的生活垃圾收运处理体系，重视经济激励措施的运用，重视完善法律法规，重视环保主义教育。(3) 社区：成立专门的生活垃圾治理自治组织；指导、监督居民的垃圾投放行为。(4) 居民：定点分类投放生活垃圾，按规定付费，参与厨余垃圾就地资源化利用。(5) 市场：在政府引导和经济激励的调节作用下，按规定参与生活垃圾的收运、处理。(6) 其他组织：社会组织可以代理推行农村生活垃圾治理项目；科研机构要负责推动农村生活垃圾治理新技术、新产品不断升级；行业协会负责不同主体间信息交流共享。

其共同点主要表现在：政府主导，多主体协同治理。生活垃圾治理作为一项系统工程，政府、居民、市场、社会组织、行业协会、科研机构都是重要的参与主体，各主体有自己的优势和资源禀赋，充分发挥各主体的作用，是提升各国生活垃圾治理效率的主要保障；具体来看，政府的参与行为：(1) 建设完善的生活垃圾收运处理体系，尤其重视生物质垃圾的就地资源化利用。生活垃圾治理后端决定前端，没有完善的后端处理设施，前端的分类就是白费力气。而终端处理设施建设往往难以盈利或者是微利的，作为一项公共服务，各国都投入了大量的资金用于生活垃圾收运处理体系的建设，为生活垃圾治理提供了硬件保障。并且与农业生产相结合，各国都注重生物质垃圾的在地资源化利用。(2) 重视经济激励措施的运用。各国都建立了生产者责任制、押金制度、生活垃圾收费制度等措施，以经济激励促进居民、生产企业少产生垃圾，并积极参与到生活垃圾治理中来。(3) 重视完善法律法规。各国在生活垃圾治理领域都有一系列完善的法律法规，通过法律法规明确生活垃圾治理各主体的权、责、利，并实行严格的奖惩措施。(4) 重视环保主义教育。“罗马不是一天建成的”，各国在农村生活垃圾治理初始都经历了改变居民生活习惯的巨大挑战，常态化、多样化的环保主义教育是促进各国居民参与生活垃圾分类的重要措施之一。居民参与行为：居民都需要按照规定投放生活垃圾，否则会被处以重罚，并且要按照规定缴纳生活垃圾处理费。市场参与行为：在政府引导和经济激励的调节作用下，相关企业依据政府规定参与到生活垃圾的收集、运输、处理中。

其差异主要表现在：在生活垃圾分类治理中，德国具有更加严格的法律保障体系，有关环保的法律法规多达8000余部，在生活垃圾治理的方方面面都有明确的法律法规指导；瑞典可持续发展的理念成为社会共识和居民的行为准则，瑞典居民重视物品的重复利用，对生活用品做到了物尽其用，同时瑞典在生活垃圾治理中不断注入高新技术，保障了生活垃圾的有效处理和社会融入；日本注重将生活垃圾治理融入绿色经济中，通过生活垃圾分类治理激发农村经济发展活力，是日本农村生活垃圾治理的重要经验之一。

第二节 国内农村生活垃圾治理的经验分析

一 金东区农村生活垃圾治理的经验研究

（一）金东区农村生活垃圾治理的基本情况介绍

金东区是一个地处盆地的区县。全区辖8镇1乡2街道，所有乡镇分布较均衡，无特别偏远的山区，全区总面积661.8平方公里。2018年，全区常住人口36.15万人，城镇化率62.70%，地方生产总值201.47亿元，农业增加值占GDP的比重为6.4%，区一般公共预算收入15.39亿元。金东区是第一批农村生活垃圾分类和资源化利用示范县之一。2019年全区美丽乡村建设项目覆盖率76.8%，被评为“2018年度浙江省美丽乡村示范县”。全区源头垃圾分类正确率达到81.2%，是2019年度浙江省生活垃圾分类工作优秀县（市、区），通过了垃圾分类示范县省级验收，率先实现了农村生活垃圾分类县域全覆盖①。

在省人民政府、市人民政府的带领下，金东区生活垃圾治理走的是“农村优先于城市”的垃圾分类道路。为了改善农村人居环境，浙江省人民政府于2012年就提出了“到2015年，全省行政村基本实现农村生活垃圾集中收集全覆盖，到2020年建立覆盖城乡生活垃圾治理

① 资料来源：根据金东区人民政府网站公开资料整理而得。

的长效管理体系，城乡生活垃圾全面无害化处理”的目标。金华市也出台了相关措施推进农村生活垃圾治理，但难以摆脱“公地悲剧”的困境[①]。金华市生活垃圾的60%来自农村，且以年均15%的速度递增，为破解垃圾治理困境，金华市政府以农村为突破口试点推进生活垃圾分类工作。2013年12月，浙江省金华市召开了“深化千百工程、建设美丽乡村”工作会，部署了开展农村生活垃圾分类和就地资源化利用试点工作，2014年5月，试点工作首先在金华市的3个乡镇开启，其中就包括金东区的澧浦镇。到2015年初，金华市农村生活垃圾分类工作推广到了99个乡镇、1819个行政村，到2016年10月，推广到145个乡镇、4298个行政村，覆盖率分别达到100%、96.49%[②]，而据金华市城市生活垃圾分类管理办公室统计，2016年金华市城区生活垃圾分类覆盖率仅65%，远低于农村。据金华市农业和农村办公室提供的数据显示，2016年，金东区70%的生活垃圾被就地堆肥处理，10%—15%的垃圾得到了资源化利用，最终需要转运处理的生活垃圾只占垃圾分类之前的15%—20%，生活垃圾得到了极大的资源化利用，大大减少了后端处理压力。预计金华十八里垃圾填埋场的使用年限可以从5.8年延长到11年[③]。

（二）金东区农村生活垃圾治理的主要做法

金东区农村生活垃圾治理走的是多元主体协同治理的道路。政府、村“两委”、村民、市场的具体参与行为如下（见图7－5）：

（1）政府的参与行为

第一，制定农村生活垃圾治理的目标，明确农村生活垃圾治理的内容和标准。

首先，浙江省政府提出了“城乡生活垃圾全面无害化处理”的政策

---

① 朱正刚：《农村生活垃圾污染“公地悲剧”的终结及意义——以浙江省金华市为例》，《经济与社会发展》2016年第6期。

② 王乐：《金华打造农村生活垃圾分类升级版》，《植物医生》2017年第1期。

③ 单世高：《2017年农村垃圾分类“金华模式”如何再升级?》，浙江在线，2017年2月24日，http：//js. zjol. com. cn/ycxw_ zxtf/201702/t20170224_ 3157653. shtml。

目标，并先后出台了《关于开展农村垃圾减量化资源化处理试点的通知》《浙江省农村垃圾减量化资源化试点村项目竣工验收备案管理办法（试行）》《关于扎实推进农村生活垃圾分类处理工作的意见》等文件指导各地进行垃圾分类，制定了首个以农村生活垃圾分类治理为主要内容的省级地方标准《农村生活垃圾分类管理规范》。金华市委、市政府将垃圾分类作为重要的民生工程，专门成立了金华市生活垃圾分类管理办公室，出台了《金华市农村生活垃圾分类管理规范》，明确了生活垃圾的分类标准、治理各主体的权利、责任和义务。省政府、市政府通过制定严格的垃圾治理目标和分类标准，营造了强力推进生活垃圾分类工作的高压态势，倒逼责任落实。

第二，明确了"财政兜底、社会参与"的筹资模式。浙江省对生活垃圾分类处理和资源化利用站点和项目村进行直接财政补贴，并为省域内农村生活垃圾治理提供资金和终端保障。金华市明确了"财政兜底、社会参与"的筹资模式，每年投入2500多万元财政资金用于农村环境治理[①]。金东区充分发挥乡贤在村庄建设中的重要作用，于2018年成立金东乡贤总会，并举办了项目签约仪式，乡贤通过认捐、捐建、认养等形式参与美丽乡村建设，共成功签约32个重大项目，总投资182.1亿元，为生活垃圾治理提供了持续的资金保障。

第三，建设完善的垃圾处理硬件设施。有了资金保障，以一村一终端为主，通过"多村合建""村企联建"和"村校共建"等方式，建设了1937座阳光堆肥房和77个微生物发酵器，保障了"会烂"垃圾的就地资源化处理。在推广阳光堆肥房后，金东区还不断改善终端处理技术，建成4座集镇生活垃圾生态处理中心[②]，有效地提高了垃圾资源化利用效率。

第四，建立市对县、县对乡镇、乡镇对村的三级考核制度。①市对县的考核：将垃圾分类工作列入美丽乡村等项目考核及党政干部的年度

---

①　任怀民、严碧华：《浙江金华市金东区从垃圾分类入手改善农村环境》，人民网，2016年6月19日，http：//gs. people. com. cn/n2/2016/0619/c183342－28530028. html。

②　田辉：《关于赴金华市开展学习调研的报告》，《四平日报》2019年7月5日第2版。

考核中。②县对乡镇的考核：依据《金东区农村生活垃圾分类工作考核实施细则》对乡镇进行生活垃圾分类工作进行全面考核，并每月一暗访，将考核结果排序通报各乡镇，并将乡镇排名前10名的行政村和后10名的行政村在《金日金东》上公布。考核结果作为年终垃圾分类专项资金分配的主要依据。③乡镇对村的考核：各乡镇成立农村生活垃圾分类工作考评小组，每周对各村的垃圾分类工作检查评比，对于考核结果差的村支部书记、主任扣年终绩效考核奖200元，连续2次最差，则进行诫勉谈话，连续3次最差，给予组织处理。

第五，建立联村干部考核制度和垃圾分拣员评优制度。①联村干部，作为村庄垃圾分类的指导员、宣传员、讲解员和监督员，其年度岗位目标责任与村庄垃圾分类考核相挂钩，村庄垃圾分类考核连续3次考核最差，则对联村干部的考核加倍扣分，直接影响联村干部的绩效。严格考核与惩罚成为联村干部积极参与村庄垃圾分类的推动力。②乡镇专门成立垃圾分拣员评优工作小组，由1名乡镇干部和1名“两代表一委员”或德高望重的老干部组成，每周对各村垃圾分拣员的工作进行评比，每月评出10%—20%的先进分拣员予以奖励。以经济措施激励垃圾分拣员的工作积极性。

第六，探索基本制度，并将制度规范标准化。经过不断尝试，金华市探索出了农村生活垃圾分类治理的6项基本制度，并印发了《金华市农村生活垃圾分类和处理指导手册》将6项基本制度规范化，保障了农村生活垃圾执行有标准可以参考[①]。

第七，注重生活垃圾分类的宣传教育工作。金华市在中小学开展环境整治和垃圾分类教育，鼓励学生在家做好垃圾分类义务宣讲员和监督员；2019年金华市在江东镇六角塘村成立了金华市农村垃圾分类艺术馆，是首个垃圾分类艺术馆，在向外界宣传“金华模式”“金东经验”的同时，也作为垃圾分类宣传窗口，加深了当地居民对垃圾分类的认知。

---

① 根据《金华市农村生活垃圾分类和处理指导手册》整理而得。

（2）村“两委”的参与行为

第一，开展“镇、村、片、组、户”五级联创的网格化管理制度。镇政府成立领导小组，下设办公室组织专项考核。各行政村由“联村干部、书记、主任、村监委主任”为总负责人，将村庄划分区块，三委主要领导为区块负责人，党支部委员、村委委员和村监会成员为小组组长，各党员、妇女代表为联户定点的联户代表。网格员负责做好巡查监督、谈心交心和检查评比工作，并将检查结果总结上报，作为“荣誉榜”的重要依据。网格化管理将具体责任落实到个人，促进了垃圾分类工作的具体实施。

第二，实行环境卫生“荣辱榜”制度。利用乡村熟人社会的特点，推出了乡村特色的激励机制：“荣誉石”“笑脸墙”和“荣辱榜”。由村干部、村民代表及有威望的老党员、老干部对村民的环境卫生行为进行评比，并实行“一年一评定、一月一比学、一周一抽查”的考核机制。部分村庄对村庄环境整治有贡献的村民都会刻一个“荣誉石”作为激励；部分村庄对在垃圾分类和环境整治中表现优秀的家庭则会在“美丽家庭笑脸墙”上予以表彰；部分村庄设立了“荣辱榜”，每月评出垃圾分类先进和落后家庭，在村公开栏上展示村民照片①。荣誉感和自豪感激励全体村民参与垃圾分类的热情。

第三，重视发挥村规民约的硬约束作用。将垃圾分类纳入村规民约，对于不按村规民约进行垃圾分类并屡教不改的家庭，规定不能享受村庄各项福利；对于不带头参与垃圾分类的党员家庭，取消其评先进的资格②。同时，因地制宜，制定生活垃圾收费标准，并将标准写进村规民约中。很好地发挥了村规民约在约束村民行为中的作用。

（3）村民的参与行为

村民根据村规民约的规定，分类投放生活垃圾，并且支付一定数量的垃圾处理费。

---

① 章宏法、肖淙文、区委报道组等：《我的乡村我的家：金东区发动群众参与农村人居环境整治》，《浙江日报》2018 年 4 月 26 日。

② 章宏法、肖淙文、区委报道组等：《我的乡村我的家：金东区发动群众参与农村人居环境整治》，《浙江日报》2018 年 4 月 26 日。

（4）市场的参与行为

以市场化为主导，实行可回收物统一回收制度。以市场化运作为主导，政府公益支持为补充，对能以市场方式回收的垃圾，一律“随行就市”，对微利甚至亏本回收的垃圾，由政府指定回收企业兜底回收，并给予补贴和政策支持。以“定期定责”“定点定时”“定类定价”“统一规范”的原则规范回收市场。

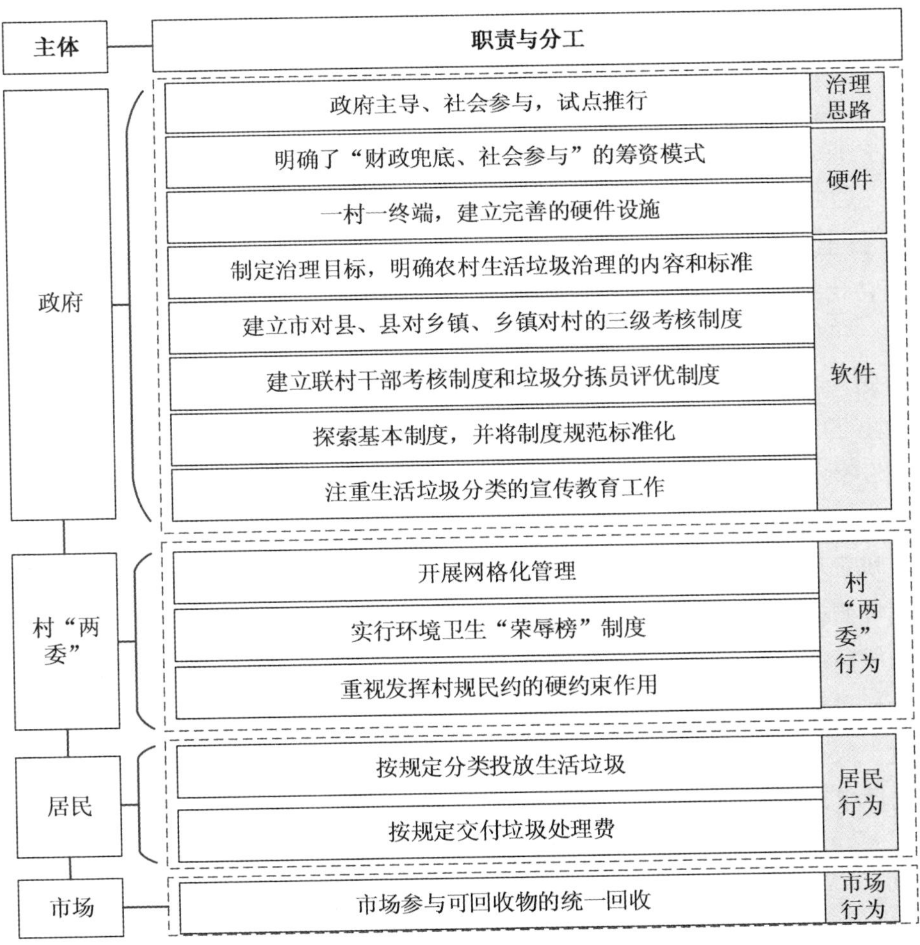

图7-5　金东区农村生活垃圾治理各主体职责与分工

二 兰考县农村生活垃圾治理的经验研究

（一）兰考县农村生活垃圾治理的基本情况介绍

兰考县地处豫东平原西北部，是河南省开封市下辖县，辖区7镇6乡3街道和1个产业集聚区、1个商务中心区，全县总面积1116平方公里。2018年，全县常住人口64.79万人，城镇化率41.63%，地区生产总值303.65亿元，农业增加值占GDP的比重为7.2%，兰考县一般公共预算收入21.49亿元。兰考县是第一批农村生活垃圾分类和资源化利用示范县之一，是首批国家级生态保护与建设示范区、2019年村庄清洁行动先进县。2018年4月，在河南省农村生活垃圾治理现场会上，省政府向全省推广“兰考模式”。

兰考县区域面积较大，垃圾填埋场距最远的乡镇达48公里，平均达20公里，全县每年产生生活垃圾约27万吨，每吨每次运输成本约75元，全年垃圾运输费用超过2000万元，财政压力较大。但若实施垃圾分类，可以大大减少运往填埋场的垃圾量，进而极大地节约运输费用开支。为此，自2015年起，兰考县通过不断探索垃圾分类治理的方式方法，探索出了一条“政府主导、财政支持、农民参与、市场运作”的“兰考模式”①。在投放端，村民将生活垃圾分别投放到“能沤肥”垃圾桶和“不能沤肥”垃圾桶中。在收集环节，保洁员将“能沤肥”的垃圾投放在村庄积肥坑中，与树叶、杂草等一起沤制成农家肥，或者经处理后送进阳光堆肥棚；“不能沤肥”的垃圾在村庄收集后，被运送到“城乡废弃物分质高值化利用处置中心”进行精细化分类，根据用途进行初加工，之后被送到不同的处理终端，大大提高了生活垃圾的资源化利用率和附加值。截至2019年10月，全县垃圾分类减量和资源化利用率达到60%，农村生活垃圾分类治理成效显著。

（二）兰考县农村生活垃圾治理的主要做法

兰考县农村生活垃圾治理走的也是多元主体协同治理的道路。政府、

① 兰考县文明办：《兰考推行垃圾分类打造洁净靓丽农村》，河南文明网，2015年11月20日，hen. wenming. cn/wenmingchuangjian/wenmingchengshi/201511/t20151120_ 2970691. html。

村“两委”、村民、市场的具体参与行为如下（见图7－6）：

（1）政府的参与行为

第一，财政支持，建立了完善的硬件设施。治理费用的保障和完善的硬件设施是农村生活垃圾治理的重要前提。县财政投资2.2亿元新建40座标准化压缩式垃圾中转站，将原有垃圾中转站扩建为“城乡废弃物分质高值化处置中心”，投资3.1亿元建设广大垃圾发电项目，投资1亿元建设格林美电子产品循环利用中心。县财政的大力支持，完善了生活垃圾处理硬件设施。同时，县财政按照“每个农户每年71.2元”的标准列支生活垃圾处理日常费用，各乡镇每年配套投入1200多万元，用于完善设施和保障日常运营。

第二，建立了严格的县乡村三级监管机制。在提高了农村生活垃圾治理的认知之后，县政府高度重视垃圾分类工作，设立了农村生活垃圾治理工作领导小组，各乡镇成立了工作推进办公室，开始积极推进农村生活垃圾治理工作。为保障农村生活垃圾治理工作的有效运行，兰考县建立了严格的县乡村三级监管机制。县级层面，县委农办牵头组成了联合督导组，要求督导组成员每周下乡入村不少于3天，对各乡镇环卫保洁、垃圾治理工作进行常态化巡查督导，并建立台账①。同时，每两个月开展一次乡镇垃圾治理情况检查、排名、通报，并将考核结果纳入年度考评，严格奖惩；乡镇层面，各乡镇建设专业队伍，对辖区内垃圾治理情况进行日常督查，并根据督查结果，严格奖惩；村级层面，确定一名村级负责人监督村内垃圾治理工作②，确保各项工作落实到位。

第三，开展形式多样的垃圾分类宣传工作。兰考县委、县政府加大垃圾分类宣传力度，通过在新闻媒体开辟专栏、印发宣传单、刷写墙体语、制作宣传横幅、印制广告挂历、制作垃圾分类倡议书、给各村广播

---

① 董伦峰、侯永胜、任慧民：《农村生活垃圾治理的“兰考模式”》，《河南日报》（农村版）2018年4月20日。

② 张培奇、范亚旭：《垃圾分类好，废品变成宝——河南省兰考县推行农村生活垃圾治理纪实》，《农民日报》2019年10月21日。

站发放垃圾分类知识讲座U盘、组织垃圾分类培训等方式[①]，营造良好的舆论氛围，提升群众认知，激发群众热情。同时，在幼、小课堂植入垃圾分类知识，通过“小手拉大手”让孩子成为垃圾分类工作的宣传员、监督员。

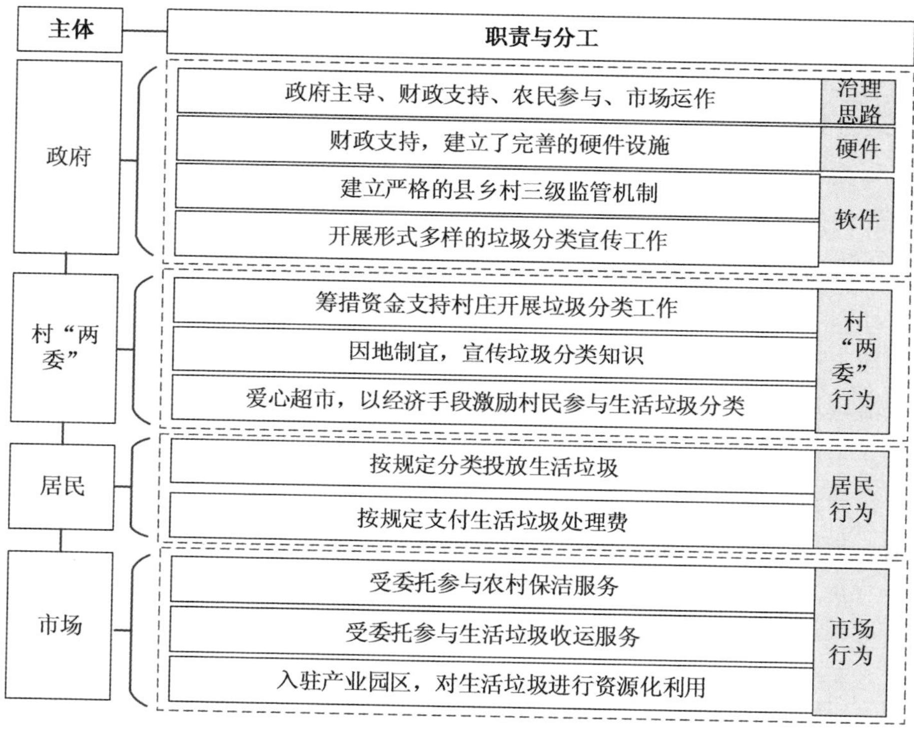

图7-6　兰考县农村生活垃圾治理各主体职责与分工

（2）村“两委”的参与行为

第一，筹措资金支持村庄开展垃圾分类工作。各行政村根据“四议两公开”的程序，实施“5分钱工程”，每年由村民筹措900多万元，用于村庄垃圾治理工作。

① 张培奇、范亚旭：《垃圾分类好，废品变成宝——河南省兰考县推行农村生活垃圾治理纪实》，《农民日报》2019年10月21日。

第二，因地制宜，宣传垃圾分类知识。①鉴于农村“386199”的实际情况，让留守老人、妇女成为垃圾分类的主力，借助“广场舞”，集中宣讲垃圾分类知识；②发动党员、村民代表这类少数、关键群体，通过“党建一拖四”，示范引领村民参与生活垃圾分类。各村干部则根据村庄实际，通过多样化的形式，激发村民治理生活垃圾的热情。在张庄村，通过党员、干部义务清扫街道、入户宣讲、宣传画、大喇叭、开展集中垃圾整治活动等方式引导村民参与生活垃圾分类。

第三，爱心超市，以经济手段激励村民参与生活垃圾分类。爱心公益超市的奖品兑换是兰考县农村生活垃圾分类的重要激励机制之一。在代庄村，通过垃圾兑换奖品的经济激励，激发村民参与生活垃圾分类。

（3）村民的参与行为

村民主要通过分类投放生活垃圾和支付部分生活垃圾处理费用，参与到生活垃圾治理中来。

（4）市场的参与行为

兰考县通过市场化运作，提高了农村生活垃圾治理效率。①在保洁服务方面，兰考县在河南省率先实行政府购买服务的方式，实施保洁服务市场化。②在垃圾收运方面，兰考县通过购买服务的方式，委托北控城市服务集团公司和河南美丽家园环卫公司参与辖区内农村生活垃圾治理，目前，生活垃圾收运环节基本建成了市场化、专业化的运行管理模式。③在垃圾处理方面，通过引入资源化利用企业建立的静脉产业园，按照不同类别，将农村生活垃圾治理进行了资源化再利用。其中，废旧塑料、钢材由嘉宏环保科技公司加工成工艺品、衣服填充棉，日处理320吨；破旧衣物由德盛泥浆厂用于生产油田钻井封堵剂，年处理1万余吨；电子废弃物及其他有害垃圾由沐桐环保循环经济产业园回收利用；树枝、废旧木材和锯末等由鼎丰木业制作刨花板、高档家具板，年收入8亿元；不可回收垃圾由光大环保项目进行焚烧发电处理。市场化的运作方式保障了生活垃圾的高效资源化回收利用。

三 丹棱县农村生活垃圾治理的经验研究

（一）丹棱县农村生活垃圾治理的基本情况介绍

为响应中央号召，四川省于2008年专门成立了城乡环境综合治理办公室负责推进农村环境治理工作。2009年汶川地震之后，四川省一月一个项目，集中整治“三乱”，提升农村治理水平。2011年四川省人民代表大会制定了《四川省环境综合治理条例》，在全省推广“村收集、乡镇运转、县处理”的罗江县垃圾治理模式。省政府的重视与引导是丹棱县农村生活垃圾治理的第一要务。

丹棱县是眉山市西部的丘陵县，县区面积450平方公里，辖5镇2乡，71个行政村，全县面积450平方公里。2018年，全县常住人口14.83万人，城镇化率42.01%，地区生产总值62.0亿元，农业增加值占GDP的比重为9.5%，县一般公共预算收入3.9亿元。丹棱县有三个特点，一是财力薄弱；二是农民以果树种植为主，区域间收入差距大；三是农村交通便利。2011年，四川省开始推进农村生活垃圾治理工作，丹棱县以龙鹄村为试点，在农村生活垃圾治理过程中经历了三个阶段，在第一个阶段，政府主导大包大揽，采取“户定点、组分类、村收集、镇运转、县填埋处理”的治理模式，该阶段由于财政投入难以持续，垃圾清运不及时，村民不定点倾倒垃圾而以失败告终。在第二个阶段，为减轻财政压力，增加村民参与的积极性，政府与村民协商推动垃圾分类工作。龙鹄村村委会以样板戏的形式编写了《致村民的一封信》，并实行每人每月交1元钱的收费制度，由村民自筹和政府补贴保洁费用的方式，让村民在生活垃圾治理中发挥主体作用和监督作用。该阶段由于政府对聘请的保洁承包人缺乏竞争机制和完善的监督机制，没有达到理想的效果，为此，龙鹄村又开始了垃圾分类治理的第三个阶段。在第三个阶段，采取了“项目管理、市场运作”的方式，政府与村民协商开展项目制管理，召开村民大会和村民代表大会在全村开展保洁承包人的竞标活动，由村委会与承包人签订承包协议，明确工作职责、违约责任、费用给付、保险和安全措施等内容，承包人则作为代理方自行建立保洁清运队伍，自行购买运输车辆并负责日常费用①。实行市场化运作之后，村干部、承包人和村民形成了三方监督、互相制约的管理机制，村民自觉遵守村规民约，积极缴纳卫生费，承包人保障垃圾清洁、清运到位。龙鹄村顺利开展了生活垃圾的“两次分类”。具体来说，一次分类是指村民将可腐烂的垃圾倒入沼气池发酵处理，建筑垃圾就近处理，可回收垃圾自行售卖，不可回收垃圾倒入联户定点倾倒池中，二次分类是指承包人将倾倒池中的可售卖垃圾变卖，有机垃圾堆肥还田，将剩余的不可回收垃圾送到村收集站。由县环卫部门负责将村收集站的垃圾运送至县填埋场进行处理②。

在龙鹄村生活垃圾治理取得成效之后，丹棱县在全县推广龙鹄村的模式，不仅极大地节约了县财政支持，重建政府和村民之间的相互信任，也实现了生活垃圾的可持续治理。据测算，若按照第一阶段的垃圾治理计划，县财政配套基础设施要投入1264万元，每年还要投入429万元的运营费用，而经过第三阶段统一规划，全面推广垃圾分类工作后，县财政一次性配套设施设备仅需投入337万元，每年运营费用仅需投入50万元，一次性设施设备投入节省了73%，每年运营费用节约了88%，极大地节约了财政开支。并且与第一阶段政府认为村民不在意、不配合，村民认为政府只是完成政绩工程的情况不同，政府和村民的民主协商，充分发挥了村民民主决策、民主监督、民主管理的权利，重塑了政府和村民之间的信任关系，探索出了一条经济欠发达地区农村生活垃圾长效持续治理的路子。环境的改善又吸引众多投资者落户丹棱县，仅2013年，全县招商引资就达47亿元，同比增长30%③。2015年，国家住房城乡建设部、中央农办等10部委在丹棱县召开了四川省农村生活垃圾治理验收会，丹棱县成为首个生态文明家园建设试点县，也是第一批农村生活垃

① 吉丽琴：《农村人居环境可持续治理的丹棱案例研究》，电子科技大学，硕士学位论文，2018年。

② 李扬、何晓妍：《农村生活垃圾分类治理路径的优化与选择——基于案例的比较分析》，《农村经济与科技》2019年第7期。

③ 吉丽琴：《农村人居环境可持续治理的丹棱案例研究》，电子科技大学，硕士学位论文，2018年。

圾分类和资源化利用示范县之一。2020 年 3 月，丹棱县获得村庄清洁行动先进县称号，2020 年 7 月，丹棱县入选 2017—2019 周期国家卫生乡镇（县城）名单。

（二）丹棱县农村生活垃圾治理的主要做法

丹棱县农村生活垃圾治理走的也是多元主体协同治理的道路。政府、村“两委”、村民的具体参与行为如下（见图 7 - 7）：

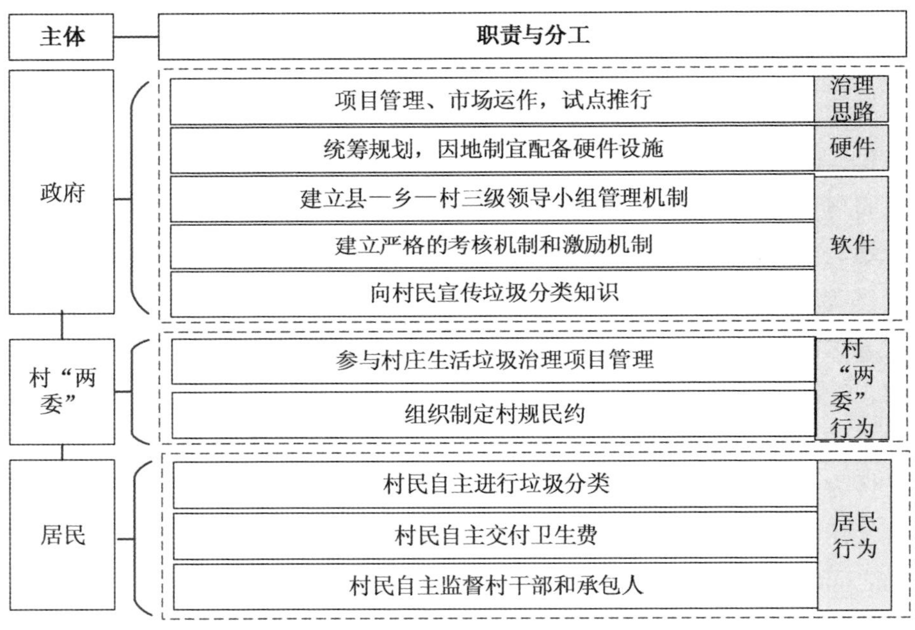

图 7 - 7 丹棱县农村生活垃圾治理各主体职责与分工

（1）政府的参与行为

第一，统筹规划，因地制宜配备硬件设施。考虑到垃圾产生量相对较小，在各乡镇建设垃圾转运站成本较高，而利用率较低，丹棱县对生活垃圾治理实行统一规划，打破乡镇、村组行政界限，以邻近 1—3 个村为 1 组，在中心位置建设村收集站，以邻近 3—15 户为 1 组建设联户定点倾倒池，全县共建设 58 个村收集站，配备 5 辆垃圾压缩车，每天分 8

条收运线路将生活垃圾从收集站直接运到县填埋场[1]。并且根据“农民方便、大小适宜”的原则，联户倾倒池的大小不一，对于住得偏远的居民，则发放有带编号的箩筐、背篓，让其定期将垃圾投入联户倾倒池中，因地制宜，不搞“一刀切”。这种日产日清的直运模式不仅大大减少了基础设施建设投入，也节约了日常运输成本，并且减少了垃圾存放和中转带来的污染，大大提高了清运效率，还平衡了乡镇间治理能力的差异。同时联村、联户的垃圾投放和收集方式，也降低了垃圾分类投放和收集的监管难度，增加了村民和村庄互相监督的动力。

第二，建立了县—乡—村三级领导小组管理机制。县级成立了城乡环境综合整治指挥部，由书记、县长亲自指挥，下设指挥办公室主管垃圾治理的协调、督查和考核工作，并印发了《丹棱县关于全面深化推进农村生活垃圾收运处理专项行动方案》，明确了工作任务、工作内容和具体措施。乡镇主要负责人对农村垃圾治理工作负总责，分管领导负直接责任，指导各村工作，负责垃圾治理的宣传讲解、垃圾池的建设、具体制度的制定和市场调整。村庄成立环境治理工作监督管理机构，落实工作任务和人员配备，负责环境卫生的日常管理、监督检查及安全生产等工作，实施常态化管理。

第三，建立了严格的考核机制和激励机制。县级将农村生活垃圾治理考核结果纳入年度考核目标，专门成立了城乡环境综合治理办公室，对各乡镇进行巡查监督考核，根据考核结果评选每季度“十佳”“十差”，并召开流动现场会，政府财政根据考核结果对各乡镇和村庄进行奖补[2]。

第四，向村民宣传垃圾分类知识。为激发村民参与生活垃圾分类的热情，政府与村民对话协商分类标准，拟定《致村民的一封信》宣传动员村民自主参与垃圾分类治理。

---

① 中国城市建设研究院环境卫生工程技术研究中心：《不同地区农村生活垃圾转运的典型模式》，《城乡建设》2015 年第 1 期。

② 吉丽琴：《农村人居环境可持续治理的丹棱案例研究》，电子科技大学，硕士学位论文，2018 年。

（2）村“两委”的参与行为

第一，参与村庄生活垃圾治理项目管理。丹棱县农村生活垃圾治理采用的是“项目管理、市场运行”的模式，由村民自行竞标村庄环卫承包人，村“两委”参与项目管理，并与村民、村庄保洁承包人建立了紧密的三方监督机制①，村“两委”监督村民按规定缴纳垃圾处理费、投放生活垃圾并监督保洁承包人按规定工作，村民监督村“两委”工作、合理配置垃圾处理费并监督保洁承包人按规定工作，保洁承包人监督村“两委”合理配置垃圾处理费并监督村民的定点倾倒行为，村民和村庄之间因为是联户或者联村定点倾倒，也会有监督其他村民或村庄按照规定投放收集生活垃圾的动力。

第二，组织制定并执行村规民约。村“两委”通过与村民和村民代表协商讨论，制定村规民约，用道德观念约束村民，促使村民养成良好的卫生习惯。

（3）村民的参与行为

村民自主参与是丹棱县农村生活垃圾分类治理成功的关键因素。村民自主性的发挥主要体现在三个方面：

第一，村民自主进行垃圾分类。村民垃圾分类投放是垃圾分类治理的第一步也是最关键的一步。

第二，村民自主交付卫生费。为了强化村民“谁污染、谁治理”的环保理念，增强村民在村庄环境治理中的责任意识，村“两委”通过采取一事一议的方式鼓励村民自主筹集垃圾承包费用。2013 年丹棱县农村环境治理中 80% 的费用来自村民自筹，其他来自村集体经济和县财政补贴。不仅大大减轻了财政压力，也提高了村民的主人翁意识②。

第三，村民自主监督村干部和承包人。村民出资共同治理生活垃圾增加了村民对村干部的监管动力，同时承包人为本村居民，并且存在多

① 王玉华、薛学轩、安士龙：《四川：力推农村人居环境治理“丹棱模式”》，《城乡建设》2018 年第 14 期。

② 吉丽琴：《农村人居环境可持续治理的丹棱案例研究》，电子科技大学，硕士学位论文，2018 年。

个竞标者，也增加了村民自主监督承包人的动力。村民的自主监督保障了农村生活垃圾低成本高效率地运行。

四　国内农村生活垃圾治理经验小结

金东区、兰考县和丹棱县都是第一批农村生活垃圾分类和资源化利用示范县，在农村生活垃圾治理领域都经过了5—10年的探索，起步较晚，但都取得了一定的成就，走的都是多元主体协同治理的道路，基本采取的都是“户分类投放、村分类收集、乡镇分类运转、区县分类处理”的基本思路和“两次分类”这种居民易于掌握的分类方法。其主要经验做法既有相同，也存在差异（具体见表7－3）。

其共同点主要表现在政府主导，多主体的协同治理。具体表现在，政府参与行为：（1）资金和硬件保障是三个区县农村生活垃圾治理成功的重要前提。由于农村地区生活垃圾治理欠账较多，基础设施缺乏，资金投入不足，各级政府的重视为各县区生活垃圾治理提供资金支持和硬件保障，是农村生活垃圾治理的重要前提。（2）完善的制度设计是各区县农村生活垃圾治理成功的重要保障，农村生活垃圾治理涉及各级政府部门、村“两委”、保洁员等各相关利益主体，涉及垃圾投放、收集、运输、处理等各个环节，任何一个环节出问题都可能导致垃圾治理的低效率。建立完善的监督管理机制、考核奖罚机制等制度体系，并通过具体文件将各项制度规范化，是农村生活垃圾治理成功的重要保障。（3）开展形式多样的垃圾分类宣传教育活动，营造全面参与生活垃圾分类的氛围，提升相关主体对垃圾分类的关注度和认知度是各区县生活垃圾分类治理持续高效运行的重要保障。村“两委”的参与行为：因地制宜，开展村庄特色的垃圾分类宣传活动、村庄特色的奖惩机制和经济激励机制设计、充分发挥村民自治制度的先进性和党员、干部的示范引领作用等方式激发村民参与生活垃圾治理的积极性，是农村生活垃圾治理的根本。村民的参与行为：在政府、村“两委”的监督、约束和激励之下，村民根据村规民约的要求按照规定分类投放垃圾，并交付垃圾处理费用。市场的参与行为：市场化运作是提升各区县生活垃圾治理效率的重要助推力。市场为主导、政府为补充的市场化运作方式，既充分发挥了市场在资源配置中的作用，又避免了外部性带来的市场失灵，在保洁服务、生活垃圾的收运处理环节都发挥了较高的治理效率。

其差异主要表现在：金东区生活垃圾分类工作有各级政府的指导文件作为参考标准，并且出台文件将生活垃圾治理制度规范化、标准化，为各乡镇生活垃圾治理工作提供了重要指导；兰考县生活垃圾治理催生出了新的环保经济业态，建设的静脉产业园为农村生活垃圾资源化再利用提供了重要支撑，同时也促进了地方绿色经济的发展；丹棱县联户、联村监督、村民付费、保洁承包制度使村“两委”、村民和保洁承包人之间建立的紧密的三方监督机制是实现农村垃圾分类全县覆盖的重要制度保障。

表7－3　**国内农村生活垃圾治理的主要做法与经验启示**

地区	主要做法
浙江金东	政府 （1）制定农村生活垃圾治理的目标，明确农村生活垃圾治理的内容和标准； （2）明确“财政兜底、社会参与”的筹资模式； （3）建设完善的垃圾处理硬件设施； （4）建立市对县、县对乡镇、乡镇对村的三级考核制度； （5）建立联村干部考核制度和垃圾分拣员评优制度； （6）探索基本制度，并将制度规范标准化； （7）注重生活垃圾分类的宣传教育工作 村“两委” （1）开展“镇、村、片、组、户”五级联创的网格化管理制度； （2）实行环境卫生“荣辱榜”制度；（3）重视发挥村规民约的硬约束作用。 村民：（1）定点分类投放生活垃圾；（2）按规定付费。 市场：参与可回收物的统一回收。
河南兰考	政府 （1）财政支持，建立完善的硬件设施；（2）建立严格的县乡村三级监管机制； （3）开展形式多样的垃圾分类宣传工作。 村“两委” （1）筹措资金支持村庄开展垃圾分类工作；（2）因地制宜，宣传垃圾分类知识； （3）爱心超市，以经济手段激励村民参与生活垃圾分类。 村民：（1）定点分类投放生活垃圾；（2）按规定付费。 市场：（1）参与农村保洁服务、收运服务；（2）对生活垃圾进行资源化利用。

续表

地区	主要做法
四川丹棱	政府 （1）统筹规划，因地制宜配备硬件设施； （2）建立县—乡—村三级领导小组管理机制； （3）建立严格的考核机制和激励机制； （4）向村民宣传垃圾分类知识。 村“两委” （1）参与村庄生活垃圾治理项目管理；（2）组织制定并执行村规民约。 村民 （1）自主进行垃圾分类；（2）自主交付卫生费；（3）自主监督村干部和承包人。

启示：（1）农村生活垃圾治理应该采取多元主体协同治理的模式；
（2）政府部门：保障资金和硬件设施建设、完善制度设计、开展垃圾分类宣传；
（3）村“两委”：通过设计村庄特色的奖惩机制，发挥村民自治制度和党员先进性，示范引领村民参与生活垃圾治理。
（4）村民：定点分类投放生活垃圾，按规定付费
（5）市场：在政府引导下，按规定参与生活垃圾的收运、处理。

第三节　本章小结

在第四章多主体协同治理分析的基础上，结合第五、六、七章对地方政府、村“两委”、村民行为影响因素的分析，本章使用案例研究法对国内外农村生活垃圾治理的基本情况和主要做法进行了剖析。国外案例选择了最早开展垃圾分类的德国，垃圾回收利用率最高的瑞典和垃圾分类最严格的日本，国内案例选择了东部的浙江省金东区、中部的河南省兰考县、西部的四川省丹棱县。通过国内外 6 个案例的深入剖析，发现农村生活垃圾治理涉及地方政府、村“两委”、村民、市场、社会组织、科研机构和行业协会等社会组织，包括生活垃圾的投放、收集、运输、处理等四个基本环节是一项系统工程，应该由政府、村“两委”、村民等相关主体协同治理，具体来说：

（1）对于政府而言，一要改进治理思路。目前中国农村生活垃圾治

理总体来看处于重视后端处理的技术发展阶段，追求的是生活垃圾的无害化处理，部分生活垃圾分类试点区开始走上了“减量化、资源化、无害化”的治理道路。但不得不承认，我国农村生活垃圾治理在治理思路上还处于初级阶段，还是以减少垃圾填埋场的处理量，无害化处理生活垃圾为主要目的，尚未考虑从产品生产源头、废旧物品的重复使用的角度真正做到生活垃圾的减量化。这也就导致生活垃圾治理的措施较为单一，以“户投放—村收集—镇运转—县处理”为主，缺乏从产品源头端控制垃圾产生，从居民端建立二手物品回收利用平台等多元治理措施的采用。这进一步验证了本书第三章政府部门城市化和大包大揽的固化治理思路是大部分地区农村生活垃圾治理工作难以有效推行的重要原因的研究结论。

二要优化融资渠道和资金分配方案。农村生活垃圾治理应该由政府主导，但是由于生活垃圾治理不同环节的盈利能力不同，居民作为垃圾产生者和受害者也应该积极参与到生活垃圾治理中来。基于综合考虑，政府部门应该优化融资渠道和资金分配，对于生产企业产生的包装废弃物应该由生产企业自己负责处理，对于资源垃圾，应该交由资源类企业免费处理，仅对不能盈利的企业和环节进行适当补贴。尤其是要注重建立居民付费制度，积极引入社会化资本参与生活垃圾治理。由于“财权上移、事权下移”，导致县、乡（镇）政府缺乏财政收入，进而没有财力推进农村生活垃圾治理，是大部分地区农村生活垃圾治理的重要阻碍因素。这与本书第三章和第四章的研究发现一致。

三要构建闭环垃圾治理系统。农村生活垃圾治理涉及投放、收集、运输、处理等环节，硬件设施保障是农村生活垃圾治理的重要前提。而从本书第三章的分析也发现了农村生活垃圾终端处理缺口大是绝大部分地区农村生活垃圾治理水平低、治理效果差的重要原因。

四要提升制度保障。生活垃圾治理作为一项系统工程，需要有完善的法律体系保障和监督、考核、奖惩机制支撑，也需要从政府层面做好统筹规划。与国外发达国家相比，我国生活垃圾治理相关法律法规还很不完善，对于政府责任、生产者责任、垃圾收运处理企业责任和居民责任都缺乏相关规定，对于生活垃圾治理的监督、考核和奖惩机制还缺乏制度化、标准化的规定，阻碍了农村生活垃圾治理工作的有序推进。这与本书第三章和第四章研究发现由于缺乏监督、考核制度，地方政府易于采取城市偏向的政策而忽视农村生活垃圾治理的研究结论一致。同时，对于发挥重要组织引导作用的村“两委”来说，当下大部分地区生活垃圾治理中都缺乏对村“两委”的激励，而村“两委”激发村民参与生活垃圾治理的激励成本又较高，这就致使村“两委”没有动力参与村庄生活垃圾治理。这与本书第五章，乡镇政府需求和村庄自治水平、村委号召力影响村庄生活垃圾治理水平和治理效果的研究结论相一致。

五要完善法律法规。一方面通过法律法规约束相关主体行为，另一方面，通过法律法规，让生活垃圾治理标准化，有据可依。这与本书第三章，农村生活垃圾治理中管理机制不完善，缺乏专门的法律法规来明确各主体的权、责、利的研究结论相一致。

六要多措并举，加大农村生活垃圾治理的宣传力度。营造全面参与生活垃圾分类的氛围，提升相关主体对垃圾分类的关注度和认知度是各区县生活垃圾分类治理持续高效运行的重要保障。这与本书第三章和第六章，管理机构管理能力不足、村民认知水平低、参与积极性不高的研究结论相一致。

（2）对于村“两委”而言，一方面要充分发挥好村庄自治制度的优越性，通过民主协商讨论等方式激发村民的主人公意识，激励村民自觉参与生活垃圾治理；另一方面要借助村庄熟人社会的特点，采取“荣誉墙”“红黑榜”等荣誉激励的方式，激励村民自觉参与生活垃圾治理，此外，还可以充分发挥村规民约的作用，规定并严格执行村民参与生活垃圾治理的奖惩措施。多措并举，降低村“两委”激励村民参与生活垃圾治理的成本，提高村“两委”参与生活垃圾治理的积极性。

（3）对于村民而言，要按照规定投放生活垃圾，并且为产生的生活垃圾支付一定的处理费用。此外，生活垃圾的收运、处理可以适当地采取市场化的运作模式，生活垃圾治理的宣传、各主体之间的信息沟通和交流则应该充分发挥社会组织和行业协会的作用。

第八章　多元主体参与的农村生活垃圾治理路径研究

中国农村生活垃圾治理长期以来都处于政府大包大揽的非平衡封闭环境中，由于财政约束和城市偏向等原因，政府供给农村生活垃圾治理服务的积极性不高，导致农村生活垃圾治理的“政府失灵”；由于激励成本高等原因，村“两委”参与生活垃圾治理的积极性不高；由于制度环境、收益感知和认同感知等原因，村民参与生活垃圾治理的积极性也不高；而较低的盈利水平和政府垄断抑制了市场参与的积极性，组织力量薄弱，缺乏参与平台抑制了社会组织参与的积极性。随着政府对农村生活垃圾治理的重视程度不断提高，农村生活垃圾治理受到了政府的关注，外部环境也推动了村“两委”和村民作为农村生活垃圾治理的重要主体参与到生活垃圾治理中来，环卫市场也将触角进一步深入到农村地区，成为农村生活垃圾治理中的一个重要主体，使农村生活垃圾治理由单一主体治理逐渐转变为多元主体治理。部分区域还通过重构各主体角色、建立完善的管理系统、收运系统、监督考核系统、组织动员系统、资金投入和硬件保障系统使农村生活垃圾治理逐渐由失衡状况转变为平衡状态。本章将依据协同治理理论的基本思想，构建农村生活垃圾治理的多元动态协同治理模型，在此基础上提出农村生活垃圾协同治理的路径，并以具体调研案例予以佐证，以期为我国农村生活垃圾治理提供参考。

第一节　农村生活垃圾多主体动态协同治理模型构建

根据前文的分析，农村生活垃圾治理涉及政府、村“两委”、村民、市场和行业协会、社会组织等其他主体。其中，（1）政府在农村生活垃圾治理中发挥主导作用，既要制定生活垃圾治理的目标、标准、方向等宏观框架，又要通过行政、经济、法律等手段明确各主体责任和分工，激发各主体的责任感和参与积极性，综合各主体的资源优势，协调各主体利益，协同治理农村生活垃圾。（2）村“两委”作为村庄公共事务的组织引领者，在政府和村民的内外在激励下，在农村生活垃圾治理中既要对接外部资源，又要监督、指导村民的生活垃圾投放行为。（3）村民作为农村生活垃圾的产生者和受害者，在政府和村“两委”等的组织引领下，发挥主人公意识，按照规定投放生活垃圾，并按规定支付一定的生活垃圾处理费。（4）市场则推动了生活垃圾治理服务生产和供给的分离，在资源配置中起决定性作用，根据成本收益的分析，为农村生活垃圾治理提供技术和服务，在保证生活垃圾治理服务供给效率的前提下，实现自身利益最大化。（5）其他社会组织则根据自身资源优势，在各主体积极推动农村生活垃圾治理的大环境下，参与生活垃圾治理的宣传、信息沟通和交流等工作。

农村生活垃圾治理涉及众多主体和统筹规划、资金投入、硬件建设、组织动员、垃圾收运、监督考核等众多内容，根据第三章的分析发现各主体和系统之间处于非平衡的状态，根据协同治理理论，非平衡系统要达到平衡状态遵循六大原则，即开放性、非平衡性、支配性、内部竞合、外部控制和系统自反馈原则。基于此，同时参考范逢春、李晓梅[①]和陈水光等[②]的研究，构建农村生活垃圾多主体动态协同治理模型如图 8 - 1

① 范逢春、李晓梅：《农村公共服务多元主体动态协同治理模型研究》，《管理世界》2014 年第 9 期。

② 陈水光、孙小霞、苏时鹏：《农村人居环境合作治理的理论阐释及实现路径——基于资本主义经济新变化对学界争论的重新审视》，《福建论坛》（人文社会科学版）2020 年第 1 期。

所示。

该模型由五条经线、三条纬线、两个循环、一个环形组成。其中，五条经线分别代表政府、村“两委”、村民、市场、社会组织，三条纬线分别代表合作关系、竞争关系和制衡关系，底部的环形连接了农村生活垃圾治理的六大内容，包括统筹规划、监督考核、组织动员、收运处理、硬件配备、资金筹措，环形箭头代表系统内部竞合和外部控制的反馈机制。其中，政府作为农村生活垃圾的主导者，代表政府的经线位于环形主轴，被代表村“两委”、村民、市场、社会组织的四条经线环绕，政府处于序参量的主导地位。依据协同治理理论内部竞合、外部控制和系统自反馈的原则，构建了农村生活垃圾治理的三个子系统，合作、竞争和制衡。农村生活垃圾治理的统筹规划、监督考核、组织动员、收运处理、硬件配备、资金筹措六项内容都发生在这三个子系统中。

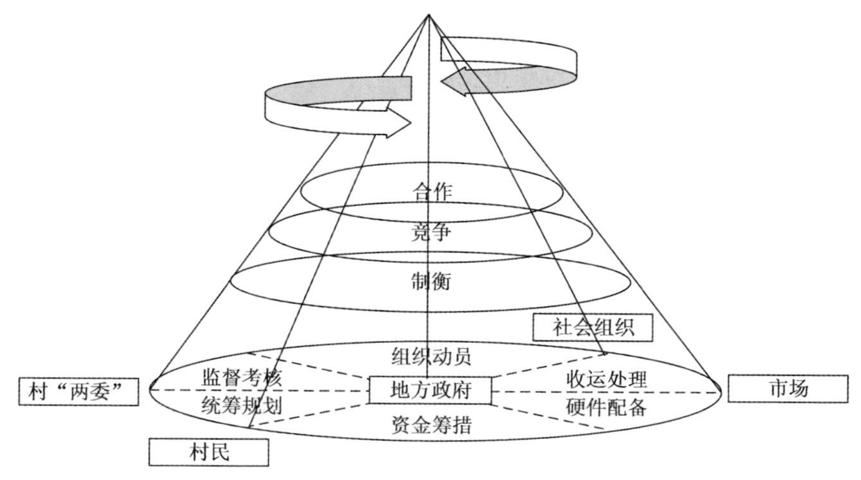

图8－1　农村生活垃圾多主体动态协同治理模型

其中，（1）合作关系表现为：农村生活垃圾治理中统筹规划、组织动员、收运处理、硬件配备和资金筹措主要以合作为主，五个主体主要以合作的方式参与到这五项内容当中。表现为五个主体合作参与生活垃圾治理项目的规划和标准制定；政府、村“两委”、市场和社会组织合作参与生活垃圾治理的组织动员；政府和市场合作供给生活垃圾的收运处理服务，合作建设硬件设施；政府、生产企业、社会资本、村民、新乡贤合作筹措资金用于生活垃圾治理。（2）竞争关系表现为：生活垃圾治理中收运处理、硬件配备和组织动员除了各主体之间的合作以外，还存在竞争关系，首先是政府与市场之间竞争环卫市场（收运处理服务和硬件配备的政府供给、市场供给之间的竞争），企业与企业之间竞争环卫市场。其次是政府与市场、村“两委”、社会组织之间竞争生活垃圾的组织动员工作，以第三章和第七章的研究案例可以发现部分地区农村生活垃圾治理的组织动员由政府完成、部分地区由村“两委”完成，而部分地区则由 NGO 等社会组织完成。（3）制衡关系表现在：生活垃圾治理中统筹规划、监督考核主要由政府制定规则标准，但各主体间通过协同治理，相互监督以达到互相制衡的目的，使农村生活垃圾治理能够从无序、非平衡状态逐渐发展成有序、平衡状态。

总的来说，农村生活垃圾多元主体协同治理中，资金筹措主要以各主体互相合作为主；监督考核主要以各主体间互相制衡为主；而生活垃圾的组织动员、收运处理、硬件配备既存在主体间的合作，又存在主体间的竞争；生活垃圾的统筹规划既存在主体间的合作，又存在主体间的制衡。

第二节　农村生活垃圾协同治理路径分析

基于以上分析，提出农村生活垃圾协同治理的路径如下：

一　加强顶层设计，明确各主体的职责和分工

在农村生活垃圾治理中，政府、村“两委”、村民、市场和社会组织应该各司其职，协同参与农村生活垃圾治理。具体来说，政府作为生活垃圾治理的主导者、利益协调者，要做好农村生活垃圾治理的统筹规划、制度供给、法律法规和标准制定、资金和硬件保障工作；村“两委”作为村庄公共事务的组织者和协调者，要充分发挥村民自治制度的

优越性，通过乡村特色的激励制度激发村民参与生活垃圾治理，发挥村规民约的作用，约束村民行为，做好村庄保洁工作；村民作为生活垃圾的产生者和受害者，要按照政府和村规民约的规定投放生活垃圾，并且支付一定的生活垃圾处理费用；市场作为生活垃圾收运、处理服务的重要供给者，应该不断创新技术，推行适合农村特点的生活垃圾收运和处理服务；社会组织比如NGO、行业协会等应该发挥自己的专业优势，积极参与到生活垃圾治理的宣传、指导和信息共享、信息交流中来。

二　搭建合作机制，激励主体参与

在明确了政府、村“两委”、村民、市场和社会组织的角色和分工的前提下，要通过合作机制设计，使得各主体合作参与到生活垃圾治理中来。（1）针对生活垃圾治理的统筹规划，在建立“自上而下”的规则标准的同时，也应该建立“自下而上”的需求表达机制，政府要在充分了解村“两委”、村民、市场和社会组织的资源、困境和需求的前提下，统筹规划生活垃圾治理的目标、任务、基本原则和主要做法；（2）针对生活垃圾治理的组织动员，鉴于政府部门人力、物力有限，应该与村“两委”、市场和社会组织建立紧密的合作关系，通过对村“两委”实行目标责任管理制度，对市场实行“按效付费制度”、对社会组织提供平台和资源，构建“政府—村‘两委’—村民”“政府—市场/社会组织—村‘两委’—村民”“村‘两委’—市场/社会组织—村民”等多种合作形式的组织动员机制；（3）针对生活垃圾治理的收运处理，目前政府部门对生活垃圾的收运处理普遍存在投入大、效率低的问题，市场参与生活垃圾收运处理又存在利润空间小、市场积极性不高的问题，而村民不断增长的生活垃圾产生量也给生活垃圾收运处理带来了巨大的挑战，为此，可以通过购买服务、垃圾就地分类和资源化利用的方式，构建“政府＋环卫企业＋资源回收利用企业＋村‘两委’＋村民”的生活垃圾收运处理市场化运行＋就地分类资源化利用的方式；（4）针对生活垃圾治理的硬件设施建设，基于政府的财政约束，可以通过环卫项目打包、政府补贴或者税收优惠等措施，吸引社会资本合作共建生活垃圾治理硬件设施；(5) 针对生活垃圾治理中的资金筹措问题，除了引入社会资本参与，还可以通过建立地方环保基金的方式，吸引新乡贤出资支持家乡环保建设，对于财力雄厚的村集体，把生活垃圾日常运营费用交由村集体自己解决，此外，要根据“谁污染，谁付费”的原则，对村民征收一部分生活垃圾处理费，让政府、社会资本、新乡贤、村集体和村民合作筹措生活垃圾治理费用。

三　建立竞争机制，提升治理效率

作为一项准公共服务，农村生活垃圾治理的根本问题在于政府的垄断，官僚制的政府部门在农村生活垃圾治理中缺乏动力和效率，为此，应该在中国官僚主义的行政管理体制内注入“企业家精神”，将竞争激励机制引入到政府的农村生活垃圾治理服务供给中，根据政府生活垃圾治理效果拨款，而不是根据投入拨款。此外，在市场可以供给的领域，要激发市场活力，营造充分竞争的市场环境。针对生活垃圾的收运处理、硬件配备和组织动员，企业和 NGO 等社会组织更具技术优势和专业优势，可以通过项目公开招投标、为社会组织搭建参与平台和资金支持等方式，广泛调动企业和社会组织参与农村生活垃圾治理的热情，营造政府内部、政企之间、企业之间、企业和社会组织之间充分竞争的环境。

四　构建制衡机制，保障有序治理

由于农村生活垃圾治理涉及政府、村“两委”、村民、企业和社会组织等多元主体，各主体都追求自身收益最大化，此时就要进行制衡机制设计，避免各主体在合作和竞争中出现不履行责任、不按照分工办事的情况发生。就统筹规划而言，要对各主体的责任和分工进行明确规定，并且建立具体、可行、规范的标准体系，建立完善、严格的法律体系，明确对各主体违反标准规定的惩罚。就监督考核而言，要出台详细的规章制度，保障有章可依，并且要建立“县—乡—村—组—户”“政府—企业—社会”全方位的、公开透明的监督考核制度，并根据考核结果严格奖惩。对政府部门，考核结果作为其政绩直接与年度综合考评挂钩；

对村“两委”，考核结果直接与美丽乡村、新农村等项目评选和村“两委”干部的年终奖金相挂钩；对企业，考核结果直接与付费标准和以后的招投标相挂钩；对于村民，考核结果与村民的家庭荣誉、个人荣誉和村庄分工相挂钩。通过完善的统筹规划和有效的监督考核，让各主体之间达成互相“问责”的制衡机制①，保障农村生活垃圾治理从无序状态不断向有序状态推进。

第三节 多主体协同治理的农村生活垃圾治理案例分析

生活垃圾分类治理的多主体协同治理模式是指各利益相关主体共同参与治理农村生活垃圾的模式。该模式要求充分发挥市场在资源配置中的主导作用，合理纳入多元共治主体，采用多元协同治理的思路进行制度设计，保障多元主体之间共享决策和执行的裁量权，共享收益权②。涉及的多元主体一般包括政府、企业、村“两委”、村民和第三方组织。下面以 M 区 W 镇为例，介绍多主体协同治理模式的具体做法、特点及成效。

（一）W 镇基本情况介绍。W 镇是生活垃圾分类示范镇，距 M 区 23 公里，辖区面积 46.6 平方公里，处于中山区向低山区的过渡地段。2017 年财政预算收入 4907.82 万元，基本都来自财政拨款。W 镇包括 16 个行政村，乡村户数 1967 户，3640 人，人均劳动所得 20482.8 元。2007 年，北京市农研中心在 W 镇进行了农村生活垃圾分类与资源化利用的实验，通过开会培训、入户宣传、白色垃圾换购和正确分类积分换购等宣传培训与物质激励相融合的动员措施，鼓励农村居民将生活垃圾进行分类，经过长达 6 年的实践，W 镇建立了适合当地的农村生活垃圾资源化处理

① 范逢春、李晓梅：《农村公共服务多元主体动态协同治理模型研究》，《管理世界》2014 年第 9 期。

② 祝睿：《环境共治模式下生活垃圾分类治理的规范路向》，《中南大学学报》（社会科学版）2018 年第 4 期。

措施，当地居民也基本养成了生活垃圾分类的习惯。随后，随着生活垃圾产生量的增多和环境考核标准的严格，原来的终端处理设施不能满足项目需求。W 镇垃圾分类工作一度中断，中断之后采用的是村收集、镇运转、区处理的政府供给模式，自 2017 年开始，W 镇又重新开启了垃圾分类的新模式，并吸取原来政府供给模式的经验教训，采用了“政府 + 市场 + 村委会 + 村民”多元协同治理的模式。

（二）W 镇生活垃圾分类治理模式。W 镇对生活垃圾分类治理实行“全民参与 + 政府引导 + 企业专业化管理”的多元协同治理模式，构建了完善的组织体系、监督考核体系、宣传体系和收运体系。其具体做法是：组织体系方面，W 镇生活垃圾分类治理主要由镇环保中心负责，并且为每个村提供资金和硬件支持，在各村都成立了一个物业公司，实行公司化管理。另外，镇政府委托了三个第三方公司，分别对分类的厨余垃圾、可回收垃圾和其他垃圾进行收运处理。对厨余垃圾处理公司和其他垃圾收运公司采取的是购买服务的方式，对可回收垃圾，则直接免费移交给回收企业进行收运处理。监督考核体系方面，W 镇生活垃圾分类的监督考核主体主要涉及区城市管理委、镇主管领导、环保中心、村物业公司、代理企业、村委会和村民。对于村民，首先将垃圾分类纳入村规民约，并采取不分类、不收集的模式，促使大家进行源头分类。对于保洁员，村庄实行的是企业化管理制度，严格绩效考核，考核结果与保洁员工资收入相挂钩，激励保洁员监督居民的分类行为。收运企业在收运垃圾的时候，对分类不合格的需要拍照上报给环保中心，环保中心责令物业公司进行整改。各收运企业，尤其是厨余垃圾收运处理企业，需要对厨余垃圾进行堆肥处理，必须保证全部是有机质，在利益刺激下，会积极监督村物业公司，其他垃圾收运企业基于降低运输成本的考虑，也会积极监督村物业公司。而村庄环境整治情况与村委会成员的年终奖励相挂钩，也在一定程度上激励了村委会成员主动监督村物业公司的工作。宣传体系方面，2007 年，W 镇利用将近 1 年的时间，通过开会培训、发放生活垃圾宣传材料、村委会广播、白色垃圾换购等方式，在居民生活垃圾分类方面做了大量的宣传动员工作。虽然垃圾分类工作有段时间被搁置了，但大家都有一定的垃圾分类认知和习惯，除了因拆除私搭乱建工作，部分村庄暂缓推行垃圾分类，其他村庄都在有序开展着垃圾分类工作。收运体系方面，生活垃圾投放端，每家每户发放三个垃圾桶，分别放置厨余垃圾、其他垃圾和可回收垃圾，村民在投放垃圾时进行分类投放。生活垃圾收集端，每个村成立一个物业公司，负责每天上门分类回收垃圾，将各村生活垃圾集中在暂存点。生活垃圾收运端，由镇政府委托的厨余垃圾收运处理企业每天将全村的厨余垃圾收运到厨余垃圾处理中心，进行堆肥处理，肥料还田；委托其他垃圾收运企业每天将各村的其他垃圾收运至垃圾中转站进行压缩处理，然后由区环卫将垃圾运输至垃圾填埋场进行填埋处理；将可回收垃圾免费交给可回收垃圾处理企业，由可回收垃圾处理企业负责将各村可回收垃圾进行收运，并进行资源化利用。

具体流程为：镇政府为每户发放三个户用垃圾桶，分别放置厨余垃圾、可回收垃圾和其他垃圾，并在每个村庄设置一个密闭式的生活垃圾分类集中点。村物业公司负责每天上门分类收集垃圾，并存放在村集中点。随后，厨余垃圾处理企业负责将各村的厨余垃圾收运至镇厨余垃圾处理站，经发酵处理后的有机肥由农户自愿认领还田（先到先得）。可回收垃圾回收利用企业负责将各村的可回收垃圾运走，采取资源化利用方式处理。生活垃圾收运企业将各村的其他垃圾收运至镇垃圾中转站，由中转站做压缩处理，然后由区政府委托的环卫企业将压缩后的垃圾运至区垃圾焚烧厂，由焚烧厂做焚烧处理。在该模式下，政府提供硬件支持，并支付大部分人员的工资。厨余垃圾处理站由镇政府投资建设，并购买厨余垃圾处理企业的设备，并以购买服务的方式委托厨余垃圾处理企业负责日常运营。可回收垃圾免费交由可回收垃圾回收利用企业处理。其他垃圾处理由镇政府投资建设垃圾中转站并购买车辆设备，由环卫企业负责日常运营。W 镇生活垃圾分类治理的基本情况如图 8 – 2 所示。

W 镇生活垃圾分类治理模式具有以下两个重要特点：

第一，各主体有明确的职责和分工。在 W 镇，涉及生活垃圾分类的主体包括镇政府、厨余垃圾处理企业、可回收垃圾回收利用企业、生活

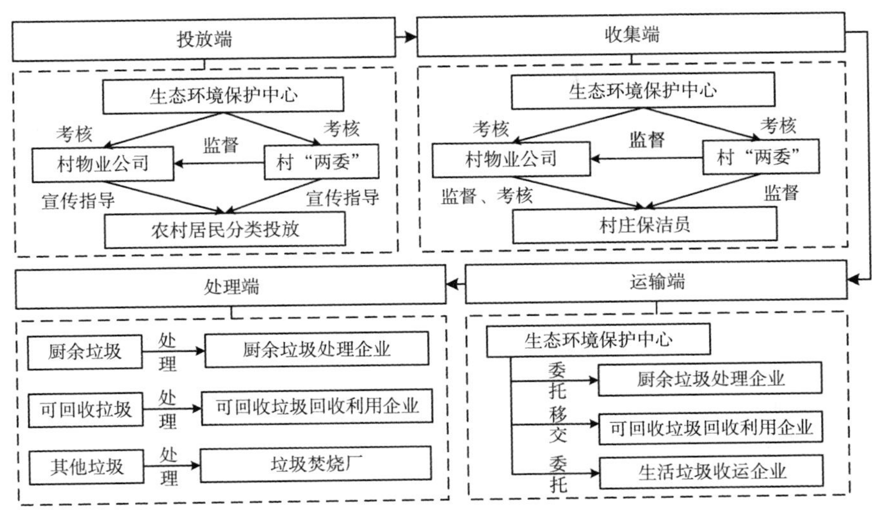

图 8－2　W 镇生活垃圾分类治理基本情况

垃圾收运企业、村物业公司、村“两委”和村民。在治理过程中，村民长期积累的生活垃圾分类经验，加上政府对生活垃圾分类合格家庭的换购奖励，保障了生活垃圾的分类投放。厨余垃圾处理企业、可回收垃圾回收利用企业、生活垃圾收运企业、村“两委”多方监督村物业公司，若发现问题，可以拍照发送给镇政府，由镇政府相关部门责令村物业公司整改。这种多方监督保障了生活垃圾的分类收集。分类收集之后，三家企业各取所需，保障了生活垃圾的分类运输和处理。最终，各主体利用自己在生活垃圾分类各环节的资源优势，合力促进了 W 镇生活垃圾的分类治理。

第二，利益联结机制使各主体间形成了完善的合作、竞争与制衡关系，保障了生活垃圾分类长效运行。镇政府要完成生活垃圾分类、减量化、资源化的工作任务，对涉及的三家企业、村“两委”、村物业公司会严格监督和考核，并根据考核结果进行奖补或惩罚。厨余垃圾处理企业为了保障处理效果，会监督村物业公司做好厨余垃圾分类；生活垃圾收运企业为了降低运输成本会监督村物业公司做好其他垃圾分类；可回收垃圾回收利用企业为了减少后期处理成本会监督村物业公司做好可回收垃圾分类；村“两委”为了维持与镇政府的关系，获得更多的年终奖金，也有动力监督村物业公司分类收集生活垃圾；村民体验过垃圾分类带来的环境改善的好处，加之有物质奖励，也有动力分类投放生活垃圾。各主体都能从生活垃圾分类中获得好处，保障了生活垃圾分类长效运行。

（三）W 镇生活垃圾分类治理的成效。W 镇采取生活垃圾多元共治模式之后，能够保障厨余垃圾就地资源化利用，可回收垃圾也能够被利用到再生资源系统中，极大地降低了垃圾焚烧厂的垃圾处理压力。居民由于感受到了环境改善带来的好处，也愿意积极参与到生活垃圾分类中来。W 镇生活垃圾分类治理的整体效果较好。

第四节　本章小结

本章依据协同治理理论的基本思想，结合中国农村生活垃圾治理的基本客观事实，构建了农村生活垃圾治理的多元动态协同治理模型，在模型分析的基础上提出了农村生活垃圾协同治理的路径，并通过案例对多主体协同治理的具体执行情况进行了分析，主要结论如下：

农村生活垃圾治理涉及政府、村“两委”、村民、市场和社会组织等主体，包括统筹规划、监督考核、组织动员、收运处理、硬件配备、资金筹措，存在合作、竞争和制衡三大子系统。其中，资金筹措主要发生在合作系统中；监督考核主要发生在制衡系统中；生活垃圾的组织动员、收运处理、硬件配备既存在于合作系统中，又存在于竞争系统中；生活垃圾的统筹规划既存在于合作系统中，又存在于制衡系统中。通过开放系统的合作、竞争和制衡，最终农村生活垃圾治理可以由无序状态转变为有序状态，实现生活垃圾的有效治理；具体而言，要想推动农村生活垃圾分类工作的开展，需要在制度体系、动员体系、收运体系、支撑体系方面建设相应的配套机制。

第一，在制度体系建设方面，一是要合理制定生活垃圾分类制度考核标准。为了不让垃圾分类工作沦为发垃圾桶的“形象工程”，应该以减量化、资源化为重要考核指标，建立完善的生活垃圾分类制度考核标准。二是要进一步加大执法力度。为了奖优罚劣以激励、敦促农村居民全民参与生活垃圾分类，应该加大严格执法力度，对于违反垃圾分类制度的居民予以物质惩罚或者记入个人征信，完善立法、严格执法，有效促进农村居民积极参与垃圾分类。

第二，在动员体系建设方面，需要继续强化村“两委”的工作。在目前的农村生活垃圾分类治理工作中，无论采取哪种模式，村“两委”的工作均至关重要，前文的案例剖析充分证实了这一点。为此，在未来继续完善农村生活垃圾分类治理的过程中，一要发挥基层党员干部的示范带动作用。首先，要把垃圾分类纳入优秀党员干部的考核标准，促进每个党员干部积极当垃圾分类的排头兵。其次，要发挥村庄熟人社会的特性，通过党员干部的示范带动，引导更多村民参与生活垃圾分类。二要发挥基层党员干部的宣传教育作用。人人参与垃圾分类的前提是人人知晓垃圾分类，在农村生活垃圾分类工作普遍缺乏宣传教育服务的背景下，发挥基层党员干部宣传教育作用的重要性不言而喻。在具体实践中，村“两委”和政府可以通过开展党员活动日、党员服务日等活动，传播垃圾分类知识，以多种方式提升村民参与的积极性。

第三，在收运体系建设方面，要建立完善的生活垃圾分类投放、收集、运输和处理体系。这四个环节环环相扣，任何一个环节出现问题，都不能达到农村生活垃圾有效分类治理的目的。尤其是要做好农村生活垃圾的后端处理工作，后端决定前端，如果没有完善的分类运输和分类处理体系，前端的分类投放和分类收集工作就是白费力气。当然，前端也是后端成功的基础，没有分类投放和分类收集，后端的分类运输和分类处理工作也就无从谈起。

第四，在支撑体系建设方面，一是要进一步做好政府资金配套与人力支持。尤其是对于生态涵养区或欠发达地区，由于地方财政困难，在推进农村生活垃圾分类治理工作方面需要进一步加强上级政府的资金配套和人力支持，以促使农村生活垃圾分类工作有序开展。二是要大力培养壮大环卫市场。由于农村生活垃圾分类治理工作涉及人员管理、技术投入等一系列专业服务，单靠政府部门往往不能提供最有效的服务，此时就需要市场的介入。目前，中国在生活垃圾分类治理方面的市场空间很大，应该鼓励更多环卫领域的创新创业，培育壮大具有市场竞争力的环卫企业主体，为中国居民带来更为专业的生活垃圾分类治理服务，弥补政府供给模式的不足。

第九章　研究结论与对策建议

本书采用统计分析、文献分析等方法对中国农村生活垃圾治理状况与问题成因进行了系统梳理，利用省级层面面板数据和实地调研数据对政府、村“两委”供给农村生活垃圾治理服务的激励机制和村民参与生活垃圾分类的影响因素进行了实证分析，构建农村生活垃圾多主体动态协同治理模型，对多主体参与的农村生活垃圾协同治理路径进行了分析。主要研究结论如下：

第一节　主要研究结论

通过对中国农村生活垃圾治理状况与问题成因的分析得出：第一，中国农村生活垃圾产量巨大，并呈逐年增加态势，生活垃圾的组成成分也越来越趋近于城市。第二，自 2013 年之后农村生活垃圾治理得以重视，农村生活垃圾分类是垃圾治理的探索方向。第三，农村生活垃圾处理环节存在巨大的缺口，随着大量的农村生活垃圾需要被处理，区县处理压力巨大；农村生活垃圾治理存在巨大的区域差异，整体而言，华东、华南地区农村生活垃圾治理水平相对较高，而西北、东北、西南地区农村生活垃圾治理水平相对较低；目前涌现出的农村生活垃圾治理模式包括村民自主供给、政府供给、市场供给和多元共治四种基本模式。第四，农村生活垃圾产生量巨大和治理水平低，治理效果差是“垃圾围村”的表面原因。农村生活垃圾产生量大主要是由经济社会发展所导致的；农村生活垃圾治理水平低、治理效果差主要是由政府部门治理思路简单、管理机制不健全、财政约束、基础设施供给不足、公共教育缺乏；村“两委”在农村生活垃圾治理中缺乏动力；村民对生活垃圾治理的认知水平不高、参与意愿和支付意愿有待提升；农村生活垃圾治理市场发育程度低、缺乏适用技术和人才所导致的。

通过对政府供给农村生活垃圾治理服务的激励机制的研究得出：第一，政府的生活垃圾治理服务供给受政府的支付能力、支付意愿和支付结构的影响。第二，财政分权、金融分权在农村生活垃圾治理服务供给中存在显著的倒 U 型关系，城市偏向对农村生活垃圾治理服务供给具有显著的负向影响。第三，提高政府的财政收入分权水平、财政自主度和金融分权水平对于提升政府农村生活垃圾治理服务供给的政策空间较大。

通过对村“两委”供给生活垃圾治理服务的激励机制的研究得出：第一，村“两委”在农村生活垃圾治理服务供给中与政府、村民存在共同代理关系，同时与村民存在双向委托关系。第二，村庄自治水平（村委会号召力、村干部与村民的关系）、村庄人口规模、村民认知、村庄治理中党员发挥先进性是村庄生活垃圾治理服务供给水平的前四大重要影响因素，这四个因素皆在一定程度上反映了作为委托人，村“两委”动员村民参与生活垃圾治理的激励成本，说明“激励成本”是村“两委”供给农村生活垃圾治理服务的重要影响因素。第三，村庄街道清扫服务、垃圾收集服务、垃圾清运服务供给效率的影响因素存在差异。参与治理过程和服务供给质量对街道清扫服务、垃圾清运服务供给效率的影响更大；较之于参与治理过程，垃圾收集服务供给水平对收集服务供给效率的影响更大。

通过对村民生活垃圾分类参与意愿的研究得出：第一，制度环境是激发村民参与生活垃圾分类的重要支撑力。良好的环境整治制度环境和村民自治制度环境不仅可以直接激发村民自愿参与生活垃圾分类，还可以通过提升村民的环境收益感知和社区认同，间接促进村民自愿参与生活垃圾分类。第二，“收益驱动”和“认同驱动”是居民自愿参与生活垃圾分类的重要驱动力。村民的环境收益感知越高、社区认同感越高，越愿意参与生活垃圾分类。第三，垃圾分类成本越低、村庄总人口越少、年龄越小，村民越愿意参与生活垃圾分类；垃圾治理认知度越高、垃圾分类宣传效果越高、受教育程度越高、家中有党员的村民越愿意参与生活垃圾分类。

通过多元主体参与的农村生活垃圾治理优化路径研究得出：农村生活垃圾治理涉及众多主体，统筹规划、资金投入、硬件建设、组织动员、垃圾收运、监督考核等众多内容，和合作、竞争、制衡三大系统，各系统之间处于非平衡状态，要推动农村生活垃圾治理进入平衡状态，需要加强顶层设计，明确各主体的职责和分工；搭建合作机制，激励主体参与；建立竞争机制，提升治理效率；构建制衡机制，保障有序治理。

第二节　对策建议

根据以上分析发现，农村生活垃圾治理是一项系统工程，推进农村生活垃圾治理需要激发政府、村“两委”、村民等相关主体的积极性，完善生活垃圾投放、收集、运输、处理四个环节，健全生活垃圾治理的统筹规划、资金投入、硬件建设、组织动员、收运处理、监督考核，走政府、村“两委”、村民、市场、社会组织等多元主体协同治理的道路。具体来说：

第一，要改进治理思路，推动农村生活垃圾协同治理。政府的治理思路决定了治理的方向和治理的效率。农村生活垃圾治理应该改进当下政府部门以减少垃圾填埋量，实现无害化处理的思路，注重从源头减少生活垃圾产生量，根据“谁生产、谁负责，谁污染、谁治理”的基本原则，按照“减少垃圾产生→再利用→资源再生利用→能源化利用→填埋”的思路治理生活垃圾。并且政府部门不能大包大揽，要在充分了解村“两委”、村民、市场、社会组织等主体的资源、困境和需求的前提下，做好农村生活垃圾治理的统筹规划工作，为各主体参与生活垃圾治理提供支持，充分发挥市场在资源配置中的作用、村“两委”在组织监督村民中的作用、社会组织的宣传、组织和监管作用，推动农村生活垃圾的协同治理。

第二，要通过立法、行政、经济等措施落实各主体责任。首先，针对农村生活垃圾治理的各环节、各主体和各类生活垃圾处理制定严格、完善、系统的法律法规，落实各主体的职责和分工；其次，要通过行政手段，落实农村生活垃圾治理的部门责任，统筹规划农村生活垃圾治理事务；最后，要通过经济手段，例如税收、押金、按量分类收费，对违规行为进行惩罚，对优秀行为进行奖励补偿等经济措施，以经济手段调节主体行为。通过并用立法、行政、经济等措施，落实各主体参与生活垃圾治理的责任和分工。

第三，要提升制度保障，完善机制设计。制度对行为具有重要影响，贯穿于农村生活垃圾治理始终。在政府层面，财政分权、晋升激励制度会影响政府的生活垃圾治理服务供给，在村庄层面，激励机制会影响村“两委”的生活垃圾治理服务供给，在村民层面，环境整治制度环境和村民自治制度环境会影响村民的生活垃圾分类行为。下一步应该提升政府的财政收入分权水平和财政自主度，将农村生活垃圾治理纳入政府的绩效考核中，确保政府官员在“对上负责”的同时更多地“对下负责”；对村“两委”干部，根据在农村生活垃圾治理中的表现予以奖励或惩治，确保村“两委”有动力参与到生活垃圾治理中来；对村民应该充分保障村民民主决策、民主监督、民主管理的权利，让村民以主人公的意识积极参与到生活垃圾治理中来。同时也应该建立全流程、全链条严格的监督考核机制、组织动员机制。

第四，要丰富资金筹措渠道，建立完善的硬件设施。农村生活垃圾治理需要大量的资金支持用于硬件设施建设和日常运营。在地方财政紧平衡的情况下，除了中央政府补贴，政府也要优化融资渠道，采取“财政兜底、社会参与、村民筹措”等方式多渠道融资。可以通过扶持非营利性企业参与生活垃圾治理，对为生活垃圾治理做出贡献的企业提供税收减免等多种方式，吸引社会资本参与农村生活垃圾治理。同时，可以鼓励村镇成立环保基金，吸引乡贤为家乡建设集资；通过村规民约制定各村生活垃圾收费标准，向村民筹措部分资金用于农村生活垃圾治理。多渠道筹措生活垃圾治理资金，建设完善的生活垃圾硬件设施。

第三节 存在的不足与未来研究方向

本书存在的不足表现在以下几个方面：首先，就政府供给农村生活垃圾治理服务的研究来看，较之于省级政府，区县政府在农村生活垃圾治理中发挥着更重要的作用，但是囿于区县政府普遍缺乏农村生活垃圾治理的数据，本书仅从省级政府层面进行了政府激励机制的研究，并且囿于统计数据缺失，研究年份也仅更新到2016年。不过，省级数据代表了地区区县数据的平均水平，也较好地验证了研究假设。其次，就村"两委"供给生活垃圾治理服务的研究，由于个人能力和研究期限有限，仅对华北地区的京津冀三省市的66个行政村进行了研究，而我国不同区域村庄差异较大，京津冀三省市的研究不能反映中国其他地区的情况。再次，由于调研期间京津冀三省市普遍未开展农村生活垃圾分类工作，未对村民的生活垃圾分类行为进行研究，并且缺乏对农村生活垃圾分类示范村中的村民意愿和行为的比较研究。最后，农村生活垃圾治理还涉及市场和其他社会组织，但是由于缺乏市场信息和其他社会组织的公开资料，并且研究能力和研究期限有限，仅对农村生活垃圾治理的核心主体政府、村"两委"和村民的行为进行了分析。

未来研究方向：一是对区县、乡镇政府开展大规模调研，深入剖析区县政府供给农村生活垃圾治理服务的激励机制。二是可以进一步扩大研究样本，对比分析不同区域村"两委"供给生活垃圾治理服务的影响因素，研究垃圾分类示范区和非示范区村民参与生活垃圾分类意愿和行为的影响因素。三是可以采用新的方法进行模型的稳健性检验。由于农村生活垃圾治理涉及政府、村"两委"、村民等相关主体，将三个主体分开建模难以避免内生性问题。未来有条件的话，可以尝试采用随机实验设计的方法，使研究结论更加真实。四是研究内容可以扩展到农村生活垃圾收费机制设计的研究上。收取垃圾处理费是农村生活垃圾治理的必然趋势，未来研究可以采用离散选择模型对村民生活垃圾付费机制进行研究。

参考文献

中文文献

蔡昉、杨涛：《城乡收入差距的政治经济学》，《中国社会科学》2000 年第 4 期。

蔡显军、吴卫星、徐佳：《晋升激励机制对政府和社会资本合作项目的影响》，《中国软科学》2020 年第 3 期。

曹海晶、杜娟：《环境正义视角下的农村垃圾治理》，《华中农业大学学报》（社会科学版）2020 年第 1 期。

曹胜：《制度与行为关系：理论差异与交流整合——新制度主义诸流派的比较研究》，《中共天津市委党校学报》2009 年第 4 期。

曾超、黄昌吉、牛冬杰等：《基于有价废品收购调查的农村生活垃圾管理机制初探：以广东省为例》，《生态与农村环境学报》2016 年第 6 期。

曾云敏、赵细康、王丽娟：《跨尺度治理中的政府责任和公众参与：以广东农村垃圾处理为案例》，《学术研究》2019 年第 1 期。

陈蓉、单胜道、吴亚琪：《浙江省农村生活垃圾区域特征及循环利用对策》，《浙江林学院学报》2008 年第 5 期。

陈水光、孙小霞、苏时鹏：《农村人居环境合作治理的理论阐释及实现路径——基于资本主义经济新变化对学界争论的重新审视》，《福建论坛》（人文社会科学版）2020 年第 1 期。

陈硕、高琳：《央地关系：财政分权度量及作用机制再评估》，《管理世界》2012 年第 6 期。

陈硕材、王浩、牛亨通等：《天津市农村生活垃圾社区自组织治理框架分析》，《南方农业》2016 年第 18 期。

程开明：《从城市偏向到城乡统筹发展——城市偏向政策影响城乡差距的 Panel Data 证据》，《经济学家》2008 年第 3 期。

楚德江、陈永强：《农村垃圾治理的内源性动力及进路探究——以四川省丹棱县 L 村垃圾治理为例》，《环境保护》2020 年第 20 期。

崔亚飞、B. Bluemling：《农户生活垃圾处理行为的影响因素及其效应研究——基于拓展的计划行为理论框架》，《干旱区资源与环境》2018 年第 4 期。

戴晓霞、季湘铭：《农村居民对生活垃圾分类收集的认知度分析》，《经济论坛》2009 年第 15 期。

邓俊淼：《农户生活垃圾处理支付意愿及影响因素分析——基于对南水北调中线工程水源地的调查分析》，《生态经济》（学术版）2012 年第 1 期。

邓松：《财政分权对地方财政基本公共服务支出的影响研究》，硕士学位论文，中国财政科学研究院，2019 年。

邓正华、张俊飚、许志祥等：《农村生活环境整治中农户认知与行为响应研究——以洞庭湖湿地保护区水稻主产区为例》，《农业技术经济》2013 年第 2 期。

丁波：《农村生活垃圾分类的嵌入性治理》，《人文杂志》2020 年第 8 期。

丁骋骋、傅勇：《地方政府行为、财政—金融关联与中国宏观经济波动——基于中国式分权背景的分析》，《经济社会体制比较》2012 年第 6 期。

丁建彪：《合作治理视角下中国农村垃圾处理模式研究》，《行政论坛》2020 年第 4 期。

董伦峰、侯永胜、任慧民：《农村生活垃圾治理的“兰考模式”》，《河南日报》（农村版）2018 年 4 月 20 日。

杜欢政、宁自军：《新时期我国乡村垃圾分类治理困境与机制创新》，

《同济大学学报》（社会科学版）2020 年第 2 期。
杜姣：《吸附型城乡关系下的村级治理行政化——以上海地区村级治理实践为例》，《探索》2018 年第 6 期。
杜焱强、刘平养、吴娜伟：《政府和社会资本合作会成为中国农村环境治理的新模式吗？——基于全国若干案例的现实检验》，《中国农村经济》2018 年第 12 期。
段迎君、傅帅雄：《财政分权、晋升激励与农村脱贫》，《中国软科学》2020 年第 2 期。
段赟婷、凌曦：《历时 5 年〈全球环境展望 6〉发布：地球已受到严重破坏》，《世界环境》2020 年第 2 期。
樊翠娟：《从多中心主体复合治理视角探讨农村人居环境治理模式创新》，《云南农业大学学报》（社会科学）2018 年第 6 期。
范逢春、李晓梅：《农村公共服务多元主体动态协同治理模型研究》，《管理世界》2014 年第 9 期。
方丽华、卢福营：《论集体经济式微对村民自治的钳制》，《浙江师范大学学报》（社会科学版）2012 年第 1 期。
冯亮、王海侠：《农村环境治理演绎的当下诉求：透视京郊一个村》，《改革》2015 年第 7 期。
冯林玉、秦鹏：《生活垃圾分类的实践困境与义务进路》，《中国人口·资源与环境》2019 年第 5 期。
冯庆、王晓燕、王连荣：《水源保护区农村生活污染排放特征研究》，《安徽农业科学》2009 年第 24 期。
傅勇、李良松：《金融分权影响经济增长和通胀吗——对中国式分权的一个补充讨论》，《财贸经济》2017 年第 3 期。
傅勇、张晏：《中国式分权与财政支出结构偏向：为增长而竞争的代价》，《管理世界》2007 年第 3 期。
傅勇：《财政分权、政府治理与非经济性公共物品供给》，《经济研究》2010 年第 8 期。
高栋、潘振华、张艳美等：《农村生活垃圾问题调查与对策》，《环境卫生工程》2013 年第 2 期。

高广阔、魏志杰:《瑞典垃圾分类成就对我国的借鉴及启示》,《物流工程与管理》2016 年第 9 期。

高秀梅、史耀疆:《农村生活固体垃圾处置服务供给的影响因素分析》,《金融经济》2014 年第 10 期。

高彦彦、郑江淮、孙军:《从城市偏向到城乡协调发展的政治经济逻辑》,《当代经济科学》2010 年第 5 期。

耿永志:《农村社会治理的农民参与研究——以垃圾治理为例》,《江苏农业科学》2015 年第 10 期。

顾卫兵、乔启成、花海蓉等:《南通市农村生活垃圾现状调查与处理模式研究》,《江苏农业科学》2008 年第 3 期。

官永彬:《民主与民生:分权体制下公众参与影响公共服务效率的经验研究》,《经济管理》2016 年第 1 期。

郭燕:《瑞典生活垃圾处理方式及效果分析》,《再生资源与循环经济》2020 年第 2 期。

郭正林:《卷入民主化的农村精英:案例研究》《中国农村观察》2003 年第 1 期。

过帅:《地方政府竞争对非经济性公共产品供给的影响研究》,硕士学位论文,云南财经大学,2020 年。

韩冬梅、次俊熙、金欣鹏:《市场主导型农村生活垃圾治理的美国经验及启示》,《经济研究参考》2018 年第 33 期。

韩泽东、李相儒、毕峰等:《我国农村生活垃圾分类收运模式探究——以杭州市为例》《农业环境科学学报》2019 年第 3 期。

韩智勇、费勇强、刘丹等:《中国农村生活垃圾的产生量与物理特性分析及处理建议》,《农业工程学报》2017 年第 15 期。

韩智勇、梅自力、孔垂雪等:《西南地区农村生活垃圾特征与群众环保意识》,《生态与农村环境学报》2015 年第 3 期。

何德旭、苗文龙:《财政分权是否影响金融分权——基于省际分权数据空间效应的比较分析》,《经济研究》2016 年第 2 期。

何可、张俊飚、张露等：《人际信任、制度信任与农民环境治理参与意愿——以农业废弃物资源化为例》，《管理世界》2015 年第 5 期。

和立道、王英杰、张鑫娜：《财政分权、节能环保支出与绿色发展》，《经济与管理评论》2018 年第 6 期。

贺俊、张钺、毕功兵：《财政分权、金融分权与公共基础设施》，《系统工程理论与实践》2020 年第 4 期。

洪正、胡勇锋：《中国式金融分权》，《经济学》（季刊）2017 年第 2 期。

胡滨：《浅论以农村垃圾处理为重点带动农村循环经济发展》，《农业经济》2015 年第 9 期。

胡溢轩、童志锋：《环境协同共治模式何以可能：制度、技术与参与——以农村垃圾治理的“安吉模式”为例》，《中央民族大学学报》（哲学社会科学版）2020 年第 3 期。

胡玉杰、彭徽：《财政分权、晋升激励与农村医疗卫生公共服务供给——基于我国省际面板数据的实证研究》，《当代财经》2019 年第 4 期。

胡中应、胡浩：《社会资本与农村环境治理模式创新研究》，《江淮论坛》2016 年第 6 期。

华夏风、格里·斯托克：《作为理论的治理：五个论点》，《国际社会科学杂志》（中文版）2019 年第 3 期。

黄开兴、王金霞、白军飞等：《我国农村生活固体垃圾处理服务的现状及政策效果》，《农业环境与发展》2011 年第 6 期。

黄开兴、王金霞、白军飞等：《农村生活固体垃圾排放及其治理对策分析》，《中国软科学》2012 年第 9 期。

黄磊、李中杰、王福生等：《新中国成立 70 年来在传染病防治领域取得的成就与展望》，《中华全科医学》2019 年第 10 期。

吉丽琴：《农村人居环境可持续治理的丹棱案例研究》，电子科技大学，硕士学位论文，2018 年。

贾明雁：《瑞典垃圾管理的政策措施及启示》，《城市管理与科技》2018 年第 6 期。

贾文龙：《城市生活垃圾分类治理的居民支付意愿与影响因素研究——基

于江苏省的实证分析》，《干旱区资源与环境》2020 年第 4 期。
贾小梅、陈颖：《上胜町“零垃圾”运动对中国农村生活垃圾治理的启示》，《世界环境》2018 年第 6 期。
贾亚娟、赵敏娟、夏显力等：《农村生活垃圾分类处理模式与建议》，《资源科学》2019 年第 2 期。
贾亚娟、赵敏娟：《环境关心和制度信任对农户参与农村生活垃圾治理意愿的影响》，《资源科学》2019 年第 8 期。
姜利娜、赵霞：《农村生活垃圾分类治理：模式比较与政策启示——以北京市 4 个生态涵养区的治理案例为例》，《中国农村观察》2020 年第 2 期。
蒋培：《规训与惩罚：浙中农村生活垃圾分类处理的社会逻辑分析》，《华中农业大学学报》（社会科学版）2019 年第 3 期。
蒋培：《互动型治理：农村垃圾分类机制建设的逻辑阐释》，《华中农业大学学报》（社会科学版）2020 年第 5 期。
金莹、闫博文：《基于文化治理视角的公共文化服务公众满意度研究》，《重庆大学学报》（社会科学版）2020 年第 3 期。
靳涛、梅伶俐：《中央转移支付与地方政府公共支出谁更有效率？——基于教育和卫生服务视角的实证研究》，《经济管理》2015 年第 2 期。
鞠阿莲：《日本生活垃圾处理实践经验对我国农村垃圾处理的启示——以日本大崎町及志布志市为例》，《再生资源与循环经济》2018 年第 9 期。
鞠昌华、朱琳、朱洪标等：《我国农村生活垃圾处置存在的问题及对策》，《安全与环境工程》2015 年第 4 期。
康玲、祝铠：《日本、德国垃圾分类管理经验对我国的启示》，《中国环境管理干部学院学报》2019 年第 6 期。
孔繁成：《晋升激励、任职预期与环境质量》，《南方经济》2017 年第 10 期。
寇垠、刘杰磊：《东部农村居民公共文化服务满意度及其影响因素》，《图书馆论坛》2019 年第 11 期。

李汉卿：《协同治理理论探析》，《理论月刊》2014 年第 1 期。

李丽丽、李文秀、栾胜基：《中国农村环境自主治理模式探索及实践研究》，《生态经济》2013 年第 11 期。

李丽莉、张忠根：《农村公共产品供给的影响因素与经济效应——国内研究进展与深化》，《西北农林科技大学学报》（社会科学版）2019 年第 1 期。

李培林：《理性选择理论面临的挑战及其出路》，《社会学研究》2001 年第 6 期。

李强：《财政分权、环境分权与环境污染》，《现代经济探讨》2019 年第 2 期。

李全鹏：《中国农村生活垃圾问题的生成机制与治理研究》，《中国农业大学学报》（社会科学版）2017 年第 2 期。

李维安、秦岚：《绿色治理：参与、规则与协同机制——日本垃圾分类处置的经验与启示》，《现代日本经济》2020 年第 1 期。

李燕凌：《农村公共产品供给侧结构性改革：模式选择与绩效提升——基于 5 省 93 个样本村调查的实证分析》，《管理世界》2016 年第 11 期。

李扬、何晓妍：《农村生活垃圾分类治理路径的优化与选择——基于案例的比较分析》，《农村经济与科技》2019 年第 7 期。

李友梅：《重塑转型期的社会认同》，《社会学研究》2007 年第 2 期。

李玉敏、白军飞、王金霞等：《农村居民生活固体垃圾排放及影响因素》，《中国人口·资源与环境》2012 年第 10 期。

李增元、李芝兰：《新中国成立七十年来的治理重心向农村基层下移及其发展思路》，《农业经济问题》2019 年第 11 期。

梁增芳、肖新成、倪九派：《三峡库区农村生活垃圾处理支付意愿及影响因素分析》，《环境污染与防治》2014 年第 9 期。

廖晓义：《中国乡村环保关键在于乡村建设》，《农村工作通讯》2012 年第 3 期。

廖媛红：《制度因素与农村公共品的满意度研究》，《经济社会体制比较》2013 年第 6 期。

林江、孙辉、黄亮雄：《财政分权、晋升激励和地方政府义务教育供给》，《财贸经济》2011 年第 1 期。

林丽梅、刘振滨、黄森慰等：《农村生活垃圾集中处理的农户认知与行为响应：以治理情境为调节变量》，《生态与农村环境学报》2017 年第 2 期。

刘成奎、龚萍：《财政分权、地方政府城市偏向与城乡基本公共服务均等化》，《广东财经大学学报》2014 年第 4 期。

刘佳丽、谢地：《西方公共产品理论回顾、反思与前瞻——兼论我国公共产品民营化与政府监管改革》，《河北经贸大学学报》2015 年第 5 期。

刘亮亮、贺俊、毕功兵：《财政分权对地方公共福利的影响——基于非线性和异质性的考量》，《系统工程理论与实践》2018 年第 9 期。

刘少杰：《理性选择研究在经济社会学中的核心地位与方法错位》，《社会学研究》2003 年第 6 期。

刘燕玲：《村民自治条件下加强党的领导应突出重点》，《理论探索》2012 年第 5 期。

刘莹、王凤：《农户生活垃圾处置方式的实证分析》，《中国农村经济》2012 年第 3 期。

卢春天、朱晓文：《农村居民对环境问题的认知及行为适应——基于西北地区 4 省 8 县（区）的实证数据分析》，《南京工业大学学报》（社会科学版）2015 年第 4 期。

卢洪友、卢盛峰、陈思霞：《“中国式财政分权”促进了基本公共服务发展吗?》，《财贸研究》2012 年第 6 期。

卢洪友、卢盛峰、陈思霞：《中国地方政府供给公共服务匹配程度评估》，《财经问题研究》2011 年第 3 期。

鲁圣鹏、李雪芹、杜欢政：《农村生活垃圾治理典型模式比较分析与若干建议》，《世界农业》2018 年第 2 期。

陆铭、陈钊：《城市化、城市倾向的经济政策与城乡收入差距》，《经济研究》2004 年第 6 期。

陆纾文：《瑞典 99% 的垃圾回收利用率是怎么做到的》，《资源再生》

2019 年第 4 期。

罗丽丽、彭代彦：《城市偏向、滞后城市化与城乡收入差距——基于省级面板数据的实证分析》，《农村经济》2016 年第 2 期。

吕维霞、杜娟：《日本垃圾分类管理经验及其对中国的启示》，《华中师范大学学报》（人文社会科学版）2016 年第 1 期。

吕晓梦：《农村生活垃圾治理的长效管理机制——以 A 市城乡环卫一体化机制的运行为例》，《重庆社会科学》2020 年第 3 期。

吕彦昭、伍晓静、阎文静：《公众参与城市生活垃圾管理的影响因素研究》，《干旱区资源与环境》2017 年第 11 期。

马国栋：《农村面源污染的社会机制及治理研究》，《学习与探索》2018 年第 7 期。

毛达：《改革开放以来我国生活垃圾问题及对策的演变》，《团结》2017 年第 5 期。

孟惊雷、赵宝玉、刘梦等：《我国城市生活垃圾处理的 PPP 模式研究》，《北方经贸》2016 年第 11 期。

孟小燕：《基于结构方程的居民生活垃圾分类行为研究》，《资源科学》2019 年第 6 期。

闵师、王晓兵、侯玲玲等：《农户参与人居环境整治的影响因素——基于西南山区的调查数据》，《中国农村观察》2019 年第 4 期。

明承瀚、徐晓林、陈涛：《公共服务中心服务质量与公民满意度：公民参与的调节作用》，《南京社会科学》2016 年第 12 期。

缪小林、王婷、高跃光：《转移支付对城乡公共服务差距的影响——不同经济赶超省份的分组比较》，《经济研究》2017 年第 2 期。

潘旭萍、施佳蔚：《循环经济理论在“美丽乡村”建设中农村生活垃圾处理的应用——以杭州市桐庐县为例》，《经营与管理》2016 年第 6 期。

庞明礼、于珂：《“齐抓共管”的绩效偏差及其变通策略——基于 W 市生活垃圾分类试点的案例研究》，《理论与改革》2020 年第 4 期。

彭涛、魏建：《村民自治中的委托代理关系：共同代理模型的分析》，

2010 年（第十届）中国制度经济学年会会议论文。
钱先航、曹廷求、李维安:《晋升压力、官员任期与城市商业银行的贷款行为》,《经济研究》2011 年第 12 期。
邱成梅:《农户参与度视角下的农村垃圾治理绩效研究》,《干旱区资源与环境》2020 年第 5 期。
沈费伟:《农村环境参与式治理的实现路径考察——基于浙北荻港村的个案研究》,《农业经济问题》2019 年第 8 期。
石超艺:《大都市社区生活垃圾治理推进模式探讨——基于上海市梅陇三村的个案研究》,《华东理工大学学报》(社会科学版) 2018 年第 4 期。
史美林、向勇、伍尚广:《协同科学——从“协同学”到 CSCW》,《清华大学学报》(自然科学版) 1997 年第 1 期。
宋小宁、陈斌、梁若冰:《一般性转移支付: 能否促进基本公共服务供给?》,《数量经济技术经济研究》2012 年第 7 期。
孙开、王冰:《环境保护支出责任划分、转移支付与环境治理》,《税务与经济》2019 年第 4 期。
孙璐:《利益、认同、制度安排——论城市居民社区参与的影响因素》,《云南社会科学》2006 年第 5 期。
孙萍、闫亭豫:《我国协同治理理论研究述评》,《理论月刊》2013 年第 3 期。
唐林、罗小锋、张俊飚:《社会监督、群体认同与农户生活垃圾集中处理行为——基于面子观念的中介和调节作用》,《中国农村观察》2019 年第 2 期。
田北海、王彩云:《民心从何而来? ——农民对基层自治组织信任的结构特征与影响因素》,《中国农村观察》2017 年第 1 期。
田文佳、余靖雯、龚六堂:《晋升激励与工业用地出让价格——基于断点回归方法的研究》,《经济研究》2019 年第 10 期。
田亚静、裴晓菲、孙阳昭:《日本生活垃圾管理及其对我国的启示》,《环境保护》2016 年第 19 期。

王爱琴、高秋风、史耀疆等：《农村生活垃圾管理服务现状及相关因素研究——基于5省101个村的实证分析》，《农业经济问题》2016年第4期。

王波、王夏晖、郑利杰：《我国农村生活垃圾处理行业发展路径探析》，《环境与可持续发展》2016年第5期。

王德鑫：《制度介入对村民环境治理支付意愿的影响研究——以农村生活污染为例》，硕士学位论文，华中农业大学，2015年。

王峰：《农村基层组织建设中的委托—代理关系》，《中国农村观察》2000年第3期。

王金霞、李玉敏、白军飞等：《农村生活固体垃圾的排放特征、处理现状与管理》，《农业环境与发展》2011年第2期。

王金霞：《中国农村生活污染与农业生产污染》，科学出版社2013年版。

王乐：《金华打造农村生活垃圾分类升级版》，《植物医生》2017年第1期。

王琪：《我国固体废物处理处置产业发展现状及趋势》，《环境保护》2012年第15期。

王颂吉、白永秀：《城市偏向理论研究述评》，《经济学家》2013年第7期。

王询、孟望生、张为杰：《财政分权、晋升激励与民生公共品偏向——基于全国省级面板数据的实证研究》，《云南财经大学学报》2013年第4期。

王艳、卢虹好：《关中地区农村生活垃圾治理影响因素研究》，《西安电子科技大学学报》（社会科学版）2017年第2期。

王玉华、薛学轩、安士龙：《四川：力推农村人居环境治理“丹棱模式”》，《城乡建设》2018年第14期。

王玉明：《政府公共服务委托代理的制度安排》，《理论与现代化》2007年第2期。

王郁、赵一航：《区域协同发展政策能否提高公共服务供给效率？——以京津冀地区为例的研究》，《中国人口·资源与环境》2020年第8期。

王卓琳、罗观翠：《论社会认同理论及其对社会集群行为的观照域》，《求索》2013 年第 11 期。

魏佳容：《我国农村环境保护的困境与化解之道》，湖北科学技术出版社 2012 年版。

温忠麟、叶宝娟：《中介效应分析：方法和模型发展》，《心理科学进展》2014 年第 5 期。

吴建：《农户对生活垃圾集中处理费用的支付意愿分析——基于山东省胶南市、菏泽市的实地调查》，《青岛农业大学学报》（社会科学版）2012 年第 2 期。

吴静、白中科：《中国资源型城市城镇化发展差异的解释——基于 Shapley 值分解方法》，《中国土地科学》2019 年第 12 期。

吴敏、周黎安：《晋升激励与城市建设：公共品可视性的视角》，《经济研究》2018 年第 12 期。

吴勋、王杰：《财政分权、环境保护支出与雾霾污染》，《资源科学》2018 年第 4 期。

席北斗、侯佳奇：《我国村镇垃圾处理挑战与对策》，《环境保护》2017 年第 14 期。

夏循祥：《农村垃圾处理的文化逻辑及其知识治理——以坑尾村为例》，《广西民族大学学报》（哲学社会科学版）2016 年第 5 期。

肖育才：《中国式分权、基本公共品供给偏向与城乡居民收入差距》，《四川大学学报》（哲学社会科学版）2017 年第 4 期。

谢迪、吴春梅：《村庄治理对公共服务效率的影响：解析鄂省 1098 份问卷》，《改革》2013 年第 11 期。

谢冬明、王科、王绍先等：《我国农村生活垃圾问题探析》，《安徽农业科学》2009 年第 2 期。

谢芬、肖育才：《财政分权、地方政府行为与基本公共服务均等化》，《财政研究》2013 年第 11 期。

谢国根、蒋诗泉、赵春艳：《财政分权、政绩考核与资源环境承载力》，《统计与决策》2020 年第 15 期。

辛冲冲、周全林：《财政分权促进还是抑制了公共环境支出——基于中国省级面板数据的经验分析》，《当代财经》2018 年第 1 期。

熊光清、熊健坤：《多中心协同治理模式：一种具备可操作性的方案》，《领导科学》2018 年第 19 期。

熊鹰：《中国农村转移劳动力区域再配置：基于公共服务的视角》，《统计与决策》2020 年第 11 期。

许增巍、姚顺波、苗珊珊：《意愿与行为的悖离：农村生活垃圾集中处理农户支付意愿与支付行为影响因素研究》，《干旱区资源与环境》2016 年第 2 期。

许增巍、姚顺波：《社会转型期的乡村公共空间与集体行动——来自河南荥阳农村生活垃圾集中处理农户合作参与行为的考察》，《理论与改革》2016 年第 3 期。

薛玲、苏志国、张淑萍等：《农村生活垃圾四分类法的实验研究》，《中国人口·资源与环境》2016 年第 26 期增刊。

严陈玲：《德国柏林市生活垃圾分类经验及启示》，《中国环保产业》2020 年第 4 期。

杨刚强、李梦琴、孟霞等：《官员晋升激励、标尺竞争与公共品供给——基于 286 个城市的空间杜宾模型实证》，《宏观经济研究》2017 年第 8 期。

杨金龙：《农村生活垃圾治理的影响因素分析——基于全国 90 村的调查数据》，《江西社会科学》2013 年第 6 期。

杨磊：《返场、控制与捆绑：乡镇干部的压力源及其解释》，《公共管理与政策评论》2020 年第 1 期。

杨曙辉、宋天庆、陈怀军等：《中国农村垃圾污染问题试析》，《中国人口·资源与环境》2020 年第 20 期增刊。

杨义武、林万龙、张莉琴：《农业技术进步、技术效率与粮食生产——来自中国省级面板数据的经验分析》，《农业技术经济》2017 年第 5 期。

姚金鹏、郑国全：《中外农村垃圾治理与处理模式综述》，《世界农业》2019 年第 2 期。

姚升、张士云、蒋和平等：《粮食主产区农村公共产品供给影响因素分析——基于安徽省的调查数据》，《农业技术经济》2011 年第 2 期。

姚伟、曲晓光、李洪兴等：《我国农村垃圾产生量及垃圾收集处理现状》，《环境与健康杂志》2009 年第 1 期。

叶春辉：《农村垃圾处理服务供给的决定因素分析》，《农业技术经济》2007 年第 3 期。

伊庆山：《乡村振兴战略背景下农村生活垃圾分类治理问题研究——基于 s 省试点实践调查》，《云南社会科学》2019 年第 3 期。

易承志：《环保绩效体验、政府信任与城市环境公共服务满意度——基于上海市的实证调研》，《软科学》2019 年第 7 期。

尤鑫、柳飞阳：《基于资源循环利用体系的生活垃圾处理模式研究》，《生态经济》（中文版）2017 年第 7 期。

于斌：《组织理论与设计》，清华大学出版社 2012 年版。

余克弟、刘红梅：《农村环境治理的路径选择：合作治理与政府环境问责》，《求实》2011 年第 12 期。

袁飞、陶然、徐志刚等：《财政集权过程中的转移支付和财政供养人口规模膨胀》，《经济研究》2008 年第 5 期。

岳波、张志彬、孙英杰等：《我国农村生活垃圾的产生特征研究》，《环境科学与技术》2014 年第 6 期。

张芬、赵晓军：《中国财政分权度量指标的比较研究》，《经济研究参考》2016 年第 34 期。

张国磊、张新文、马丽：《农村环境治理的策略变迁：从政府动员到政社互动》，《农村经济》2017 年第 8 期。

张化楠、葛颜祥、接玉梅等：《生态认知对流域居民生态补偿参与意愿的影响研究——基于大汶河的调查数据》，《中国人口·资源与环境》2019 年第 9 期。

张劼颖、王晓毅：《废弃物治理的三重困境：一个社会学视角的环境问题分析》，《湖南社会科学》2018 年第 5 期。

张杰：《城市偏向对收入差距的影响：劳动力流动的中介效应分析》，

《经济问题探索》2020 年第 4 期。

张紧跟、周勇振：《以治理现代化深化基层政府机构改革》，《华南师范大学学报》（社会科学版）2018 年第 6 期。

张俊哲、梁晓庆：《多中心理论视阈下农村环境污染的有效治理》，《理论探讨》2012 年第 4 期。

张培奇、范亚旭：《垃圾分类好，废品变成宝——河南省兰考县推行农村生活垃圾治理纪实》，《农民日报》2019 年 10 月 21 日。

张青、周振：《公众诉求、均衡性感知与公共服务满意度——基于相对剥夺理论的分析》，《江海学刊》2019 年第 6 期。

张淑敏：《实验经济学的发展与经济学方法论的创新》，《财经问题研究》2004 年第 2 期。

张莹、康翘楚、管梳桐：《德国生活垃圾的处理方法及其对沈阳市的启示》，《理论界》2020 年第 2 期。

张玉、李齐云：《财政分权、公众认知与地方环境治理效率》，《经济问题》2014 年第 3 期。

张璋、汪青城：《农村生活垃圾治理调查研究——基于支付意愿的视角》，《中国市场》2017 年第 2 期。

张照新：《污染综合治理与全社会有效协同机制构建》，《改革》2017 年第 8 期。

赵晶薇、赵蕊、何艳芬等：《基于“3R”原则的农村生活垃圾处理模式探讨》，《中国人口·资源与环境》2014 年第 165 期增刊。

赵细康、曾云敏、吴大磊：《多层次治理中的向下分权与向外分权：基于农村垃圾治理的观察》，《中国地质大学学报》（社会科学版）2018 年第 5 期。

赵学兵：《官员晋升与税收分成：当代中国地方政府激励机制研究》，博士学位论文，吉林大学，2019 年。

郑杭生：《社会学概论新修》（第 3 版），中国人民大学出版社 2003 年版。

郑浩生、查建平：《我国财政转移支付制度失效及改革探析——基于公共服务均等化的视角》，《西南交通大学学报》（社会科学版）2012 年第 5 期。

郑建君：《政治参与、政治沟通对公共服务满意度影响机制的性别差异——基于 6159 份中国公民调查数据的实证分析》，《清华大学学报》（哲学社会科学版）2017 年第 5 期。

郑开元、李雪松：《基于公共物品理论的农村水环境治理机制研究》，《生态经济》2012 年第 3 期。

郑淋议、杨芳、洪名勇：《农户生活垃圾治理的支付意愿及其影响因素研究——来自中国三省的实证》，《干旱区资源与环境》2019 年第 5 期。

郑垚、孙玉栋：《转移支付、地方财政自给能力与基本公共服务供给——基于省级面板数据的门槛效应分析》，《经济问题探索》2018 年第 8 期。

中国城市建设研究院环境卫生工程技术研究中心：《不同地区农村生活垃圾转运的典型模式》，《城乡建设》2015 年第 1 期。

周黎安：《转型中的地方政府：官员激励与治理》，格致出版社 2008 年版。

周利敏、谢小平：《论理性选择理论的逻辑起点》，《兰州学刊》2005 年第 4 期。

周业安、王一子：《社会认同、偏好和经济行为——基于行为和实验经济学研究成果的讨论》，《南方经济》2016 年第 10 期。

周长城：《理性选择理论：社会学与经济学的交汇》，《广东社会科学》1997 年第 6 期。

周祖光、张同丰、陈立：《农村环境综合整治的垃圾处理处置研究——以海南省定安县为例》，《安徽农业科学》2010 年第 1 期。

朱慧芳、陈永根、周传斌：《农村生活垃圾产生特征、处置模式以及发展重点分析》，《中国人口·资源与环境》2014 年第 S3 期。

朱明熙：《对西方主流学派的公共品定义的质疑》，《财政研究》2005 年第 12 期。

朱玉春、唐娟莉、罗丹：《农村公共品供给效果评估：来自农户收入差距的响应》，《管理世界》2011 年第 9 期。

朱玉春、唐娟莉：《农村公共品投资满意度影响因素分析——基于西北五省农户的调查》，《公共管理学报》2010 年第 3 期。

朱正刚：《农村生活垃圾污染“公地悲剧”的终结及意义——以浙江省金华市为例》，《经济与社会发展》2016 年第 6 期。

祝睿：《环境共治模式下生活垃圾分类治理的规范路向》，《中南大学学报》（社会科学版）2018 年第 4 期。

邹彦、姜志德：《农户生活垃圾集中处理支付意愿的影响因素分析——以河南省淅川县为例》，《西北农林科技大学学报》（社会科学版）2010 年第 4 期。

左翔、殷醒民、潘孝挺：《财政收入集权增加了基层政府公共服务支出吗？以河南省减免农业税为例》，《经济学》（季刊）2011 年第 4 期。

外文文献

Addai, K. N., Danso-Abbeam, G., "Determinants of Willingness to Pay for Improved Solid Waste Management in Dunkwa-on-Offin, Ghana", *Journal of Agriculture and Environmental Sciences*, No. 1, 2014, pp. 1 – 9.

Afroz, R., Masud, M. M., "Using a Contingent Valuation Approach for Improved Solid Waste Management Facility: Evidence from Kuala Lumpur, Malaysia", *Waste Management*, Vol. 31, No. 4, 2011, pp. 800 – 808.

Akerlof, G. A., Kranton, R. E., "Economics and Identity", *Quarterly Journal of Economic*, 2000, pp. 715 – 753.

Alessio, D., Susanna, M., Mariangela, Z., "Two Shades of (Warm) Glow: Multidimensional Intrinsic Motivation, Waste Reduction and Recycling", *Seeds Working Papers*, 2014, pp. 1 – 19.

Ashutosh, V., "Ethnic Conflict and Civil Society: India and Beyond", *World Politics*, Vol. 53, No. 3, 2001, pp. 362 – 389.

Babeau, A., Berle, A. A., Means, G. G., "The Modern Corporation and

Private Property", *Economic Journal*, Vol. 20, No. 6, 1935, p. 1042.

Barro, R., "Government Spending in a Simple Model of Endogenous Growth", *Journal of Political Economy*, Vol. 98, 1990, pp. 103 – 125.

Bernheim, B. D., Whinston, M. D., "Common Agency", *Econometric Society*, Vol. 54, No. 4, 1986, pp. 923 – 942.

Bezemer, D., Headey, D., "Agriculture, Development, and Urban Bias", *World Development*, Vol. 36, No. 8, 2008, pp. 1342 – 1364.

Bjärstig, T., and C. Sandström, "Public-private Partnerships in a Swedish Rural Context—A Policy Tool for the Authorities to Achieve Sustainable Rural Development", *Journal of Rural Studies*, Vol. 49, 2017, pp. 58 – 68.

Blaine, T. W., Lichtkoppler, F. R., Jones, K. R., Zondag, R. H., "An Assessment of Household Willingness to Pay for Curbside Recycling: A Comparison of Payment Card and Referendum Approaches", *Journal of Environmental Management*, Vol. 76, No. 1, 2005, pp. 15 – 22.

Bras, A., Berdier, C., Emmanuel, E., Zimmerman, M., "Problems and Current Practices of Solid Waste Management in Port-au-Prince Haiti", *Waste Management*, Vol. 29, No. 11, 2009, p. 2907.

Brekke, K. A., Kipperberg, G., Nyborg, K. "Social Interaction in Responsibility Ascription: The Case of Household Recycling", *Land Economics*, Vol. 86, No. 4, 2010, pp. 766 – 784.

Calvin, W., Geoffrey, Q. S., Stella, C., "Understanding Public Support for Recycling Policy: To Unveil the Political Side of Influence and Implications", *Environmental Science & Policy*, Vol. 82, 2018, pp. 30 – 43.

Cecere, G., Mancinelli, S., Mazzanti, M., "Waste Prevention and Social Preferences: The Role of Intrinsic and Extrinsic Motivations", *Ecological Economics*, Vol. 107, 2014, pp. 163 – 176.

Chattopadhyay, S., Dutta, A., Ray, S., "Municipal Solid Waste Management in Kolkata, India—A Review", *Waste Management*, Vol. 29, No. 4, 2009, pp. 1449 – 1458.

Czajkowski, M., Hanley, N., Nyborg, K., "Social Norms, Morals and Self-interest as Determinants of Pro-environment Behaviour", *International Journal of Engineering Science*, Vol. 21, No. 3, 2014, pp. 223 – 230.

Dijkema, G. P. J., Reuter, M. A., Verhoef, E. V., "A New Paradigm for Waste Management", *Waste Management*, Vol. 20, No. 8, 2000, pp. 633 – 638.

Fishbein, M., Ajzen, I., "Belief, Attitude, Intention, and Behavior: An Introduction to Theory and Research", *Philosophy and Rhetoric*, Vol. 10, No. 2, 1977, pp. 130 – 132.

Folz, Profile D. H., "Recycling Program Design, Management, and Participation: A National Survey of Municipal Experience", *Public Administration Review*, Vol. 51, No. 3, 2011, pp. 222 – 231.

Ghani, W. A. K., Rusli, I. F., Biak, D. R. A., Idris, A., "An Application of the Theory of Planned Behaviour to Study the Influencing Factors of Participation in Source Separation of Food Waste", *Waste Management*, Vol. 33, No. 5, 2013, pp. 1276 – 1281.

Giovanni, D. F., Sabino, D. G., "Public Opinion and Awareness Towards MSW and Separate Collection Programmes: A Sociological Procedure for Selecting Areas and Citizens with A Low Level of Knowledge", *Waste Management*, Vol. 30, No. 6, 2010, pp. 958 – 976.

Gong, L., Zou, H. F., "Fiscal Federalism, Public Capital Formation, and Endogenous Growth", *Annals of Economics and Finance*, No. 4, 2002, pp. 471 – 490.

Grazhdani, D., "Assessing the Variables Affecting on the Rate of Solid Waste Generation and Recycling: An Empirical Analysis in Prespa Park", *Waste Management*, Vol. 48, 2016, pp. 3 – 13.

Haddad, L., Ruel, M. T., Garrett, J. L., "Are Urban Poverty and Undernutrition Growing? Some Newly Assembled Evidence", *Fcnd Discussion Papers*, No. 63, 1999, pp. 1 – 23.

Hage, O., Söderholm, P., Berglund, C., "Norms and Economic Motivation in Household Recycling: Empirical Evidence from Sweden", *Resources, Conservation and Recycling*, Vol. 53, No. 3, 2009, pp. 155 – 165.

Hage, O., Söderholm, P., "An Econometric Analysis of Regional Differences in Household Waste Collection: The Case of Plastic Packaging Waste in Sweden", *Waste Management*, Vol. 28, No. 10, 2008, pp. 1720 – 1731.

Han, Z., Liu, D., Lei, Y., Wu, J., Li, S., "Characteristics and Management of Domestic Waste in the Rural Area of Southwest China", *Environmental Science and Pollution Research*, No. 26, 2019, pp. 8485 – 8501.

Hardesty, D. M., "Estimating Consumer Willingness to Supply and Willingness to Pay for Curbside Recycling", *Land Economics*, Vol. 88, No. 4, 2012, pp. 745 – 763.

Haughton, G., "Environmental Justice and the Sustainable City", *Journal of Planning Education & Research*, Vol. 18, No. 3, 1999, pp. 233 – 243.

Henderson, V., "The Urbanization Process and Economic Growth: The So-What Question", *Journal of Economic Growth*, Vol. 8, No. 1, 2003, pp. 47 – 71.

Hoechle, D., "Robust Standard Errors for Panel Regressions with Cross-Sectional Dependence", *The Stata Journal*, Vol. 7, No. 3, 2000, pp. 281 – 312.

Holmstrom, B., Milgrom, P., "Aggregation and Linearity in the Provision of Intertemporal Incentives", *Econometrica*, Vol. 55, No. 2, 1987, pp. 303 – 328.

Imai, K., L. Keele, Tingley, D. H., "A General Approach to Causal Mediation Analysis", *Psychological Methods*, Vol. 15, No. 4, 2010, pp. 309 – 334.

Immergut, E. M., "The Theoretical Core of the New Institutionalism", *Politics & Society*, Vol. 26, No. 1, 1998, pp. 5 – 34.

Irvin, R. A., Stansbury, J., "Citizen Participation in Decision Making: Is It Worth the Effort?", *Public Administration Review*, Vol. 64, No. 1, 2004, pp. 55 – 65.

Jones, G. A., Corbridge, S., "The Continuing Debate about Urban Bias: The Thesis, Its Critics, Its Influence, and Its Implications for Poverty Reduction strategies", *Progress in Development Studies*, Vol. 10, No. 1, 2010, pp. 1 - 18.

Joseph, K., "Stakeholder Participation for Sustainable Waste Management", *Habitat International*, Vol. 30, No. 4, 2006, pp. 863 - 871.

Karlson, K. B., Holm, A., "Decomposing Primary and Secondary Effects: A New Decomposition Method", *Research in Social Stratification & Mobility*, Vol. 29, No. 2, 2011, pp. 221 - 237.

Kelly, C., "Social Identity and Intergroup Perceptions in Minority-Majority Contexts", *Human Relations*, Vol. 43, No. 6, 1990, pp. 583 - 599.

Kirakozian, A., "One without the Other? Behavioral and Incentive Policies for Household Waste Management", *Journal of Economic Surveys*, Vol. 30, No. 3, 2016, pp. 526 - 551.

Knussen, C., Yule, F., Mackenzie, J., Wells, M., "An Analysis of Intentions to Recycle Household Waste: The Roles of Past Behaviour, Perceived Habit, and Perceived Lack of Facilities", *Journal of Environmental Psychology*, Vol. 24, No. 2, 2004, pp. 237 - 246.

Kooiman, Jan, "Social-Political Governance Social Political Governance Overview, Reflections and Design", *Public Management Review*, Vol. 1, No. 1, 1999, pp. 67 - 92.

Lake, I. R., Bateman, I. J., Parfitt, J. P., "Assessing a Kerbside Recycling Scheme: A Quantitative and Willingness to Pay Case Study", *Journal of Environmental Management*, Vol. 46, No. 3, 1996, pp. 239 - 254.

Lipton, M., Eastwood, R., "Pro-poor Growth and Pro-growth Poverty Reduction: Meaning, Evidence, and Policy Implications", *Asian Development Review*, Vol. 18, No. 2, 2002, pp. 22 - 58.

Lipton, M., "*Why Poor People Stay Poor: Urban Bias in World Development*", Cambridge Massachusetts Harvard University Press, 1977, p. 449.

Ma, J., Hipel, K. W., "Exploring Social Dimensions of Municipal Solid Waste Management Around the Globe-A Systematic Literature Review", *Waste Management*, Vol. 56, 2016, pp. 3 – 12.

Majumdar, S., Mani, A., Mukand, S. W., "Politics, Information and the Urban Bias", *Journal of Development Economics*, Vol. 75, No. 1, 2004, pp. 137 – 165.

Ferrara, I., Missios, H., "A Cross-country Study of Household Waste Prevention and Recycling: Assessing the Effectiveness of Policy Instruments", *Land Economics*, Vol. 88, 2012, pp. 710 – 744.

Mani, A., Mukand, S., "Democracy, Visibility and Public Good Provision", *Journal of Development Economics*, Vol. 83, No. 2, 2007, p. 506 – 529.

Martin, M., Williams, I. D., Clark, M., "Social, Cultural and Structural Influences on Household Waste Recycling: A Case Study", *Resources Conservation & Recycling*, Vol. 48, No. 4, 2006, pp. 357 – 395.

Mccarty, J. A., Shrum, L. J., "The Influence of Individualism, Collectivism, and Locus of Control on Environmental Beliefs and Behavior", *Journal of Public Policy & Marketing*, Vol. 20, No. 1, 2001, pp. 93 – 104.

Mcmillan, D. W., Chavis, D. M., "Sense of Community: A Definition and Theory", *Journal of Community Psychology*, Vol. 14, No. 1, 1986, pp. 6 – 23.

Minn, Z., Srisontisu, S., Laohasiriw, W., "Promoting People's Participation in Solid Waste Management in Myanmar", *Research Journal of Environmental Sciences*, Vol. 4, No. 3, 2010, pp. 209 – 222.

Muller, M. S., Iyer, A., Keita, M., Sacko, B., Traore, D., "Differing Interpretations of Community Participation in Waste Management in Bamako and Bangalore: Some Methodological Considerations", *Environment & Urbanization*, Vol. 14, No. 2, 2002, pp. 241 – 258.

Nyborg, K., Howarth, R. B., Brekke, K. A., "Green Consumers and

Public Policy: On Socially Contingent Moral Motivation", *Resource & Energy Economics*, Vol. 28, No. 4, 2006, pp. 351 – 366.

Nzeadibe, T. C., "Solid Waste Reforms and Informal Recycling in Enugu Urban Area, Nigeria", *Habitat International*, Vol. 33, No. 1, 2009, pp. 93 – 99.

Oates, W. E., "An Essay on Fiscal Federalism", *Journal of Economic Literature*, Vol. 37, No. 3, 1999, pp. 1120 – 1149.

Omran, A., Sarsour, A. K., Pakir, A. H. K., "An Investigation Into the Factors Influencing the Participation of Households in Recycling of Solid Waste in Palestine", *The International Journal of Health Economics*, No. 2, 2012, pp. 4 – 19.

Ostrom, V., Tiebout, C. M., Warren, R., "The Organization of Government in Metropolitan Areas: A Theoretical Inquiry", *American Political Science Review*, Vol. 55, No. 4, 1961, pp. 831 – 842.

Pan, D., Ying, R., Huang, Z., "Determinants of Residential Solid Waste Management Services Provision: A Village-level Analysis in Rural China", *Sustainability*, Vol. 9, No. 2, 2017, p. 110.

Read, A. D., "A Weekly Doorstep Recycling Collection, I Had No Idea We Could! Overcoming the Local Barriers to Participation", *Resources Conservation & Recycling*, Vol. 26, 1999, pp. 217 – 249.

Sakai, B. I., Yang, J., Siu, S., "Waste Management and Recycling in Asia", *International Review for Environmental Strategies*, Vol. 5, No. 2, 2005, pp. 477 – 498.

Saphores, J. D. M., "Household Willingness to Recycle Electronic Waste: An Application to California", *Environment & Behavior*, Vol. 38, No. 2, 2006, pp. 183 – 208.

Schultz, P. W., Oskamp, S., Mainieri, T., "Who Recycles and When? A Review of Personal and Situational Factors", *Journal of Environmental Psychology*, Vol. 15, No. 2, 1995, pp. 105 – 121.

Schultz, P. W., Zelezny, L. C., "Reframing Environmental Messages to be Congruent with American Values", *Human Ecology Review*, Vol. 10, No. 2, 2003, pp. 126 – 136.

Schultz, P. W., "Changing Behavior with Normative Feedback Interventions: A Field Experiment on Curbside Recycling", *Basic & Applied Social Psychology*, Vol. 21, No. 1, 1999, pp. 25 – 36.

Shell, K., Arrow, K. J., Kurz, M., "Public Investment, The Rate of Return, and Optimal Fiscal Policy", *Journal of Finance*, Vol. 26, No. 4, 1971, p. 1005.

Sidique, S. F., Joshi, S. V., Lupi, F., "Factors Influencing the Rate of Recycling: An Analysis of Minnesota Counties", *Resources, Conservation and Recycling*, Vol. 54, No. 3, 2010, pp. 163 – 170.

Simões, P., Rui, C. M., "Influence of Regulation on the Productivity of Waste Utilities: What can We Learn with the Portuguese Experience?", *Waste Management*, Vol. 32, No. 6, 2012, pp. 1266 – 1275.

Sobel, E., "Asymptotic Confidence Intervals for Indirect Effects in Structural Equation Models", *Sociological methodology*, No. 13, 1982, pp. 290 – 312.

Song, Q., Wang, Z., Li, J., "Residents' Attitudes and Willingness to Pay for Solid Waste Management in Macau", *Environmental Science & Pollution Research*, Vol. 31, 2016, pp. 635 – 643.

Sternberg, Ana, C., "From 'Cartoneros' to 'Recolectores Urbanos': The Changing Rhetoric and Urban Waste Management Policies in Neoliberal Buenos Aires", *Geoforum*, No. 48, 2013, pp. 187 – 195.

Streeten, P., Lipton, M., "*The Crisis of Indian Planning, Economic Policy in the 1960s*", London, Oxford University Press for Chatham House, 1968.

Subash, A., "*Community Participation in Solid Waste Management*", Office of Environmental Justice, Washington D. C., 2002.

Sylvaine, B., "Issues and Results of Community Participation in Urban Environment: Comparative Analysis of Nine Projects on Waste Management", *UWP Working Document 11*, 1999, pp. 1 – 59.

Takahashi, K., Yamamoto, K., "A Study of Policies for Achieving Community Participation in Municipal Solid Waste Reduction: The Case of Ichinomiya City in Aichi prefecture", *Environmental Science*, Vol. 21, No. 4, 2008, pp. 273 – 289.

Thaler, R. H., Sunstein, C. R., "Libertarian Paternalism", *American Economic Review*, Vol. 93, No. 2, 2003, pp. 175 – 179.

Tirole, J., Bénabou, R., "Incentives and Prosocial Behavior", *American Economic Review*, *American Economic Association*, Vol. 96, No. 5, 2006, pp. 1652 – 1678.

Tonglet, M., Phillips, P. S., Read, A. D., "Using the Theory of Planned Behaviour to Investigate the Determinants of Recycling Behaviour: A Case Study from Brixworth, UK", *Resources, Conservation and Recycling*, Vol. 41, No. 3, 2004, pp. 191 – 214.

Turner, J. C., "Social Comparison and Social Identity: Some Prospects for Inter-group Behaviour", *European journal of social psychology*, Vol. 5, No. 1, 1975, pp. 1 – 34.

Viscusi, W. K., Huber, J., Bell, J., "Promoting Recycling: Private Values, Social Norms, and Economic Incentives", *American Economic Review*, Vol. 101, No. 3, 2011, pp. 65 – 70.

Wang, A. Q., Shi, Y. J., Gao, Q. F., Liu, C. F., Zhang, L. X., Johnson, N., Rozelle, S., "Trends and Determinants of Rural Residential Solid Waste Collection Services in China", *China Agricultural Economic Review*, Vol. 8, No. 4, 2016, pp. 698 – 710.

Wang, Y., Hao, F., "Public Perception Matters: Individual Waste Sorting in Chinese Communities", *Resources, Conservation and Recycling*, Vol. 159, No. 8, 2020, pp. 1 – 12.

Xiao, L., Zhang, G., Zhu, Y., Lin, T., "Promoting Public Participation in Household Waste Management: A Survey Based Method and Case Study in Xiamen City, China", *Journal of Cleaner Production*, Vol. 144, No. 15, 2017, pp. 313 -322.

Ye, C. H., Qin, P., "Provision of Residential Solid Waste Management Service in Rural China", *China & World Economy*, No. 5, 2008, pp. 118 -128.

Young, R. D., "Encouraging Environmentally Appropriate Behavior: The Role of Intrinsic Motivation", *Journal of Environmental Systems*, Vol. 15, No. 4, 1985, pp. 281 -292.

Yuan, Y., Hisako, N., Yoshifumi, T., Mitsuyasu, Y., "Model of Chinese Household Kitchen Waste Separation Behavior: A Case Study in Beijing City", *Sustainability*, Vol. 8, No. 10, 2016, p. 1083.

Zeng, C., Niu, D., Li, H., Zhou, T., Zhao, Y., "Public Perceptions and Economic Values of Source-separated Collection of Rural Solid Waste: A Pilot Study in China", *Resources, Conservation and Recycling*, Vol. 107, 2016, pp. 166 -173.

Zhang, W., Yue, C., Kai, Y., Ren, X., Tai, J., "Public Opinion about the Source Separation of Municipal Solid Waste in Shanghai, China", *Waste Management & Research*, Vol. 30, No. 12, 2012, pp. 1261 -1271.

Zomeren, M., Leach, C., Spears, R., "Does Group Efficacy Increase Group Identification? Resolving Their Paradoxical Relationship", *Journal of Experimental Social Psychology*, Vol. 46, No. 6, 2010, pp. 1055 -1060.

Zurbrügg, Christian, Ahmed, Rehan, "Enhancing Community Motivation and Participation in Solid Waste Management", *Sandec News*, Vol. 4, 1999, pp. 1 -6.